U0318737

河南师范大学学术专著出版基金资助

2019 年河南省高等学校重点科研项目计划

（项目编号：19A520026）资助

生物地理学优化算法的改进及其在图像分割上的应用

张新明 康 强 著

科学出版社

北 京

内 容 简 介

群智能优化算法一般具有原理简单、易于实现的特点，能够较好地处理许多优化问题。生物地理学优化算法是受生物地理学理论启发而开发的一种进化计算技术，是群智能优化算法之一，广泛应用于处理科学和工程领域中的优化问题。本书详细介绍了作者在生物地理学算法改进上的六项研究成果以及四项改进的生物地理学优化算法在图像分割上的应用研究成果。

本书注重理论与应用的结合，遵循由浅入深、循序渐进的原则，内容丰富，实验充分。本书可供高等学校、科研院所的计算机科学、人工智能、自动化和管理科学等专业的教师和学生阅读，也可供相关领域的科技工作者和工程技术人员参考。

图书在版编目(CIP)数据

生物地理学优化算法的改进及其在图像分割上的应用/张新明，康强著.
—北京：科学出版社，2019.6
ISBN 978-7-03-060381-4

Ⅰ.①生⋯　Ⅱ.①张⋯　②康⋯　Ⅲ.①生物地理学-最优化算法-应用-图象分割-研究　Ⅳ.①TN911.73　②TP301.6

中国版本图书馆 CIP 数据核字(2019)第 006163 号

责任编辑：王　哲/责任校对：张凤琴
责任印制：师艳茹/封面设计：迷底书装

科学出版社 出版
北京东黄城根北街 16 号
邮政编码：100717
http://www.sciencep.com
北京中石油彩色印刷有限责任公司 印刷
科学出版社发行　各地新华书店经销
*
2019 年 6 月第 一 版　开本：720×1000 B5
2019 年 6 月第一次印刷　印张：15 1/4　插页：3
字数：300 000

定价：98.00 元
(如有印装质量问题，我社负责调换)

前　言

　　优化是指在面临选择性问题时，从众多候选方案中选择最优方案的过程。如何快速高效地处理科学和工程领域中遇到的优化问题已成为当今优化领域研究的重点和热点。为了处理优化问题，优化方法应运而生，一般来讲，其可以分为确定性优化方法和随机性优化方法。启发式算法是一类典型的随机性优化方法，其设计灵感源于大自然，特别是具有自然进化思想的元启发式算法，在国内外掀起一轮又一轮的研究热潮。元启发式算法又可以分为单点搜索和群体搜索，其中，基于群体搜索的元启发式算法被称为群智能优化算法，其设计模拟了自然现象和动植物行为，主要利用群智能的方法在解空间区域中搜索最优解。与传统的优化方法相比，群智能优化算法原理简单、易实现、速度快、效率高，能够较好地处理越来越多的优化问题，得到了业内学者的广泛关注。

　　生物地理学优化(Biogeography-Based Optimization, BBO)算法是群智能优化算法之一，其模拟了自然界物种在不同栖息地之间的迁移行为及栖息地自身生态环境的变异现象。该算法自提出以来，迅速成为领域内的研究热点。随着社会发展和科技进步，优化问题的复杂性和多样性也在不断提升，特别是大数据时代的到来，更多更为复杂的多峰、不连续、非线性不可分等优化问题有待解决，对智能优化方法的性能发起了巨大挑战。目前的研究虽然一定程度上增强了 BBO 算法的性能，并能较好地处理一些优化问题，但对于新的优化问题却无法保证优化效果。因此，BBO 算法依然有着较大的提升空间和研究价值。

　　图像分割是把图像分成若干个特定的、具有独特性质的区域，并提取感兴趣目标的技术和过程，其在工程领域中的应用具有重要意义。基于阈值的分割方法是现有图像分割方法之一，其计算量小、性能稳定、易实现，因此被广泛应用。图像阈值分割最关键的步骤是选取合适的阈值或阈值向量，传统的阈值分割方法常常采用穷举法搜索阈值或阈值向量，但随着阈值数的增加，其计算复杂度呈指数增长。为了提升阈值分割的效率，学者们引入优化方法来搜索合适的阈值或阈值向量。BBO 算法的性能已被证明优于经典的遗传算法、粒子群优化算法等多个算法，BBO 的改进算法有潜力更好地处理图像阈值分割问题。

　　目前国内出版的 BBO 算法及其相关研究的学术著作并不多，且没有发现应用 BBO 算法处理图像分割问题的学术著作。考虑到上述情况，作者结合自身对 BBO 算法的学习和理解，整理几年来收集的大量资料，整合所在的课题组近几年潜心研究的创新性成果，撰写了本书。旨在通过对 BBO 算法的背景、步骤、改进及应用研究的详细描述，帮助读者理清思路，真正理解 BBO 算法，为广大学者在该算法的研究方面给予一定的启发。群智能优化算法具有共性，读者可以通过对 BBO 算法的学习，延伸至对其他群智能优化算法的研究。

本书共 15 章。第 1 章介绍优化问题和优化方法及群智能优化的相关知识，描述本书所涉及的主要群智能优化算法，罗列本书的篇章结构；第 2 章由生物地理科学理论引入 BBO 算法，详细描述算法的步骤及原理，分析其优缺点和改进动机，并对算法相关研究进行简单综述；第 3 章从大量国内外 BBO 算法相关研究文献中选取算法主要部分的各代表性改进研究作为示例进行描述；第 4 章描述一种差分迁移和趋优变异的 BBO 算法；第 5 章描述一种差分变异和交叉迁移的 BBO 算法；第 6 章描述一种混合交叉的 BBO 算法；第 7 章描述一种高效融合的 BBO 算法；第 8 章描述一种混合灰狼优化的 BBO 算法；第 9 章描述一种混合蛙跳优化的 BBO 算法；第 10 章介绍图像分割相关知识，描述基于阈值分割的方法以及如何使用群智能优化算法处理图像阈值分割问题；第 11 章将一种多源迁移和自适应变异的 BBO 算法应用于多阈值图像分割；第 12 章将一种动态迁移和椒盐变异的 BBO 算法应用于多阈值图像分割；第 13 章将一种混合迁移的 BBO 算法应用于多阈值图像分割；第 14 章将一种混合细菌觅食优化的 BBO 算法应用于多阈值图像分割；第 15 章对全书内容进行概述，解释本书提出的所有改进算法的联系和区别，对未来的研究进行展望；附录罗列全书实验用到的基准函数的信息。

本书由河南师范大学学术专著出版基金、2019 年河南省高等学校重点科研项目计划（项目编号：19A520026）资助。借本书出版之际，感谢朱遵略教授、郭海明教授、孔祥会教授、刘科教授等的大力支持和指导，感谢王改革等专家为本书所涉及的部分对比算法提供源代码，感谢课题组成员尹欣欣、涂强、程金凤、王霞、王豆豆、付子豪等为本书内容的整理和校稿所做出的贡献。

由于作者水平所限，不少内容尚需完善和深入研究，本书难免存在不足之处，恳请各位专家和读者批评指正。

作 者

2019 年 2 月

目　　录

第1章 绪　　论

1.1　优化问题和优化方法

1.1.1　优化问题

选择无处不在，只要涉及选择，就一定存在优化。

优化是指在面临选择性问题时，从众多候选方案中选择最优方案的过程。以买菜问题为例：李某去菜市场购买某种蔬菜，A 市场售价 1.8 元/斤，B 市场售价 1 元/斤，若去 B 市场需要借助公交车往返，额外花费 2 元路费，问李某如何选择花钱最少？通过列求解未知数方程的方法可知，李某买菜少于 2.5 斤时去 A 市场划算，多于 2.5 斤去 B 市场划算，等于 2.5 斤时去两个市场花费相等。

上述示例是用数学计算方法处理了买卖优化问题，是一个典型的优化案例。但当把复杂的现实情况考虑在内时，优化问题就会变得更为复杂，例如，李某买菜为 2.5 斤时去两个市场的花费相等，但去 B 市场耗时更多。显然，除价格外，把更多其他因素作为优化条件时，需要更复杂的优化过程才能得到最优的结果。

目前常见的优化问题可以进行如下分类：①根据优化问题的目标数可以分为单目标优化问题和多目标优化问题；②根据优化问题的连续性可以分为连续型优化问题和离散型优化问题；③根据优化问题的特性可以分为动态优化问题和静态优化问题；④根据优化问题的约束性可以分为约束型优化问题和非约束型优化问题。因为单目标非约束优化问题是其他优化问题的研究基础，故本书在第 4~9 章讨论单目标非约束连续优化问题，在第 11~14 章研究单目标非约束离散优化问题。下面以单目标约束优化问题求最小值为例进行数学定义。

$$\min y = f(\boldsymbol{x})$$

定义 1.1　　　　s.t $\begin{cases} g(\boldsymbol{x}) = (g_1(\boldsymbol{x}), g_2(\boldsymbol{x}), \cdots, g_n(\boldsymbol{x})) \geqslant 0 \\ h(\boldsymbol{x}) = (h_1(\boldsymbol{x}), h_2(\boldsymbol{x}), \cdots, h_m(\boldsymbol{x})) = 0 \\ \boldsymbol{x} = (x_1, x_2, \cdots, x_D) \in \boldsymbol{X} \\ x_i^{\min} \leqslant x \leqslant x_i^{\max}, i = 1, 2, \cdots, D \end{cases}$

其中，y 为目标函数，D 为问题维度，$\boldsymbol{x}$ 为 D 维候选解向量，$\boldsymbol{X}$ 为 D 维定义域，$x_i^{\max}$ 和 $x_i^{\min}$ 为候选解第 i 维取值的上界和下界，$g(\boldsymbol{x})$ 和 $h(\boldsymbol{x})$ 分别为不等式约束和等式约束。

除日常生活外，在工业设计、车辆调度、人脸识别、信号处理等科学和工程领域都会遇到各式各样的优化问题。这些问题的解决可以大力促进科技的进步，加快社会的发展。这就意味着对优化问题的解决具有重要意义，而如何快速高效地处理优化问题已成为当今优化领域学者们研究的重点。

1.1.2　优化方法

为了处理优化问题，许多学者进行了大量的研究。17世纪牛顿提出微积分，解决了大量用初等数学无法解决的问题，之后拉格朗日提出了拉格朗日乘数法，接着又有学者相继提出最速下降法、最小二乘法、单纯形法等[1]。对于较为简单的优化问题，可以通过传统的优化方法得到结果。然而随着社会发展，人们面临的优化问题越来越复杂，既要考虑到资源的筛选，又受到各方面因素的约束，优化问题的多样性和复杂性对优化方法提出了很高的要求，传统的优化方法已经不能满足复杂优化的需求。为此，一些学者受到大自然启发，提出了启发式算法，在此基础上又产生了元启发式算法，其中，有一类被称为群智能优化算法。

通常情况下，优化方法可以分为确定性优化方法和随机性优化方法。

确定性优化方法的优化过程中每一步骤的方向和结果都是准确的，当采用该方法处理优化问题时，重复计算若干次，整个计算过程和得到的结果是确定的，最终结果即优化问题的最优解。许多传统的优化方法都属于确定性优化方法，例如，求导数法、线性规划法、非线性规划法、最速下降法、单纯形法等。目前，确定性优化方法的研究相对成熟，可以很好地处理简单优化问题，但也存在三个方面的不足：①在处理多峰优化问题时容易陷入局部最优；②在处理复杂优化问题时计算过程繁琐，计算量巨大；③在处理一些优化问题时有条件要求，例如，求导数法需要优化问题必须可导，而对于不可导问题则无法处理。由于现实优化问题的复杂性和多样性，确定性优化方法的这些不足很大程度上限制了其在现实中的应用，为此，学者们采用另一类更为实用的优化方法，即随机性优化方法。

随机性优化方法又称为次优优化方法，其优化过程中每一步骤的方向和结果都是随机的，当采用该方法处理优化问题时，每次计算的过程和得到的结果都可能不相同，最终结果可能是优化问题的最优解，可能是一定精度范围内的近似最优解，也可能是很差的解，得到的解的质量取决于算法的性能和优化问题的复杂程度。虽然随机性优化方法得到的结果未必是最优解，但科学和工程领域中的优化问题大多是NP问题，对其一定时间内得到次优解依然是可以被接受和认可的。许多启发式算法都属于随机性优化方法，算法的随机性使其可以在解空间区域中进行跳跃式搜索，因此，相较于确定性优化方法有三个方面的优势：①在处理多峰优化问题时一定程度上可以防止算法陷入局部最优；②在处理复杂优化问题时计算过程较简单，计算量较小；③在处理优化问题时不需要借助问题的特定信息。

　　图 1-1 直观地展示了采用确定性优化方法和随机性优化方法获得全局最优点的对比。假设在一个不规则的解空间区域中，当采用确定性优化方法时，其优化过程是从起始位置开始沿着实线逐步求解，直至获得全局最优点，该过程是连续的，每一步骤都在解空间区域内，整个过程计算量大，可能会受到局部最优点的干扰。当采用随机性优化方法时，其优化过程是从起始位置开始进行跳跃式搜索，有一定概率沿着虚线直接跳到全局最优点附近，整个过程计算量小，在一定程度上可以避免局部最优点的干扰。

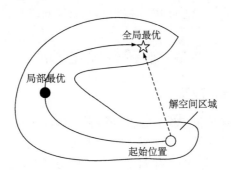

图 1-1　确定性优化和随机性优化

　　大自然充满神奇，学者们从大自然中汲取灵感，创造了一类启发式的随机性优化算法，即启发式算法。启发式算法的历史要追溯到 20 世纪 40 年代，第二次世界大战期间，著名学者 Turing 在破译德军密码过程中首次提出启发式搜索。到了 50 年代，启发式算法逐步繁荣，其中，贪婪选择和局部搜索等方法得到了大量关注。到了 60～70 年代，学者们反思启发式算法的优缺点，发现这类算法虽然求解速度快，但是解的质量无法得到保证，对大规模问题收敛速度也不尽人意。令人振奋的是，这期间出现了一个影响深远的经典算法，即遗传算法(Genetic Algorithm, GA)[2]。随着计算复杂度理论的提出，贪婪选择和局部搜索对许多现实问题已经无法在可接受的时间内得到最优解。到了 80 年代前后，模拟退火(Simulated Annealing, SA)算法[3]、人工神经网络(Artificial Neural Network, ANN)[4]、禁忌搜索(Tabu Search, TS)[5]等相继出现，使启发式算法得到进一步发展。然而，启发式算法具有一些共同的不足，例如，它们缺乏统一、完整的理论体系，没有坚实的理论基础；在处理一些优化问题时，启发式算法的结果并不能得到保证；各种启发式算法都有自己的特点，只适用于处理一些特定类型的优化问题；启发式算法的参数对算法的性能有很大的影响；启发式算法缺乏有效的迭代停止条件等。针对这些不足，学者们也提出了一些解决方案，例如，混合不同的算法，使它们相互取长补短，尽量少地使用参数或者使用自适应参数来保证算法的稳定性，根据经验设置确定的算法迭代次数来控制迭代停止条件等。由于启发式算法在一些领域的成功应用，得到了越来越多的学者认可，但时至今日，现实生活中依然有很多复杂优化问题尚未解决。学者们前仆后继，不断提出新的算法，同时为进一步提升已有算法的性能而不懈努力。

通常情况下，元启发式算法使用通用的启发式策略，遵循"优胜劣汰"自然法则，通过选择和变异来实现物种的进化[6]。元启发式算法可以分为基于单点搜索的元启发式算法和基于群体搜索的元启发式算法。模拟退火算法、禁忌搜索算法、变邻域搜索算法等都属于基于单点搜索的元启发式算法，本书对这类算法不做详细描述，而是重点讨论基于群体搜索的元启发式算法，即群智能优化算法。

1.2　群智能优化算法

1.2.1　群智能优化算法原理及步骤

群智能优化算法是模拟自然现象及动植物行为而设计的一类仿生计算技术，主要利用群智能的方法在解空间区域中搜索最优解。几十年来，国内外学者先后提出了多种不同类型的群智能优化算法，有的模拟了鸟群的觅食行为，有的模拟了大肠杆菌的觅食行为，有的模拟蜜蜂的采蜜行为等。这些算法各具特色、优势和不足。群智能优化算法能够高效地处理传统优化方法难以解决的问题，易于实现，更适用于处理科学和工程领域中遇到的复杂优化问题，因而得到广泛关注。

图 1-2 和图 1-3 直观地展示了群智能优化算法处理优化问题的原理，其中，每一个黑点为一个个体(候选解)。在算法的初始阶段，在解空间区域(定义域)中随机分布若干个体，组成了种群(候选解集合)，如图 1-2 所示，每个个体都有适应度值(对应目标函数值)。然后，通过算法的算子对个体执行相应的操作，改变它们在解空间区域中的位置，也改变了其对应的适应度值，从而更新种群。通过迭代式地更新种群，最终会有大量个体聚集在全局最优点附近，如图 1-3 所示。此时，对这些个体的适应度值进行评价和对比，就能够得到最终的结果。

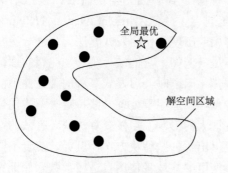
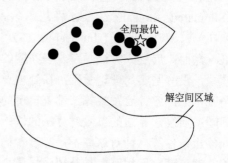

图 1-2　算法的初始阶段　　　　　　图 1-3　算法经过若干次迭代后的结果

不同的群智能优化算法产生新解的方式不同，例如，遗传算法主要通过交叉和变异算子产生新解；粒子群优化算法主要通过改变个体的速度和位置向量产生新解；差分进化算法主要通过不同的差分策略产生新解。虽然它们产生新解的方式不同，但主流程是基本一致的，都是按如下步骤执行。

步骤 1：参数设置，即对算法所涉及的参数设置初始值；

步骤 2：种群初始化，即生成若干个体，随机分布在解空间区域中组成种群；

步骤 3：适应度评价，即通过目标函数评价种群中每个个体的适应度，某些算法还需要根据个体适应度优劣对种群进行排序；

步骤 4：产生新解，即执行算法相应的算子产生新解；

步骤 5：适应度再次评价，即再次评价每个个体的适应度，依据适应度值采用某种策略更新种群，某些算法还需要根据个体适应度优劣对种群排序；

步骤 6：算法停止条件判断，即根据算法预设的停止条件，判断算法是继续迭代执行还是停止；

步骤 7：输出结果，即输出最终得到的结果。

1.2.2　群智能优化算法相关知识

(1)探索和开采。

在群智能优化算法的优化过程中存在两个重要概念，即探索和开采[7]。探索是指从整个解空间区域内获取相关信息，搜索最优解可能存在的区域，探索阶段种群中个体运动幅度较大，特征变化较大，对搜索范围要求较高，对搜索精度要求较低。开采是指从最优解可能存在的区域内搜索最优解，开采阶段种群中个体都在小幅度浮动，特征变化小，甚至可能出现连续多次迭代特征无变化，对搜索范围要求较低，对搜索精度要求较高。探索和开采没办法严格地划分，在探索阶段，随着算法迭代次数增加，搜索范围逐渐变小，精度逐渐提高，探索阶段自然转为开采阶段。而在开采阶段，为了避免算法陷入局部最优，也会使算法进行适量的探索行为。探索和开采的对比如表 1-1 所示。

表 1-1　探索和开采的对比

状态	目的	特点	功能
探索	在解空间中寻找最优解可能存在的区域	搜索范围大，搜索精度低	全局搜索
开采	在最优解可能存在的区域中搜索最优解	搜索范围小，搜索精度高	局部搜索

探索和开采是两种相对立的状态，通常情况下，当一个算法探索能力很强时，其开采能力往往会相对较弱，相反，当一个算法的开采能力很强时，那么其探索能力就会有所不足。有效地平衡探索和开采，是增强算法性能的重要途径。大量

研究表明，在算法探索过程中加入部分开采操作，在开采过程中加入部分探索操作，对于平衡算法探索和开采是非常有效的。

(2)收敛速度和运行时间。

收敛是指算法每次迭代的最优结果能够不断地趋近于搜索空间的某一点(理论上的最优点)，趋近速度即收敛速度。一般来说，算法的收敛速度与其局部搜索能力相关，通常局部搜索能力越强，其收敛速度越快。收敛速度一般以取得一定精度范围内的解所用的迭代次数作为评价标准。例如，对于一个优化问题，算法 A 与算法 B 都得到了最优解，算法 A 用了 7500 次迭代完成了优化，算法 B 用了10000 次迭代，表明算法 A 的收敛速度比算法 B 更快。运行时间是指算法从运行开始到输出最终结果这一过程中的时间消耗，与运行速度相对应。算法的运行时间与其函数评价次数和自身计算复杂度有关，在相同的实验环境下，算法的函数评价次数越多，或者自身的计算复杂度越高，其运行时间越长。对于上述例子，算法 A 的收敛速度更快，但不表示其运行速度更快。假设，算法 A 和算法 B 均独立运行 100 次，算法 A 的总时间消耗为 10min，平均运行时间为 6s，算法 B 的总时间消耗为 8min30s，平均运行时间为 5.1s，则运行速度上算法 B 更快，即算法 B 的运行时间少于算法 A。大量群智能优化算法的对比实验表明，收敛速度快的算法通常具有较快的运行速度，但其实两者之间并没有直接联系。

算法收敛速度和运行时间可以作为算法性能对比的标准，同时也是算法研究的方向之一，许多学者在对算法改进时，都会致力于提高算法的收敛能力及减少计算复杂度，从而获得较快的收敛速度和较少的运行时间。

(3)稳定性和普适性。

稳定性是指算法处理优化问题的能力是否稳定。由于群智能优化算法每次独立运行获得的结果是随机的，故一次独立运行后获得了优秀的解并不能代表算法性能优秀，该优秀的解不排除是偶然结果。稳定性强的算法经得起重复实验，对于同一个优化问题，不论测试多少次，经常能够得到优秀的解，这样的算法性能才更可靠，其结果才更具说服力。普适性是指算法能否普遍适用多种类型的优化问题。"无免费午餐"定理[8]已经证明，没有任何一种算法能够很好地处理所有的优化问题，每种算法都有优势和劣势。当一个算法能够较好地处理一些类型的优化问题时，其在处理其他优化问题时可能得到的结果就不理想。相对来说，一个算法能够处理的优化问题类型越多，其普适性就越强，该算法就越实用。

算法的稳定性和普适性都是算法性能的评价标准，提升算法的稳定性和普适性，使算法在面对多种类型的优化问题时能够经常得到满意解，也是目前算法改进研究的方向之一。

(4)全局最优和局部最优。

全局最优指的是优化问题在整个解空间区域内的最优结果，对于单峰的优化问题而言，全局最优是唯一的。局部最优指的是优化问题在解空间区域中局部范围内最优的结果，对于多峰的优化问题而言，其可能存在多个局部最优。

图 1-4 直观地展现了一个函数曲线的全局最优与局部最优。对于一个求解最小值的优化问题，y_1、y_2 和 y_3 分别为曲线上三个波谷位置上点的函数值，它们的值均是局部范围内最小的，而 y_2 的值又是三个值中最小的，那么，y_1、y_2 和 y_3 均为该优化问题的极小值点，同时，y_2 又是最小值点，对应 y_1、y_2 和 y_3 的解 x_1、x_2 和 x_3 均是局部最优解，而对应 y_2 的解 x_2 又是全局最优解。当使用算法在解空间区域中搜索最优解时，若随机分布的个体初始位置更靠近 x_1 时，经过若干次迭代，这些个体可能会在 x_1 附近聚集并不断开采，最终找到的结果是 x_1 或者 x_1 附近的解，而并非全局最优解 x_2，这种情况称算法陷入了局部最优。

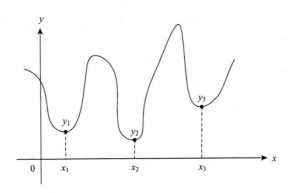

图 1-4　全局最优与局部最优

对于单峰优化问题而言，极值即为最值，故求解时不存在算法陷入局部最优的情况，而对于多峰优化问题而言，当算法陷入局部最优时，会误认为找到了全局最优结果并输出，最终得到的结果无法令人满意。算法在求解优化问题时，可能会在某一结果的计算上出现停滞，但得到的结果并不理想，此时，算法很可能陷入了局部最优，防止算法陷入局部最优也是算法改进研究的目标之一。

(5)基准函数。

算法性能的最基本测试通常通过基准函数来实现。基准函数是一类规定了定义域并已知最优解的标准函数，主要包括单峰、多峰、平移、旋转、混合和复合基准函数等。Yao 等[9]提出了 23 个基准函数，这些基准函数在 21 世纪初被广泛用于算法性能的测试。本书后续的章节也描述了大量算法在基准函数上的测试，所使用的基准函数主要取自本书附录和 CEC 测试集。

对算法测试的实质是用算法搜索基准函数的最优解，记录优化过程中的关键数据并评价算法性能。单峰基准函数可以考察局部搜索能力，多峰基准函数可以考察全局搜索能力，平移、旋转、混合和复合基准函数等可以考察处理复杂问题的能力。为了能够更公平地评价算法，通常将算法在多个基准函数上独立运行若干次，记录和分析统计结果。

随着群智能优化算法的发展，早些年提出的基准函数已无法满足一个智能优化算法的测试需求。为了能够对新算法进行测试，需要使用更新更为复杂的基准函数，建议读者关注每年的 IEEE 进化计算国际会议，从中得到相关信息。

1.2.3 群智能优化算法国内外研究现状

自 20 世纪 70 年代遗传算法的提出至今，不断有新的群智能优化算法出现，这些算法在性能方面越来越优，它们的应用领域越来越广。表 1-2 列举了国内外不同时期出现的一些群智能优化算法。

表 1-2 国内外不同时期出现的一些群智能优化算法

算法名称	提出年份	提出者
遗传算法 (Genetic Algorithm, GA) [2]	1975	Holland
蚁群算法 (Ant Colony Optimization, ACO) [10]	1991	Dorigo 等
粒子群优化算法 (Particle Swarm Optimization, PSO) [11]	1995	Eberhart 等
差分进化算法 (Differential Evolution, DE) [12]	1995	Storn 等
和声搜索算法 (Harmony Search, HS) [13]	2001	Zong 等
细菌觅食优化算法 (Bacterial Foraging Optimization, BFO) [14]	2002	Psassino
人工鱼群算法 (Artificial Fish Swarm Algorithm, AFSA) [15]	2002	李晓磊等
蛙跳算法 (Shuffled Frog Leaping Algorithm, SFLA) [16]	2003	Eusuff 等
人工蜂群算法 (Artificial Bee Colony Algorithm, ABC) [17]	2005	Karaboga
生物地理学优化算法 (Biogeography-Based Optimization, BBO) [18]	2008	Simon
布谷鸟算法 (Cuckoo Search, CS) [19]	2009	Yang
烟花算法 (Fireworks Algorithm, FWA) [20]	2010	Tan 等
磷虾群算法 (Krill Herd, KH) [21]	2012	Gandomi 等
灰狼优化算法 (Grey Wolf Optimizer, GWO) [22]	2014	Mirjalili 等
人工雨滴算法 (Artificial Raindrop Algorithm, ARA) [23]	2014	Jiang 等

目前，国内外对于群智能优化算法的研究主要分为三个大的方向，分别是算法的理论分析研究、改进研究和应用研究。文献[24]是典型的算法理论分析研究，其在有限离散集合中通过马尔可夫链分析差分进化算法的收敛能力，又从精英遗传算法中得到启发，提出了一种收敛性能更优的差分进化算法。其他算法理论分析研究还包括文献[25]和文献[26]。算法的改进研究是三个方向中数量最多、热度最高的。例如，文献[27]在粒子群优化算法中加入启发性变异机制，不破坏快速收敛性质的同时，扩展有效搜索区域。其他算法改进研究还包括文献[28]～文献[30]。

算法的改进研究通常与算法的应用研究相结合，即应用改进的算法处理现实优化问题。例如，文献[31]应用改进的蛙跳算法求解旅行商问题，比遗传算法和粒子群优化算法效果更优。其他算法应用研究还包括文献[32]～文献[34]。

下面将对本书所涉及的几种主要群智能优化算法进行介绍，为了方便阅读和理解，将本书所涉及的通用参数符号进行统一，通用参数符号对照如表 1-3 所示。

表 1-3　本书通用参数符号对照

参数名称	符号	参数名称	符号
种群数量	N	缩放因子	α
维度	D	惯性权重	ω
当前迭代次数	t	迁入率	λ
最大迭代次数	MaxDT	迁出率	μ
最大函数评价次数	MNFE	最大迁入率	I
交叉概率	pc	最大迁出率	E
变异概率	pm	精英数	keep

1.3　本书所涉及的主要群智能优化算法

1.3.1　遗传算法

遗传算法是著名且经典的群智能优化算法之一，其模拟了染色体基因的遗传现象，流程主要包括选择策略、交叉算子和变异算子。

第一步，参数设置，主要参数包括种群数量 N、最大迭代次数 MaxDT、交叉概率 pc 和变异概率 pm。第二步，对种群初始化，即在解空间区域内随机生成 N 个 D 维个体，形成种群，每个个体相当于一条染色体，个体的特征向量相当于染色体链，向量中的每一维相当于染色体上的一个基因。第三步，首先通过目标函数评价每条染色体的适应度，根据染色体适应度的优劣对种群排序，然后进入迭代循环。第四步，执行选择策略，即使用轮赌选择法选择两条染色体作为双亲。第五步，执行交叉算子。交叉指的是从双亲染色体链上某一随机位置断开，然后交叉组合成两条新的子代染色体链。交叉算子通过交叉概率 pc 来判断是否执行交叉操作，在已有文献中，大量实验表明交叉概率设置为 pc = 0.7 最合适，其他情况下，该参数也可以根据实际问题的不同进行调整。交叉概率为 0.7 意味着双亲染色体链有 70%的概率执行交叉，有 30%的概率不执行交叉。如果不执行交叉，那么子代染色体链直接由父代染色体链复制产生。第六步，执行变异算子。变异指的是将一条染色体链上的一个基因对应的特征值用定义域内一个随机值取代。

变异算子通过变异概率 pm 来判断是否执行变异操作，大量实验表明变异概率设置为 pm = 0.005 最合适，其他情况下，该参数也可以根据实际问题的不同进行调整。变异概率为 0.005 意味着一个个体特征向量执行变异的概率为 5‰。第七步，对种群中所有的染色体进行越界限制，避免结果数值溢出。第八步，通过上述步骤，种群中 N 个父代染色体可以生成 N 个子代染色体，用子代染色体分别取代其对应的父代染色体并评价新种群中所有染色体的适应度，根据染色体适应度的优劣对种群排序，至此，完成了一次迭代过程。在下一次迭代时，将这 N 条子代染色体作为新的父代染色体，执行第四步到第八步，如此迭代，直至满足算法停止条件，此时种群中适应度最优的染色体链即为算法得到的最终结果。

遗传算法比传统优化算法具有更优的收敛能力，其优化过程简单，鲁棒性强，可拓展性良好，能够高效地处理一些优化问题，但遗传算法在使用时需要对优化问题进行编码，处理完后还要进行解码，编程实现比较复杂，此外，遗传算法对初始种群的选择具有一定的依赖性，参数的不同设置也会对算法性能产生影响。

1.3.2　粒子群优化算法

粒子群优化算法同样是著名且经典的算法，其模拟了鸟群寻找食物的行为，通过粒子速度和位置的迭代更新来寻找优化问题的最优解。

第一步，参数设置，主要参数包括种群数量 N、最大迭代次数 MaxDT、惯性权重 ω、认知因子 c_1 和社会因子 c_2。第二步，对种群初始化，即在解空间区域内随机生成 N 个 D 维个体，形成粒子群，每个个体相当于一个粒子，每个粒子包含了两个 D 维向量，分别为速度向量 v 和位置向量 x，其中，位置向量 x 作为所对应个体的特征向量。第三步，首先通过目标函数评价每个粒子的适应度，根据粒子适应度的优劣对粒子群排序，对于第 i 个粒子的历史最优位置用变量 $\mathbf{lBest}_i$ 保存，所有粒子的历史最优位置用变量 $\mathbf{gBest}$ 保存，然后进入迭代循环。第四步，通过式(1-1)和式(1-2)分别更新粒子群中每个粒子的速度向量 v 和位置向量 x。

$$v_{i,t+1} = \omega v_{i,t} + c_1 \mathrm{rand}_1 \times \left(\mathbf{lBest}_i - x_{i,t}\right) + c_2 \mathrm{rand}_2 \times \left(\mathbf{gBest} - x_{i,t}\right) \tag{1-1}$$

$$x_{i,t+1} = x_{i,t} + v_{i,t+1} \tag{1-2}$$

其中，i 为第 i 个粒子，t 为当前迭代次数，rand_1 和 rand_2 为两个均匀分布在区间 [0, 1] 中的随机实数。

第五步，对粒子群中所有的粒子进行越界限制，避免结果数值溢出。第六步，评价更新后的每个粒子的适应度，根据粒子适应度的优劣对粒子群排序，更新 $\mathbf{lBest}_i$ 和 $\mathbf{gBest}$。至此，完成了算法的一次迭代过程。在下一次迭代时，将更新后的粒子群作为起始种群，执行第四步到第六步，如此迭代，直至满足算法停止条件，此时种群获取的全局最优位置即为算法得到的最终结果。

与遗传算法相比，粒子群优化算法结构更加简单，它不需要子代对父代的替换过程，而是依靠粒子的速度和位置更新完成搜索，并在迭代过程中把当前最优粒子的信息传给其他粒子。然而，粒子群优化算法对避免算法陷入局部最优没有针对性操作，若当前最优的粒子陷入局部最优，其他粒子可能会追随该粒子一起陷入局部最优。

1.3.3　差分进化算法

差分进化算法是最具代表性的群智能优化算法之一，其模拟了生物染色体进化过程，流程主要包括变异、交叉和选择。

第一步，参数设置，主要参数包括种群数量 N、最大迭代次数 MaxDT、缩放因子 α 和交叉率 pc。第二步，对种群初始化，即在解空间区域内随机生成 N 个 D 维个体，形成种群，每个个体都由其特征向量表示。第三步，首先通过目标函数评价每个个体的适应度，根据个体适应度的优劣对种群排序，然后进入迭代循环。第四步，执行差分算子，将原个体的特征向量称为目标向量，用 x 表示，将更新后的个体的特征向量称为施予向量，用 v 表示。待更新个体的特征向量受到同种群中其他多个个体特征向量的影响，目前常见的差分策略有 7 种，如式(1-3)～式(1-9)所示，其中，$v_{i,t+1}$ 为第 t+1 次迭代时第 i 个施予向量，x_{r1}、x_{r2}、x_{r3}、x_{r4} 和 x_{r5} 为种群中随机选出的 5 个目标向量，满足 $r1$、$r2$、$r3$、$r4$ 和 $r5 \in [1, N]$ 且 $r1 \neq r2 \neq r3 \neq r4 \neq r5 \neq i$，$x_{\text{best}, t}$ 为第 t 次迭代时，当前种群中最优的个体的目标向量，缩放因子 α 可以用来调整差分变异的幅度，根据文献[12]中所述，该参数的值通常设置为区间[0, 2]中的实数，α_d 为组合因子，一般情况下，$\alpha_d = \alpha$。

策略 1：DE/rand/1

$$v_{i,t+1} = x_{r1,t} + \alpha\left(x_{r2,t} - x_{r3,t}\right) \tag{1-3}$$

策略 2：DE/rand/2

$$v_{i,t+1} = x_{r1,t} + \alpha_d\left(x_{r2,t} - x_{r3,t}\right) + \alpha\left(x_{r4,t} - x_{r5,t}\right) \tag{1-4}$$

策略 3：DE/best/1

$$v_{i,t+1} = x_{\text{best},t} + \alpha\left(x_{r1,t} - x_{r2,t}\right) \tag{1-5}$$

策略 4：DE/best/2

$$v_{i,t+1} = x_{\text{best},t} + \alpha_d\left(x_{r1,t} - x_{r2,t}\right) + \alpha\left(x_{r3,t} - x_{r4,t}\right) \tag{1-6}$$

策略 5：DE/rand-to-best/2

$$v_{i,t+1} = x_{r1,t} + \alpha_d\left(x_{\text{best},t} - x_{r2,t}\right) + \alpha\left(x_{r3,t} - x_{r4,t}\right) \tag{1-7}$$

策略 6：DE/current-to-rand/2

$$v_{i,t+1} = x_{i,t} + \alpha_d \left(x_{r1,t} - x_{i,t} \right) + \alpha \left(x_{r2,t} - x_{r3,t} \right) \tag{1-8}$$

策略 7：DE/current-to-best/2

$$v_{i,t+1} = x_{i,t} + \alpha_d \left(x_{\text{best},t} - x_{i,t} \right) + \alpha \left(x_{r2,t} - x_{r3,t} \right) \tag{1-9}$$

第五步，执行交叉算子，将被差分算子更新后的个体的特征向量称为试验向量，用 u 表示，每个试验向量都受到自身及其对应的目标向量的影响，即

$$u_{ij,t+1} = \begin{cases} v_{ij,t+1}, & (\text{rand} \leqslant \text{pc}) \text{ 或} j = \text{rnbr}(i) \\ x_{ij,t}, & \text{其他} \end{cases} \tag{1-10}$$

其中，$u_{ij,t+1}$ 为第 $t+1$ 次迭代时，第 i 个试验向量的第 j 维，$\text{rnbr}(i) \in [1, 2, \cdots, D]$ 为一个随机选取的个体的下标，可以确保 $u_{ij,t+1}$ 至少从 $v_{ij,t+1}$ 中获得一个分量，交叉概率 pc 可以用来判断个体是否执行交叉操作。

第六步，对种群中所有的个体进行越界处理，避免结果数值溢出。第七步，评价更新后的每个个体的适应度。第八步，通过贪婪选择法将试验向量与其对应的目标向量进行对比，优胜劣汰，确保更新后的种群有更高的质量。至此，完成了一次迭代过程。在下一次迭代时，用更新后种群作为起始种群，执行第四步到第八步，如此迭代，直至满足算法停止条件，此时种群中适应度最优的个体的特征向量即为算法得到的最终结果。

虽然差分进化算法与遗传算法有类似之处，但遗传算法的种群更新的随机性更强，而差分进化算法在种群更新时，其独有的记忆能力可以动态跟踪当前搜索状态来调整搜索策略。差分进化算法具有优秀的全局搜索能力和鲁棒性，原理简单，需调整的参数少，但由于使用贪婪选择法的影响，随着迭代次数增加，种群中个体的差异会逐渐降低，影响了差分的效果。

1.3.4　细菌觅食优化算法

细菌觅食优化算法模拟了大肠杆菌的觅食过程，流程主要分为趋化操作、复制操作和驱散操作，这三个步骤呈循环嵌套的结构，每次驱散都包含复制，每次复制又都包含趋化。

第一步，参数设置，主要参数包括种群数量 N、趋化次数 Nc、同一方向最大前进步数 Ns、复制次数 Nrd、驱散次数 Ned 和驱散概率 Ped。同时，算法用 j 表示趋化操作，用 k 表示复制操作，用 l 表示驱散操作，$C(i)$ 为前进的步长，$\theta(i, j, k, l)$ 为第 i 个细菌在第 j 次趋化操作、第 k 次复制操作和第 l 次驱散操作后的位置，$J(i, j, k, l)$ 为细菌 i 在第 j 次趋化操作、第 k 次复制操作和第 l 次驱散操作后的适应度值。第二步，对种群初始化，即在解空间区域内随机生成 N 个 D 维个体，形成种群，每个个体相当于一个细菌，个体的特征向量相当于细菌的

位置向量。第三步，通过趋化操作、复制操作和驱散操作更新种群。趋化操作模拟了大肠杆菌在觅食过程中的两个基本运动，即翻转和游动，翻转指的是细菌任意找一个新的运动方向并前进单位步长，游动指的是当细菌完成一次翻转后，若当前位置的营养分布函数值(适应度)较之前更优，则沿该方向继续前进若干步长，直至营养分布函数值不再改善或达到预设的最大前进步数 Ns 为止。通过翻转和游动，细菌能够在一定区域内逐步搜索到营养更丰富的位置，第 i 个细菌的每一次趋化操作如下

$$\theta(i,j+1,k,l) = \theta(i,j,k,l) + C(i)\boldsymbol{v}(i) / \sqrt{\boldsymbol{v}^{\mathrm{T}}(i) \times \boldsymbol{v}(i)} \tag{1-11}$$

其中，$\boldsymbol{v}$ 为随机方向上的一个单位向量，趋化操作需要执行 Nc 次，然后进入复制操作。

复制操作模拟了自然界优胜劣汰原则，在经过趋化操作后，原先的 N 个细菌基本上都会偏离原来的位置，此时，引入一个新变量，即细菌的健康度，对于给定的 k 和 l，第 i 个细菌的健康度如下

$$J_{\mathrm{health}}^{i} = \sum_{j=1}^{\mathrm{Nc}+1} J(i,j,k,l) \tag{1-12}$$

健康度越高，表示该细菌觅食能力(寻优能力)越强，根据健康度对种群降序排序，复制排名靠前的一半细菌，淘汰掉排名靠后的一半细菌，保证种群数量不变，实现优胜劣汰。由于每次复制操作都包含趋化操作，故在每一次复制后，都要对新的种群执行 Nc 次趋化操作，使所有细菌搜索到新的位置。复制操作需要执行 Nrd 次，然后进入驱散操作。

驱散操作模拟了大肠杆菌所在生活区域的突然变化，如温度升高、酸碱度失衡等，从而导致该区域细菌集体迁移到其他区域。在经过复制操作后，通过驱散概率 Ped 判定细菌是否执行驱散操作，若是，则用解空间区域中一个随机位置取代该细菌的位置。驱散操作可能破坏细菌的趋化结果，但有机会避免算法陷入局部最优，从整体考虑是有利的。由于每次驱散操作都包含复制操作，每次复制操作都包含趋化操作，故在每一次驱散后，都要对新的种群执行 Nrd 次复制和 Nrd×Nc 次趋化，使所有细菌搜索到新的位置。驱散操作需要执行 Ned 次，然后算法停止，此时种群中适应度最优的细菌的位置向量即算法得到的最终结果。

与遗传算法和粒子群优化算法不同，细菌觅食优化算法通常将驱散次数作为停止条件，当驱散数达到预设的最大驱散次数时，算法停止，此外，与遗传算法和粒子群优化算法一样，细菌觅食优化算法同样可以采用总的函数评价次数作为算法停止条件，不过需要较为复杂的计算。细菌觅食优化算法的趋化操作提供了优秀的局部搜索能力，但由于算法采用了三层循环嵌套，结构复杂，需设置的参数多，计算复杂度高，因此，细菌觅食优化算法不适合处理大规模优化问题。

1.3.5 蛙跳算法

蛙跳算法模拟了青蛙寻找食物的过程，流程主要包括青蛙族群的分组，青蛙的三次跳跃和青蛙族群的重组。

第一步，参数设置，主要参数包括种群数量 N、分组数 m、最大迭代次数 MaxDT、最大组内迭代次数 L_{max}。第二步，对种群初始化，即在解空间区域内随机生成 N 个 D 维个体，形成种群，即青蛙族群，每个个体相当于一只青蛙，个体的特征向量相当于青蛙的位置向量。第三步，首先通过目标函数评价每只青蛙的适应度，根据青蛙适应度的优劣对青蛙族群由优至劣排序，然后进入迭代循环。第四步，将青蛙族群分成 m 个组，分组规则为排名第一的青蛙(适应度最优的青蛙)分在第一组，排名第二的青蛙分在第二组，排名第 m 的青蛙分在第 m 组，排名第 $m + 1$ 的青蛙分在第一组，以此类推。第五步，依次对每组青蛙执行下述步骤，即组内迭代式局部搜索。将当前青蛙族群中适应度最优的青蛙位置向量记作 X_g，选择第一个组，将组内适应度最优的青蛙位置向量记作 X_b，组内适应度最差的青蛙位置向量记作 X_w，然后进入组内迭代，即更新组内适应度最差的青蛙的位置，此过程称为局部搜索，更新是基于条件选择的三次跳跃。第一次跳跃称为局部更新，即

$$S = \text{rand} \times (X_b - X_w), \quad \|S\| \leqslant S_{max} \tag{1-13}$$

$$X'_w \leftarrow X_w + S \tag{1-14}$$

其中，S 为青蛙的移动步长，S_{max} 为青蛙最大移动步数。

评价局部更新后 X'_w 的适应度，并与 X_w 的适应度进行对比，若 X'_w 的适应度更优，则用 X'_w 取代 X_w，完成此轮局部搜索，否则，执行第二次跳跃。第二次跳跃称为全局更新，其公式是将式(1-13)中的 X_b 换成 X_g，其余部分与局部更新公式相同。评价全局更新后 X'_w 的适应度，再次与 X_w 的适应度进行对比，若 X'_w 的适应度更优，则用 X'_w 取代 X_w，完成此轮局部搜索，否则，执行第三次跳跃。第三次跳跃称为随机更新，用解空间区域中随机生成的一个向量取代 X_w，并评价其适应度，完成此轮局部搜索。当对 X_w 完成更新后，重新对组内青蛙按适应度由优至劣排序，寻找新的 X_b 和 X_w，迭代执行局部搜索，直至满足最大组内迭代次数 L_{max}。第六步，当对所有的组都完成了组内迭代式局部搜索后，取消分组，将全部青蛙重新组合成新的青蛙族群，根据青蛙适应度的优劣对青蛙族群由优至劣排序。至此，完成了算法的一次迭代过程。在下一次迭代时，将新的青蛙族群作为起始种群，执行第四步到第六步，如此迭代，直至满足算法停止条件，此时青蛙族群中适应度最优的青蛙的位置向量即为算法得到的最终结果。

大多数群智能优化算法都是以候选解向量中的一维为单位执行相应的操作，

而蛙跳算法则是以整个候选解向量为单位执行相应的操作，这种方式运算速度更快，执行效率更高，然而，蛙跳算法每次组内迭代只更新位置最差的一只青蛙，导致一些青蛙位置可能得不到更新，不利于种群进化，又由于采用了基于条件选择的三次跳跃式种群更新方法，过程较为繁琐，且第三次跳跃的随机更新可能使青蛙的位置向着更差的方向发展，导致种群退化。

1.3.6　人工蜂群算法

人工蜂群算法模拟了蜜蜂群复杂的采蜜行为，主要涉及三类蜜蜂，即引领蜂、跟随蜂和侦察蜂。

第一步，参数设置，主要参数包括种群数量 N、最大迭代次数 MaxDT 和蜜源更新次数上界 limit 等。第二步，对种群初始化，即在解空间区域内随机生成 N 个 D 维个体，形成种群，每个个体相当于一个蜜源，个体的适应度相当于对应蜜源的质量。第三步，通过目标函数评价每个蜜源的质量，然后进入迭代循环。第四步，引领蜂搜索蜜源邻域，即

$$x'_{ij} = x_{ij} + (2\text{rand} - 1) \times (x_{ij} - x_{kj}) \tag{1-15}$$

其中，x_{ij} 为第 i 个蜜源的第 j 个维度，i 和 k 均为随机选取的，且 $i \neq k$，对搜索到的新蜜源进行越界限制，评价其质量并与原蜜源对比，通过贪婪选择法优胜劣汰。

第五步，计算蜜源被跟随蜂选中的概率，即

$$p_i = \frac{\text{fit}(i)}{\sum_{i=1}^{N} \text{fit}(i)} \tag{1-16}$$

其中，p_i 为蜜源 $\boldsymbol{x}_i$ 被选中的概率，$\text{fit}(i)$ 为 $\boldsymbol{x}_i$ 的适应值。

为不失一般性，以求解最小值的优化问题为例，$\text{fit}(i)$ 的计算式为

$$\text{fit}(i) = \begin{cases} 1/(1 + f_i), & f_i \geqslant 0 \\ 1 + \text{abs}(f_i), & \text{其他} \end{cases} \tag{1-17}$$

其中，$\text{abs}()$ 为取绝对值函数，f_i 为 $\boldsymbol{x}_i$ 的适应度。

第六步，跟随蜂根据上一步计算的概率采用轮赌选择法选择蜜源，质量越好的蜜源被选中的概率越高，然后搜索选中的蜜源邻域，如式(1-15)所示，评价搜索到的新蜜源质量并与原蜜源对比，通过贪婪选择法优胜劣汰。第七步，如果一个蜜源在经过 limit 次搜索后质量仍未改善，则被放弃，在该蜜源位置的引领蜂转换成侦察蜂，寻找一个新的蜜源，即用解空间区域中随机生成的一个新蜜源取代该蜜源，评价新蜜源的质量，记录当前种群中最好的蜜源。至此，完成了一次迭代过程。在下一次迭代时，用新的种群作为起始种群，执行第四步到第七步，如此迭代，直至满足算法停止条件，此时种群中质量最优的蜜源对应的向量即为算

法得到的最终结果。

角色转换是人工蜂群算法特有的机制，通过三类蜜蜂相互协作，最终达到寻找质量最好的蜜源的目的。人工蜂群算法与其他群智能优化算法最大的区别在于，种群更新时，其只对个体特征向量的一个维度执行更新操作，即单维更新，而其他算法则都是通过循环对所有维度执行更新操作，即全维更新。人工蜂群算法具有全局搜索能力强的优势，但存在搜索效率低，尤其后期搜索速度慢的不足。

1.3.7　烟花算法

烟花算法模拟了烟花爆炸的现象，流程主要包括爆炸算子、变异算子和选择策略。

第一步，参数设置，主要参数包括种群数量 N、最大迭代次数 MaxDT、爆炸半径调整常数 $\hat{A}$、爆炸火花数调整参数 M、常数参数 a 和 b。第二步，对种群初始化，即在解空间区域内随机生成 N 个 D 维个体，形成种群，每个个体相当于一个烟花。第三步，首先通过目标函数评价每个烟花的适应度，根据烟花适应度的优劣对种群排序，然后进入迭代循环。第四步，执行爆炸算子，适应度优的烟花，爆炸产生的火花数量多，爆炸的半径小，适应度劣的烟花，爆炸产生的火花数量少，爆炸半径大。爆炸算子通过式(1-18)和式(1-19)计算第 i 个烟花 $\boldsymbol{x}_i$ 的爆炸半径 A_i 和爆炸产生的火花数量 S_i

$$A_i = \hat{A}\frac{f(\boldsymbol{x}_i) - y_{\min} + \varepsilon}{\sum_{i=1}^{N}\left(f(\boldsymbol{x}_i) - y_{\min}\right) + \varepsilon} \tag{1-18}$$

$$S_i = M\frac{y_{\max} - f(\boldsymbol{x}_i) + \varepsilon}{\sum_{i=1}^{N}\left(y_{\max} - f(\boldsymbol{x}_i)\right) + \varepsilon} \tag{1-19}$$

其中，$\hat{A}$ 和 M 为第一步已设置的参数，$y_{\min} = \min\left(f(\boldsymbol{x}_i)\right)$，$i = (1, 2, \cdots, N)$，$\varepsilon$ 为一个机器最小量，用来防止除以 0 的操作。在式(1-19)中，为了防止适应度优的烟花产生过多火花或者适应度劣的烟花产生过少火花，同时为了保证火花数为整数，对爆炸火花数量进行了限制，即

$$S_i = \begin{cases} \mathrm{round}(aM), & S_i < aM \\ \mathrm{round}(bM), & S_i > bM, a < b < 1 \\ \mathrm{round}(S_i), & \text{其他} \end{cases} \tag{1-20}$$

其中，round()为四舍五入取整函数，a 和 b 为第一步已设置的参数。

爆炸算子中对爆炸的模拟是通过爆炸火花某些维度的偏移实现的，具体步骤如下：①随机选择 z 个维度形成集合 DS，即

$$z = \mathrm{round}\left(D \times \mathrm{rand}(0,1)\right) \tag{1-21}$$

②对 DS 中每一维执行偏移，即

$$\hat{x}_i^k = x_i^k + h \tag{1-22}$$

其中，k 为烟花 x_i 的第 k 维，式 (1-22) 通过 x_i^k 的偏移生成了新的 $\hat{x}_i^k$，偏移位置计算如下

$$h = A_i \times \mathrm{rand}(\,1,1) \tag{1-23}$$

烟花爆炸产生的每一个火花在爆炸半径范围内的执行偏移，完整地模拟了现实中烟花爆炸的行为。不难理解，在解空间区域内，适应度优的烟花相对来说离全局最优解较近，在其附近进行小范围大数量的爆炸，能够有效地进行局部搜索，适应度劣的烟花相对离全局最优解较远，使其进行大范围小数量的爆炸，能够有效地进行全局搜索，又能在一定程度上避免算法陷入局部最优。

第五步，执行变异算子，烟花算法引入了高斯变异的思想，即随机选择原种群中 $\hat{M}$ 个烟花，又随机选择其中 z 个维度形成集合 DS，如式 (1-21) 所示。然后对 DS 中每一维进行高斯变异，即

$$\hat{x}_i^k = x_i^k e \tag{1-24}$$

其中，e 为高斯变异参数。

通过式 (1-24) 的高斯变异生成新的 $\hat{x}_i^k$ 取代原 x_i^k，变异算子产生的火花作为高斯爆炸火花用于后续的步骤。第六步，对爆炸算子和变异算子产生的火花进行越界限制，通过式 (1-25) 将越界的维度值映射到一个新的随机位置上，避免结果数值溢出。

$$\hat{x}_i^k = x_{\mathrm{LB}}^k + \left|\hat{x}_i^k\right| \% \left(x_{\mathrm{UB}}^k - x_{\mathrm{LB}}^k\right) \tag{1-25}$$

至此，算法中存在三个个体集合，分别是种群初始化生成的 N 个烟花、爆炸算子产生的 $\sum_{i=1}^{N} S_i$ 个爆炸火花和变异算子产生的 $\hat{M}$ 个变异爆炸火花。第七步，执行选择策略，即从上述三个集合中选出 N 个个体组成新的种群，保持种群数量不变。首先保留本次迭代时适应度最优的一个个体，对其余的 $N–1$ 个个体通过基于欧氏距离的轮赌选择法进行选择。欧氏距离即所判断的烟花离最优烟花的距离，离得越近，被选中的概率越小，离得越远，被选中的概率越大，从而使得下一代烟花种群更大概率地分散，增加种群多样性，提高算法全局搜索能力。第八步，评价新种群中的每个烟花或者火花的适应度，根据烟花或者火花适应度的优劣对种群排序。至此，完成了一次迭代过程。在下一次迭代时，用新生成的种群作为起始种群，执行第四步到第八步，如此迭代，直至满足算法停止条件，此时种群中适应度最优的烟花或者火花对应的向量即为算法得到的最终结果。

作为较新颖的群智能优化算法，烟花算法不仅继承了群智能优化算法结构简单、易实现等优势，还具有明显的自身特色，归纳起来包括爆发性、瞬时性、简

单性、局部覆盖性、涌现性、分布并行性、多样性、可扩充性和适应性。然而，烟花算法也存在着一些不足，例如，算法由于爆炸算子产生了大量个体，对它们评价时计算量大，计算复杂度高，算法优化机制的随机性较大，在算法后期不利于局部搜索。

1.3.8 灰狼优化算法

灰狼优化算法模拟了狼群的社会等级制度和狩猎行为。自然界中，灰狼按照社会地位由高至低依次划分为 α、β、δ 和 ω 四个等级[35]。狼群狩猎过程主要分为跟踪靠近猎物、追赶骚扰猎物和包围攻击猎物[36]。狼群狩猎时，由 α 狼、β 狼和 δ 狼作为引导，由 ω 狼完成狩猎行为。狼群狩猎行为的数学模型如下

$$D = \left| C \times X_P(t) - X(t) \right| \tag{1-26}$$

$$X(t+1) = X_P(t) - A \times D \tag{1-27}$$

其中，D 为狼与猎物之间的距离，t 为当前迭代次数，X_p 为猎物的位置向量，X 为灰狼的位置向量，参数向量 $A = 2ar_1 - a$，$C = 2r_2$，a 的取值随着迭代次数的增加由 2 至 0 线性递减，r_1 和 r_2 为区间[0, 1]中的随机向量。

第一步，参数设置，主要参数包括群数量 N 和最大迭代次数 MaxDT。第二步，对种群初始化，即在解空间区域内随机生成 N 个 D 维个体，形成种群，每个个体相当于一头灰狼，个体的特征向量相当于对应灰狼的位置向量，全局最优解相当于猎物的位置向量。第三步，首先通过目标函数评价每头灰狼的适应度，根据灰狼适应度值确定 α、β 和 δ 狼，它们分别代表当前种群中的最优候选解、次优候选解和第三优候选解，ω 狼代表其余的候选解，然后进入迭代循环。第四步，通过 α、β 和 δ 狼引导 ω 狼更新它们的位置向量，逐步搜索猎物的位置，灰狼的位置向量更新如下

$$D_\alpha = \left| C_1 \times X_\alpha(t) - X(t) \right| \tag{1-28}$$

$$D_\beta = \left| C_2 \times X_\beta(t) - X(t) \right| \tag{1-29}$$

$$D_\delta = \left| C_3 \times X_\delta(t) - X(t) \right| \tag{1-30}$$

$$X_1 = X_\alpha(t) - A_1 \times D_\alpha \tag{1-31}$$

$$X_2 = X_\beta(t) - A_2 \times D_\beta \tag{1-32}$$

$$X_3 = X_\delta(t) - A_3 \times D_\delta \tag{1-33}$$

$$X(t+1) = (X_1 + X_2 + X_3) / 3 \tag{1-34}$$

第五步，对种群中所有的灰狼进行越界处理，避免结果数值溢出。第六步，评价更新后的每头灰狼的适应度，根据所有灰狼的适应度值更新 α、β 和 δ 狼的位

置。至此，完成了算法的一次迭代过程。在下一次迭代时，将更新后种群作为起始种群，执行第四步到第六步，如此迭代，直至满足算法停止条件，此时 α 狼的位置向量即为算法得到的最终结果。

灰狼优化算法通过前三个等级的灰狼引导，使其余的灰狼迅速靠近猎物的位置，从而为算法提供了优秀的局部搜索能力，然而，若狼群聚集的位置是局部最优点而非全局最优点时，灰狼优化算法缺乏有效避免算法陷入局部最优的操作，易陷入局部最优也是灰狼优化算法的主要不足。

1.4　本书篇章结构

生物地理学优化 (BBO) 算法是群智能优化算法之一，吸引了大量学者的关注，然而，目前国内出版 BBO 算法及其相关研究的专著并不多，且没有发现应用 BBO 算法处理图像分割问题的研究专著出版，可收集到的 BBO 算法综述性论文数量也很有限，考虑到上述情况，作者结合自身对 BBO 算法的学习和理解，整理了几年来收集的大量资料，并整合了所在课题组近几年潜心研究的创新性成果，致力于撰写成本书，旨在通过对 BBO 算法的背景、步骤、改进及应用研究的详细描述，帮助读者理清思路，真正理解 BBO 算法，同时，为广大学者在 BBO 算法的研究上给予一定的启发，并延伸至对其他群智能优化算法的研究。

全书共 15 章。第 1 章是绪论；第 2 章介绍 BBO 算法；第 3 章是 BBO 算法代表性改进研究简介；第 4 章描述差分迁移和趋优变异的 BBO 算法；第 5 章描述差分变异和交叉迁移的 BBO 算法；第 6 章描述混合交叉的 BBO 算法；第 7 章描述高效融合的 BBO 算法；第 8 章描述混合灰狼优化的 BBO 算法；第 9 章描述混合蛙跳优化的 BBO 算法；第 10 章介绍图像分割相关知识，重点描述基于阈值分割的方法，说明群智能优化算法可以应用于处理图像阈值分割问题；第 11 章描述多源迁移和自适应变异的 BBO 算法并将该算法应用于多阈值图像分割；第 12 章描述动态迁移和椒盐变异的 BBO 算法并将该算法应用于多阈值图像分割；第 13 章描述混合迁移的 BBO 算法并将该算法应用于多阈值图像分割；第 14 章描述混合细菌觅食优化的 BBO 算法并将该算法应用于多阈值图像分割；第 15 章是总结与展望；附录罗列本书实验所涉及的所有基准函数的基本信息。

第 4 章和第 5 章以增强 BBO 算法的优化性能为目的，没有改变原算法结构，只对两个算子分别进行改进，故归类为 BBO 算法的基本改进研究。第 6 章和第 7 章以提高 BBO 算法的优化效率为目的，改变了原算法结构，去掉了一个算子，对另一个算子进行改进，故归类为 BBO 算法的高效改进研究。第 8 章和第 9 章以增强 BBO 算法的普适性为目的，不仅改变了原算法的结构，还和其他群智能优化算法进行混合，故归类为 BBO 算法的混合改进研究。第 11 章和第 12 章是将基本改进的 BBO 算法应用于多阈值图像分割。第 13 章是将高效改进的 BBO 算法应用于多阈值图像分割。第 14 章是将混合改进的 BBO 算法应用于多阈值彩色图像分割。第 4～9 章和第 11～14 章的研究遵循从简单改进到混合改进，单一改进到复杂改进的逻辑关系。另外，全书从整体上遵循从算法的改进研究到改进和应用综合研究的逻辑关系。全书篇章结构如图 1-5 所示。

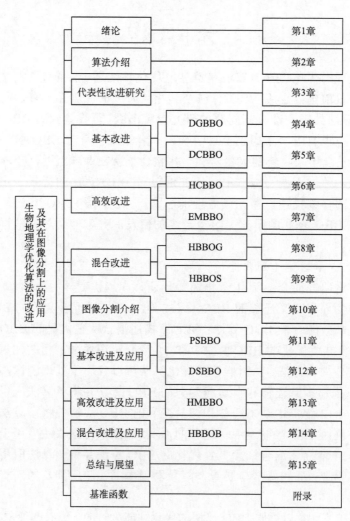

图 1-5　全书篇章结构

参 考 文 献

[1] 陈宝林. 最优化理论与算法. 北京: 清华大学出版社, 2005.

[2] Holland J H. Adaptation in Natural and Artificial Systems. Ann Arbor: University of Michigan Press, 1975.

[3] Kirkpatrick S, Gelatt C D, Vecchi M P. Optimization by simulated annealing. Science, 1983, 220: 671-680.

[4] Yao X. Evolving artificial neural networks. Proceedings of the IEEE, 1999, 87(9): 1423-1447.

[5] Glover F. Future paths for integer programming and links to artificial intelligence. Computers and Operations Research, 1986, 13(5): 533-549.

[6] 赵玉新, Yang X S, 刘利强. 新兴元启发式优化方法. 北京: 科学出版社, 2013.

[7] 陈杰, 辛斌. 智能优化的探索-开发权衡理论与方法. 北京: 科学出版社, 2007.

[8] Wolpert D H, Macready W G. No free lunch theorems for optimization. IEEE Transactions on Evolutionary Computation, 1997, 1(1): 67-82.

[9] Yao X, Liu Y, Lin G M. Evolutionary programming made faster. IEEE Transactions on Evolutionary Computation, 1999, 3(2): 82-102.

[10] Blum C. Ant colony optimization: introduction and recent trends. Physics of Life Reviews, 2005, 2(4): 353-373.

[11] Eberhart R, Kennedy J. A new optimizer using particle swarm theory//Proceedings of the Sixth International Symposium on Micro Machine and Human Science, Nagoya, 1995.

[12] Storn R, Price K. Differential evolution - a simple and efficient heuristic for global optimization over continuous spaces. Journal of Global Optimization, 1997, 114(4): 341-359.

[13] Zong W G, Kim J H, Loganathan G V. A new heuristic optimization algorithm: harmony search. Simulation Transactions of the Society for Modeling & Simulation International, 2001, 76(2): 60-68.

[14] Passino K M. Biomimicry of bacterial foraging for distributed optimization and control. IEEE Control Systems Magazine, 2002, 22(3): 52-67.

[15] 李晓磊, 邵之江, 钱积新. 一种基于动物自治体的寻优模式:鱼群算法. 系统工程理论与实践, 2002, 22(11): 31-38.

[16] Eusuff M M, Lansey K E. Optimization of water distribution network design using the shuffled frog leaping algorithm. Journal of Water Resources Planning & Management, 2003, 129(3): 210-225.

[17] Karaboga D. An idea based on honey bee swarm for numerical optimization. Technical Report, 2005.

[18] Simon D. Biogeography-based optimization. IEEE Transactions on Evolutionary Computation, 2008, 12(6): 702-713.

[19] Gandomi A H, Yang X S, Alavi A H. Cuckoo search algorithm: a metaheuristic approach to solve structural optimization problems. Engineering with Computers, 2013, 29(1): 17-35.

[20] Tan Y, Zhu Y. Fireworks algorithm for optimization//First International Conference on

Advances in Swarm Intelligence, Beijing, 2010.

[21] Gandomi A H, Alavi A H. Krill herd: a new bio-inspired optimization algorithm. Communications in Nonlinear Science & Numerical Simulations, 2012, 17(12): 4831-4845.

[22] Mirjalili S, Mirgalili S M, Lewis A. Grey wolf optimizer. Advances in Engineering Software, 2014, 69(3): 46-61.

[23] Jiang Q, Wang L, Hei X, et al. Optimal approximation of stable linear systems with a novel and efficient optimization algorithm//IEEE Congress on Evolutionary Computation, Beijing, 2014.

[24] Hu Z B, Xiong S W, Su Q H, et al. Finite Markov chain analysis of classical differential evolution algorithm. Journal of Computational & Applied Mathematics, 2014, 268(1): 121-134.

[25] Goldberg D E, Segrest P. Finite Markov chain analysis of genetic algorithms//International Conference on Genetic Algorithms on Genetic Algorithms and Their Application, Cambridge, 1987.

[26] Clerc M, Kennedy J. The particle swarm-explosion, stability, and convergence in a multidimensional complex space. IEEE Transactions on Evolutionary Computation, 2002, 6(1): 58-73.

[27] 钟文亮, 王惠森, 张军, 等. 带启发性变异的粒子群优化算法. 计算机工程与设计, 2008, 29(13): 3402-3406.

[28] Heidari A A, Pahlavani P. An efficient modified grey wolf optimizer with Lévy flight for optimization tasks. Applied Soft Computing, 2017, 60: 115-134.

[29] Sharma H. Opposition based Lévy flight artificial bee colony. Memetic Computing, 2013, 5(3): 213-227.

[30] Wang G G, Guo L, Gandomi A H, et al. Chaotic krill herd algorithm. Information Sciences, 2014, 274(274): 17-34.

[31] 罗雪晖, 杨烨, 李霞. 改进混合蛙跳算法求解旅行商问题. 通信学报, 2009, 30(7): 130-135.

[32] 张沈习, 陈楷, 龙禹, 等. 基于混合蛙跳算法的分布式风电源规划. 电力系统自动化, 2013, 37(13): 76-82.

[33] Liu Y, Mu C, Kou W, et al. Modified particle swarm optimization-based multilevel thresholding for image segmentation. Soft Computing, 2015, 19(5): 1311-1327.

[34] Feng Y, Wang G G, Li W, et al. Multi-strategy monarch butterfly optimization algorithm for discounted {0-1} knapsack problem. Neural Computing & Applications, 2017, 30(10): 3019-3036.

[35] Pilot M, Branicki W, Jedrzejewski W, et al. Phylogeographic history of grey wolves in Europe. BMC Evolutionary Biology, 2010, 10: 104.

[36] Muro C, Escobedo R, Spector L, et al. Wolf-pack (canis lupus) hunting strategies emerge from simple rules in computational simulations. Behavioural Processes, 2011, 88(3): 192-197.

第 2 章　生物地理学优化算法

2.1　生物地理学理论

2.1.1　理论背景

生物地理学是一门研究自然界动植物地理分布的科学，包括了物种的分布、迁移、产生和灭绝等。作为一门古老的学科，生物地理学从萌芽阶段到学科建立和发展经历了很长的历史。早期的生物地理学研究以考察队和博物学家为代表，这一时期该领域著名学者包括 Linné、Buffon 等。Linné 提出物种向世界各地散布，形成了迁移扩散学思想的基础。Buffon 提出物种分布在世界各地，因为环境变迁而发生趋异分解，形成了隔离分解思想的基础。

生物地理学概念最早由博物学家 Wallace[1]和 Darwin[2]提出，生物地理学于19 世纪在地质学、进化生物科学、古生物科学等学科的基础上获得蓬勃发展。Lyell在地质学上的贡献，让人们认识到了地球的古老性和动态性，这也使 Wallace 和Darwin 能够理解到自然界有机体的多样性是逐渐和持续受自然选择作用而进化形成的。到 19 世纪后期，历史生物地理学、岛屿生物地理学、生活习性生物地理学等方向的研究都有了长足的发展和进步，同时也兴起了对亲缘类种群在个体、种群程度上的地理空间变异研究。现代生物地理分布格局的研究，正逐渐成为全球环境变化、生活习性植被格局、生物保护科学和地理植物学研究的基础学科和支撑学科，而植物生物地理学研究本身发展成了植物系统发育、古植物、古天气、地质学等学科范畴的综合研究。板块漂移学说也在全球生物地理格局演变研究中占据了重要地位。

生物地理学除了自身理论的不断发展和完善外，也对其他学科领域产生了影响。Munroe[3, 4]于 19 世纪 40～50 年代引入了生物地理学的数学模型。到 20 世纪60 年代，MacArthur 和 Wilson[5, 6]推广了生物地理学，他们的生物地理学平衡理论，说明了岛屿生物群落的平衡点与生长速度和灭绝速度的关系。随后，生物地理学被逐渐认可，也吸引了越来越多的学者关注，其理论及模型被广泛应用到各研究领域，经过多年的发展与完善，最终，生物地理学成为了一门生物学与地理学交叉的独立学科。

2.1.2　生物地理学

　　生物地理学描述了物种在不同栖息地间的迁移，新物种的产生及已有物种的灭绝现象。在生物地理学理论中，一块陆地上生存了许多物种。物种习惯性在固定的区域活动，久而久之就形成了若干栖息地。不同栖息地的生存环境不同，有的栖息地在某些时候适合物种生存，有的在某些时候则不太适合，栖息地生存环境的优劣通过生存适应度指数(Habitat Suitability Index, HSI)来表示。HSI 越优，表明生存的舒适程度越高，在该栖息地生存的物种种类就越多，相反，HSI 越劣，表明生存的舒适程度越低，在该栖息地生存的物种种类就越少。影响栖息地 HSI 的因素有很多，如温度、陆地面积、光照、降雨量等，这些因素统称为生存适应度指数变量(Suitable Index Variables, SIVs)，其中，每一个因素都可以用一个 SIV 表示。SIV 的变化会改变该栖息地的 HSI，故 SIV 可以被认为是自变量，HSI 则是因变量。

　　HSI 是影响栖息地种群分布和迁移的重要因素之一。栖息地的 HSI 越优，其生存的物种数量越多，该栖息地的生存空间就拥挤，从而栖息地内的物种就倾向于向其他生存空间不拥挤的栖息地迁移，而其他栖息地的物种却很难挤入这个拥挤的空间。相反，栖息地的 HSI 越劣，其生存的物种数量越少，该栖息地的生存空间就越大，从而栖息地内的物种很少向其他更拥挤的栖息地迁移，而其他栖息地的物种更易于进入这个生存空间更大的栖息地。当一个栖息地有物种迁入或者迁出时，就会影响 SIVs，从而改变 HSI，并进行新一轮的迁移。图 2-1 直观地展现了物种在不同栖息地之间的迁移。当一个栖息地的迁入和迁出平衡时，其生态环境较为稳定，不易发生变异，当迁入和迁出不平衡时，其生态环境不稳定，不稳定的生态环境更可能发生变异，例如，自然灾害导致一些物种的灭亡。

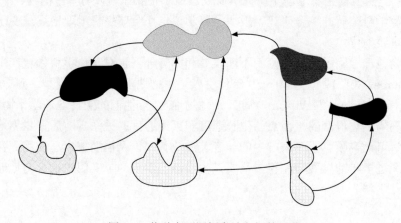

图 2-1　物种在不同栖息地之间的迁移

2.2　BBO 算法

2.2.1　BBO 算法数学模型

BBO 算法是美国学者 Simon 基于生物地理学理论，于 2008 年提出的一种群智能优化算法[7]。BBO 算法模拟了自然界物种在不同栖息地之间的迁移行为以及栖息地自身生态环境的变异现象。栖息地之间通过迁移实现信息的交换与共享，通过变异改变生存环境，迁移算子和变异算子也是 BBO 算法中的两个最主要的算子。BBO 算法一经提出，就受到了国内外众多学者的青睐。

对于求解 $y = f(\boldsymbol{x})$ 的 D 维优化问题，在 BBO 算法中，种群代表生态环境，包含了若干栖息地，每个栖息地相当于一个候选解 $\boldsymbol{x}$，栖息地的 SIVs 相当于对应候选解的向量 $(x_1, x_2, \cdots, x_D)$，每一个 SIV 相当于向量中的一维 x_i $(i = 1, 2, \cdots, D)$，栖息地的 HSI 相当于对应候选解的目标函数值 y。图 2-2 形象地展示了栖息地与候选解及其目标函数值的对应关系。此外，每个栖息地还拥有各自的物种数量、物种数量概率、迁入率、迁出率、变异率等。

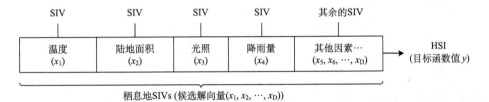

图 2-2　栖息地与候选解及其目标函数值的对应关系

Simon 为栖息地之间物种迁移建立了模型，如图 2-3 所示，其中，横坐标为栖息地的物种数量，纵坐标为概率，λ 为迁入率，μ 为迁出率，I 为最大迁入率，E 为最大迁出率，$S_{\max}$ 为物种数量的最大值，S_0 为物种数量平衡点。

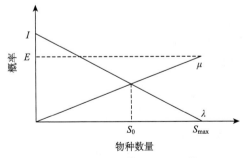

图 2-3　生物地理学物种迁移模型

从图 2-3 中可以看出，一个栖息地的物种数量与其迁入率和迁出率成线性关系，物种数量多的栖息地具有较高的迁出率和较低的迁入率，物种数量少的栖息地具有较高的迁入率和较低的迁出率。当物种数量为 S_0 时，迁入率和迁出率相等，该栖息地的物种数量达到了动态平衡。平衡点会随着栖息地环境的变化会发生偏移，偏移是由于其他种群突然迁入或突发事件导致的物种数量急剧变化，例如，大量流离失所的生物从附近栖息地迁入或自然灾害造成物种大量减少甚至灭亡，然后经过一段时间的发展，该栖息地会再次达到一个新的平衡。

假设某一栖息地某个时间段有 S 种物种的概率为 P_s，迁入率为 λ_s，迁出率为 μ_s，概率 P_s 在时间 t 到 $t+\Delta t$ 内的改变量表示为

$$P_s(t+\Delta t)=P_s(1-\lambda_s\Delta t-\mu_s\Delta t)+P_{s-1}\lambda_{s-1}\Delta t+P_{s+1}\mu_{s+1}\Delta t \tag{2-1}$$

为了使该栖息地在时间 t 到 $t+\Delta t$ 内有 S 类物种，必须满足以下三个条件之一：

(1) 在 t 时刻栖息地有 S 类物种，在时间 t 到 $t+\Delta t$ 内没有迁入和迁出的物种；

(2) 在 t 时刻栖息地有 $S-1$ 类物种，在时间 t 到 $t+\Delta t$ 内有某一物种迁入；

(3) 在 t 时刻栖息地有 $S+1$ 类物种，在时间 t 到 $t+\Delta t$ 内有某一物种迁出。

假设 Δt 足够小，能够忽略不计此时的物种迁入率或迁出率，即 $\Delta t \to 0$，对式 (2-1) 求时间的极限可得

$$\dot{P}_s = \begin{cases} -(\lambda_s+\mu_s)P_s+\mu_{s+1}P_{s+1}, & S_s=0 \\ -(\lambda_s+\mu_s)P_s+\lambda_{s-1}P_{s-1}+\mu_{s+1}P_{s+1}, & 1\leqslant S_s\leqslant S_{\max}-1 \\ -(\lambda_s+\mu_s)P+\lambda_{s-1}P_{s-1}, & S_s=S_{\max} \end{cases} \tag{2-2}$$

设物种种类最大值 $S_{\max}=n$，概率为 $\boldsymbol{P}=[P_0,P_1,\cdots,P_n]^{\mathrm{T}}$，则式 (2-2) 可以写成

$$\dot{\boldsymbol{P}}=\boldsymbol{A}\times\boldsymbol{P} \tag{2-3}$$

其中，$\boldsymbol{A}=\begin{bmatrix} -(\lambda_0+\mu_0) & \mu_1 & 0 & \cdots & 0 \\ \lambda_0 & -(\lambda_1+\mu_1) & \mu_2 & & \vdots \\ \vdots & & \vdots & & \vdots \\ \vdots & & \lambda_{n-2} & -(\lambda_{n-1}+\mu_{n-1}) & \mu_n \\ 0 & \cdots & 0 & \lambda_{n-1} & -(\lambda_n+\mu_n) \end{bmatrix}$。

假设某时刻栖息地的物种数量为 i，从图 2-3 物种的迁移模型可计算栖息地的迁入率 λ_s 和迁出率 μ_s 分别为

$$\lambda_s=I(1-s/n) \tag{2-4}$$

$$\mu_s=E(s/n) \tag{2-5}$$

特殊情况下，最大迁入和迁出率的数值会相等，即 $I=E$，则有

$$\lambda_s+\mu_s=E \tag{2-6}$$

设矩阵 A 为

$$A = E \times \begin{bmatrix} -1 & 1/n & 0 & \cdots & 0 \\ n/n & -1 & 2/n & & \vdots \\ \vdots & & \vdots & & \vdots \\ \vdots & & 2/n & -1 & n/n \\ 0 & \cdots & 0 & 1/n & -1 \end{bmatrix} = E \times A' \tag{2-7}$$

当 A' 的特征值为 0 时，对应的特征向量 $v = (v_1, v_2, \cdots, v_{n+1})$，其中，$v_s$ 为

$$v_s = \begin{cases} \dfrac{n!}{(n-1-s)!(s-1)}, & \left(s = 1, \cdots, \mathrm{ceil}\left(\dfrac{n+1}{2}\right)\right) \\ v_{n+2-s}, & \left(s = \mathrm{ceil}\left(\dfrac{n+1}{2}+1\right), \cdots, n+1\right) \end{cases} \tag{2-8}$$

由此得出推论，假设 n 为栖息地的最大种群数量，各个数量的种群所对应的物种数量概率计算方式为

$$P(n) = \frac{v}{\sum_{s=1}^{n+1} v_s} \tag{2-9}$$

假设某栖息地可容纳的最大物种数量为 10，则某时刻该栖息地拥有的物种数量概率分布可能为

$$P(10) \approx [0.001, 0.001, 0.044, 0.117, 0.205, 0.246, 0.205, 0.117, 0.044, 0.001, 0.001] \tag{2-10}$$

观察式 (2-10) 可知，当栖息地拥有物种数量较多或者较少时，物种数量概率较低，这样的情况下，栖息地的生态环境不稳定，更容易出现突发事件，即栖息地的变异率与物种数量概率成反比。

2.2.2 BBO 算法步骤及原理

基于上述数学模型，将 BBO 算法的详细步骤及原理描述如下。

第一步，参数设置，需要预设的参数包括种群数量 N、最大迭代次数 MaxDT、最大迁入率 I、最大迁出率 E、最大变异概率 pm_{max} 和精英保留个数 keep。

第二步，对种群初始化，对于求解一个 D 维优化问题，在解空间区域内随机生成 N 个 D 维个体，形成种群 (生态系统) H^N，每个个体相当于一个栖息地，代表了一个候选解，栖息地 H_i ($i = 1, 2, \cdots, N$) 的 SIVs = $(\mathrm{SIV}_1, \mathrm{SIV}_2, \cdots, \mathrm{SIV}_D)$ 表示其对应的候选解向量，其中，每一个 SIV 均为向量中的一维，栖息地的 HSI 为对应候选解的目标函数值。图 2-4 形象地展现了维度 $D = 2$ 时初始化后的种群。

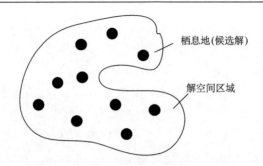

图 2-4　算法初始化

第三步，首先评价每个栖息地的 HSI，即将栖息地的 SIVs 的值代入到目标函数中进行计算。需要注意的是，在生物地理学理论中，HSI 越优表示栖息地生存环境越好，但在处理实际问题时需要区分优化问题属于最大值优化还是最小值优化，当求解最小值优化问题时，HSI 越优，对应候选解的目标函数值越小。另外，对于一些没有函数表达式的优化问题，则需要根据实际情况合理使用算法进行处理。完成评价后，根据栖息地的 HSI 由优至劣对种群排序。然后，算法进入迭代循环。

第四步，首先计算栖息地的迁入率、迁出率和变异率。

栖息地 H_i 的迁入率 λ_i 是其物种数量 S_i 的单调递减函数，迁出率 μ_i 是其物种数量 S_i 的单调递增函数。根据已排序种群中栖息地的序列可以计算出其物种数量，排序靠前的栖息地的物种数量多，排序靠后栖息地的物种数量少。在 Simon 共享的 BBO 算法源代码中，设置最大物种数量 $S_{max} = N$，从而可以求得，排序在第 i 位的栖息地的物种数量 $S_i = S_{max} - i$。根据栖息地 H_i 的物种数量可以计算出其迁入率 λ_i 和迁出率 μ_i 分别为

$$\lambda_i = I\left(1 - S_i / S_{max}\right) \tag{2-11}$$

$$\mu_i = E\left(S_i / S_{max}\right) \tag{2-12}$$

栖息地 H_i 的变异率 pm_i 与其物种数量概率 P_i 相关，其计算式为

$$pm_i = pm_{max}\left(1 - P_i / P_{max}\right) \tag{2-13}$$

然后保留精英栖息地，即将种群中排序在前列的 keep 个栖息地保存。由于排序在前几个的栖息地较其他栖息地的 HSI 更优，故称它们为精英栖息地。

第五步，执行迁移算子，栖息地 H_i 被其他栖息地执行特征迁入的概率与其迁入率 λ_i 成正比，对其他栖息地执行特征迁出的概率与其迁出率 μ_i 成正比。通过栖息地的迁入率依次判断该栖息地的每个 SIV 是否执行迁入，如果对一个 SIV 迁入，则选择迁出栖息地并执行迁移操作，否则，跳过该 SIV，对下一个 SIV 进行同样的判断，直到种群中所有栖息地的 SIV 都完成上述过程。

　　对于迁出栖息地的选择采用轮赌选择法，如图 2-5 所示，一个轮盘被分成若干扇形块，轮盘正中有一个指针，转动轮盘，有且仅有一个扇形块会被指针选中，显然，扇形块面积越大被选中的概率越高，面积越小被选中的概率越低。

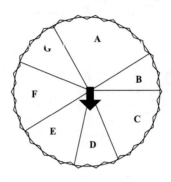

图 2-5　轮赌选择法

　　算法中每个栖息地都有一个迁出率，根据式 (2-12) 可知，所有栖息地的迁出率之和为 E，把 E 的值抽象成轮盘，每个栖息地的迁出率对应了轮盘中的一个扇形。当使用轮赌选择法时，有且仅有一个栖息地会被选中作为迁出栖息地，迁出率越高，被选中执行迁出的概率越大，反之，则被选中的概率越小。

　　迁移操作指的是用迁出栖息地相应维度的 SIV 取代迁入栖息地被选中的 SIV，即

$$H_i\left(\mathrm{SIV}_j\right) \leftarrow H_{\mathrm{SI}}\left(\mathrm{SIV}_j\right) \tag{2-14}$$

其中，H_i 为迁入栖息地，H_{SI} 为迁出栖息地，$H_i(\mathrm{SIV}_j)$ 为第 i 个栖息地的第 j 个 SIV。

　　根据栖息地的 HSI 与其迁入迁出率的关系可以推断，迁移更大概率是较优的栖息地将其信息分享给较劣的栖息地，使后者的 SIVs 得到改善，改变其 HSI。

　　图 2-6 直观地展示了在维度 $D=2$ 时迁移操作的原理。当迁入栖息地接受迁出栖息地的信息时，会向迁出栖息地的方向移动，又由于迁移操作是概率性操作，迁入栖息地通常只是接收到迁出栖息地的部分信息，而非全部信息，从而不会在迁移后与迁出栖息地在解空间区域中位置重合。通过迁移，原迁入栖息地出现在了迁出栖息地的附近，其所在位置可能较迁出栖息地的位置更靠近全局最优点，从而实现了在迁出栖息地附近进行局部搜索。

　　迁移操作不能保证迁入栖息地在得到迁出栖息地的信息后会更接近最优解，但对于整个算法，在解空间中分布了 N 个栖息地，通过多次迭代进行迁移，就能够实现栖息地向当前最优解方向聚集，最终搜索到最优解。

　　BBO 算法的迁移算子通过不同栖息地之间共享信息，提供了一定的局部搜索能力，有利于算法快速收敛，其伪代码如算法 2-1 所示。

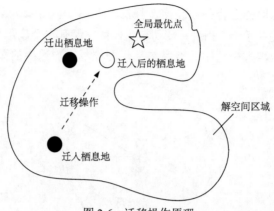

图 2-6　迁移操作原理

算法 2-1　迁移算子

---

for i = 1 to N do

　for j = 1 to D do

　　if rand < λ_i then

　　　用轮赌选择法选出迁出栖息地 $\boldsymbol{H}_{SI}$

　　　通过式(2-14)更新 $H_i(SIV_j)$

　　end if

　end for

end for

第六步，执行变异算子，栖息地 $\boldsymbol{H}_i$ 执行特征变异的概率与其变异率 pm_i 成正比。通过栖息地的变异率依次判断该栖息地的每个 SIV 是否执行变异，如果对一个 SIV 变异，则执行变异操作，否则，跳过该 SIV，对下一个 SIV 进行同样的判断，直到种群中所有栖息地的 SIV 都完成上述过程。

变异操作指的是用定义域内一个随机生成的 SIV 取代变异栖息地被选中的 SIV，即

$$H_i\left(SIV_j\right) \leftarrow lb_j + rand \times \left(ub_j - lb_j\right) \tag{2-15}$$

其中，$\boldsymbol{H}_i$ 为执行变异的栖息地，ub_j 和 lb_j 分别为第 j 维定义域的上界和下界，rand 为均匀分布在区间[0, 1]中的随机实数。

图 2-7 直观地展示了在维度 $D=2$ 时变异操作的原理。栖息地通过变异，可能出现在解空间区域内的任意位置，实现在整个解空间区域的全局搜索，特别当一个栖息地陷入局部最优时，对该栖息地执行变异操作，使其自身的信息发生大幅度变化，该栖息地可以在解空间区域内产生跳跃，从而有机会跳出局部最优点区域，并在下一次迭代时引导其他栖息地向着更好的优化方向聚集。

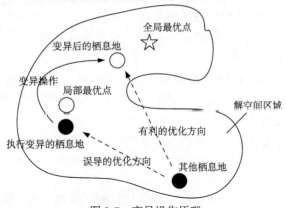

图 2-7　变异操作原理

BBO 算法的变异算子通过栖息地对自身信息的突变, 提供了一定的全局搜索能力, 有利于避免算法陷入局部最优, 其伪代码如算法 2-2 所示。

算法 2-2　变异算子

for $i = N / 2$ to N do
　for $j = 1$ to D do
　　if rand $<$ pm$_i$ then
　　　通过式(2-15)更新 $H_i(\mathrm{SIV}_j)$
　　end if
　end for
end for

第七步, 越界限制, 为了避免栖息地 SIV 的取值越过定义域范围, 导致结果数值溢出, 需要对所有栖息地的 SIV 进行越界限制, 即用定义域内一个随机生成的 SIV 取代越界的 SIV, 其伪代码如算法 2-3 所示。

算法 2-3　越界限制

for $i = 1$ to N
　for $j = 1$ to D
　　if $H_i(\mathrm{SIV}_j) >$ ub$_j$　或　$H_i(\mathrm{SIV}_j) <$ lb$_j$
　　　通过式(2-15)更新 $H_i(\mathrm{SIV}_j)$
　　end if
　end for
end for

第八步，首先评价种群中每个栖息地的 HSI，根据栖息地的 HSI 由优至劣对种群排序，然后用第四步保存的 keep 个精英栖息地替换排序最后的，即当前种群中 HSI 最劣的 keep 个栖息地。

保留精英栖息地和用精英栖息地替换最差的栖息地的过程被称为精英保留机制。精英保留机制模拟了自然界优胜劣汰的法则，虽然迁移算子和变异算子能够改变种群中大量栖息地的 SIV，但不能确保栖息地的 HSI 一定向着更优的方向发展。采用精英保留机制，可以有效地避免优质的栖息地被破坏，同时保证了种群数量不变。图 2-8 直观地展示了精英保留机制的原理。

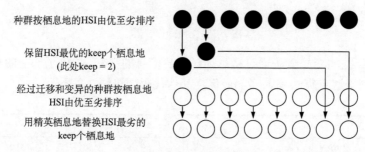

图 2-8　精英保留机制原理

第九步，执行清除算子，当种群中出现两个完全相同的栖息地时，为了保证种群多样性，需要选择其中一个栖息地执行清除操作，即用解空间中随机生成的一个新的栖息地取代该栖息地。清除算子的伪代码如算法 2-4 所示。

算法 2-4　清除算子

---

for $i = 1$ to N
　for $j = i + 1$ to N
　　if $H_i == H_j$
　　　对 H_j 执行清除
　　end if
　end for
end for

目前，在 BBO 算法的相关研究中很少涉及清除算子，这是由于 Simon 共享的 BBO 算法源代码主要用于处理离散域优化问题，对所有栖息地的 SIV 取值为整数，因此通过迁移和变异有可能出现两个完全相同的栖息地，需要进行清除，而大量 BBO 改进算法研究主要用于处理连续域优化问题，出现完全相同的栖息地的概率极小，故直接去掉了该算子的相关步骤。

　　第十步，由于清除算子可能产生新的栖息地，精英保留机制和清除算子都可能改变种群中栖息地的序列，故再次评价种群中每个栖息地的 HSI，根据栖息地 HSI 由优至劣对种群排序。至此，完成了一次迭代过程。

　　在下一次迭代时，将新生成的种群作为起始种群，执行第四步到第十步，如此迭代，直至满足算法停止条件。生物地理学优化算法可以以最大迭代次数作为停止条件，当迭代次数达到 MaxDT 时，算法停止，此时种群中 HSI 最优的栖息地的 SIVs 即为算法得到的最终结果。BBO 算法流程如图 2-9 所示。

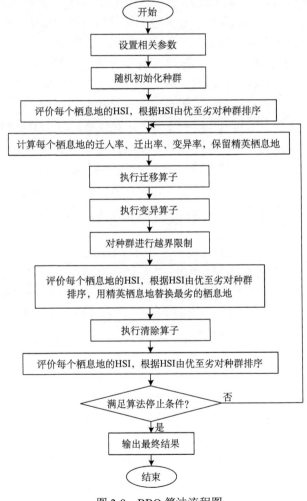

图 2-9　BBO 算法流程图

2.2.3　BBO 算法优缺点分析

　　BBO 算法具有群智能优化算法共有的一些优势，如算法原理简单，易实现，可拓展性好，比传统算法优化效率更高，能够处理一些复杂的优化问题等。

同时，BBO 算法也具有自己独特的优势，具体分析如下。

(1)迁移算子的优势：BBO 算法的迁移算子通过将迁出栖息地的信息分享给迁入栖息地，使迁入栖息地在迁出栖息地附近开采，有利于算法的局部搜索，而迁出栖息地的选择是根据栖息地的迁出率采用轮赌选择法完成的，对于同一个迁入栖息地，可能会接收到不同迁出栖息地的信息，从而增加了种群多样性，又有利于算法的全局搜索。迁移算子以局部搜索为主，又加入了部分全局搜索，使得探索和开采一定程度上得到了平衡，整体上有利于算法的性能。这种在开采中融入探索的方法具有一定的创新性，在其他多数早期的群智能优化算法中是不常见的，为后期算法改进研究在探索和开采平衡方面提供了借鉴。

(2)变异算子的优势：BBO 算法的变异算子通过突然改变执行变异的栖息地的信息，使其在解空间区域内跳跃，有利于算法的全局搜索，这一点与诸如遗传算法等拥有变异算子的算法类似。然而，BBO 算法中不同的栖息地具有不同的变异率，HSI 较优或者较劣的栖息地的变异率相对较高，对于 HSI 较劣的栖息地，更大概率地对其变异有利于大幅度提升其质量，对于 HSI 较优的栖息地，若陷入局部最优，就会误导其他栖息地陷入局部最优，更大概率地对其变异有利于算法跳出局部最优。对不同的个体使用不同的变异率同样具有创新性，且在其他拥有变异算子的早期算法中是不常见的，为后期算法改进研究中使用动态或者自适应变异概率提供了借鉴。

然而，BBO 算法也存在着一些不足，具体分析如下。

(1)迁移算子中存在的不足：BBO 算法的迁移算子采用了式(2-14)所示的直接取代式迁移操作，使迁入栖息地被选中的 SIV 只接受迁出栖息地对应的 SIV，虽然能够实现在迁出栖息地附近局部搜索，但这种迁移方式简单，搜索方向单一，在解空间区域中可搜索到的位置有限，从而影响了算法的搜索能力。

(2)迁出栖息地选择策略中存在的不足：BBO 算法对于迁出栖息地的选择采用了轮赌选择法，该方法有可能选出 HSI 较劣的栖息地，通过迁移将其信息分享给 HSI 较优的栖息地，从而导致种群退化。此外，轮赌选择法每选出一个迁出栖息地，其计算次数最少时为 1，最多时为 N，平均计算次数为 $(1+N)/2$，对于一个栖息地的迁移操作其计算复杂度近似为 $\lambda_i \times D \times (1+N)/2$，计算复杂度较高。

(3)变异算子中存在的不足：BBO 算法的变异算子采用式(2-15)所示的随机方向的变异操作，当对一个 HSI 较优的栖息地执行变异时，可能会向更差的方向进行，从而破坏了优质的栖息地，造成种群退化。

(4)使用精英保留机制存在的不足：从图 2-9 中可以看出，BBO 算法的每次迭代，当使用精英保留机制时，用精英栖息地替换较差的栖息地之前需要对种群进行一次排序，在替换后还需要对种群进行一次排序，若采用常见的简单排序方法，每次迭代在排序上需要计算$(1+N) \times N$，计算复杂度较高。

(5)算法存在的其他不足：BBO 算法的每次迭代都需要对每个栖息地进行迁入率、迁出率和变异率的计算，总计算次数为 $3 \times N$，这些计算步骤为算法带来了大量计算负担。

2.2.4　BBO 算法改进动机分析

对 BBO 算法的改进研究通常以增强算法优化性能，提高算法优化效率，增强算法普适性等为目的。BBO 算法自提出至今，已发表的相关研究论文有上千篇。虽然这些研究一定程度上改善了 BBO 算法的性能，但现实中往往遇到的是种类多样化，复杂度不同的单峰、多峰及不可分离的非线性优化问题等，特别是大数据时代的到来，更为复杂的优化问题被相继提出，需要通过性能更强、效率更高的算法予以处理。就目前 BBO 算法的研究现状而言，其优化效率及优化性能依然没有达到最大化，且 BBO 算法在处理一些类型的优化问题时表现良好，但在处理其他类型的优化问题时表现不稳定。综上所述，BBO 算法依然有着改善空间和研究意义。

BBO 算法的性能可从以下几个方面得以体现：①算法的寻优能力，即算法能否搜索到优化问题的最优解或者高精度的解；②算法的稳定性，即算法的寻优能力是否可靠，能否经常搜索到令人满意的解，而非偶然事件；③算法的收敛速度，即算法能否用较少的迭代次数搜索到令人满意的解；④算法的运行时间或运行速度，即算法能否消耗较少的时间，或者说能否快速搜索到令人满意的解；⑤算法的普适性，即算法能否适用于处理多种类型的优化问题，而不是只能处理单一类型或较少类型的优化问题。需要注意的是，对于以上五个方面，只增强其中一个方面并不能保证算法的性能会得到改善，因为在提升算法某一方面的同时，可能会降低另一方面。对于一个算法的改进，应该综合考虑上述多个方面的平衡，从整体上增强算法的性能。

BBO 算法的迁移算子和变异算子在算法中起到了重要作用，但鉴于算法存在2.2.3 节所述的不足，可以通过对算法的算子进行改进，增强其全局搜索能力和局部搜索能力。然而，由于现代群智能优化算法在改进时，若一味地追求全局搜索能力或者局部搜索能力单方面的提升，反而不能解决复杂优化问题，在对两种能力提升的同时，还需要考虑它们的平衡，从整体上增强算法的优化性能。又鉴于在 BBO 算法中，一些步骤过程繁琐，计算量大，还应该尽可能从多个角度降低算法的计算复杂度，提升优化效率。

通过对算法全局搜索能力或局部搜索能力的提升可以增强算法的寻优能力和收敛速度，对于算法探索和开采的平衡有利于强化算法的稳定性和普适性，对于算法计算复杂度的降低有利于加快算法的运行速度，减少运行时间，最终目的都是得到性能更优的改进算法。

第 4～9 章及第 11～14 章相继提出了 10 种新颖的 BBO 改进算法，这些算法均是以本节内容作为改进动机，对于 2.2.3 节所述的算法存在的不足，有针对性地进行了改进。

2.2.5　BBO 算法相关研究综述

目前，国内外对 BBO 算法的研究主要分三个方向，即理论分析研究，改进研究和应用研究。各方向研究的简要综述如下。

(1)BBO 算法的理论分析研究。

Simon 等[9]通过马尔可夫模型理论对单点交叉遗传算法 GA/SP、全局联合重组遗传算法 GA/GUR 和 BBO 算法在不同变异率下的单峰、多峰和欺骗性优化基准函数上进行了大量实验和分析。Simon[10]提出了一种简化版的 BBO 算法(SBBO)，利用概率知识分析了当前种群达到最优解时需要的迭代次数及近似改善程度。Ma 等[11]提到原 BBO 算法实质上是部分迁入的 BBO 算法，又提出了整体迁出的 BBO 算法、部分迁出的 BBO 算法和整体迁入的 BBO 算法，通过马尔可夫模型理论对四种算法进行分析。Guo 等[12]提到目前关于 BBO 算法迁移模型和均衡物种数量的讨论主要依赖于经验主义，故通过大量计算和分析，对 BBO 算法的迁移模型进行了全面讨论。Guo 等[13]提到对于大多数群智能优化算法，其变异率是不变的，而 BBO 算法的变异率则是一个变量，与其迁移模型有关，并对迁移算子和变异算子之间的联系及三种不同的迁移模型进行了分析。

(2)BBO 算法的改进研究。

Ergezer 等[14]在 BBO 算法的种群初始化阶段融入了反向学习机制，以初始化的随机点及其对立点、准对立点和准反射点这四个位置将定义域分段，分析了真实结果在每一段中的概率期望。Ma[15]对 BBO 算法提出了六种迁移模型，并在不同种群数量、不同维度、不同变异概率、不同迁移概率等条件下对这些模型进行全面的对比分析。Gong 等[16]提出了实数编码的 BBO 算法并分别采用了高斯变异操作、柯西变异操作和莱维变异操作。Gong 等[17]将 BBO 算法与差分进化算法融合，有效地结合了差分进化算法的探索能力和 BBO 算法的开采能力。Li 等[18]提出基于多双亲交叉的 BBO 算法,其使用了多双亲迁移模型和高斯变异操作。Zheng 等[19]改进了 BBO 算法的拓扑结构，引入了方形、圆形和随机三种拓扑结构。Saremi 等[20]将混沌理论与 BBO 算法混合，形成 CBBO 算法，CBBO 算法采用基于混沌映射的选择、迁移和变异，尝试了十种不同的混沌映射。Simon 等[21]提出线性 BBO 算法(LBBO)，同时又对算法的搜索能力进行了大量改进，使得算法可以搜索到邻接区域边界，更好地覆盖搜索区域及最优栖息地的相邻区域，还引入了重初始化和重启策略，从总体上对 BBO 算法进行了七个方向的改进，并充分讨论了

LBBO 算法的性能。Al-Roomi 和 El-Hawary[22]提出了一种改进的 BBO 算法（MpBBO），该算法主要是由 BBO 算法和模拟退火算法混合形成的，在 MpBBO 算法中，栖息地必须通过模拟退火算法的 Metropolis 准则才能够执行迁出，否则不会被选作迁出栖息地。Wen 等[23]分析了 BBO 算法存在的两个缺陷，引入了一种修改拓扑和复制模式的改进迁移算子，提出了多样性机制以及基于空间量化和正交设计量化的正交学习过程，旨在彻底调查可行区域，以便获得更具竞争力的解决方案。

　　(3) BBO 算法的应用研究。

　　Song 等[24]应用 BBO 算法处理旅行商问题，应用 BBO 及其改进算法处理旅行商问题的研究还包括文献[10]和文献[25]。Bhattacharya 等[26]应用 BBO 算法处理复杂的经济负荷调度问题，Silva 等[27]将 BBO 算法与捕食–被捕食算法混合，同样用于处理经济负荷调度问题，应用 BBO 及其改进算法处理经济负荷调度问题的研究还包括文献[28]和文献[29]。Guo 等[30]提出了一种回溯 BBO 算法（BBBO），又将 BBBO 算法应用于机械设计问题，验证该算法的有效性，BBO 及其改进算法在其他机械设计上的应用研究还包括文献[31]和文献[32]。郑肇葆[33]将使用了反向学习机制的 BBO 算法应用于图像分割中，将图像分割的每一块看作一个栖息地，利用频数的差值使几个分割的部分相互迁移，最终达到分割的目的，并通过对三幅图片的分割实验验证了自己的结论，其他将 BBO 及其改进算法应用于图像分割的研究还包括文献[34]和文献[35]。Zhang 等[36]指出模糊 C 均值聚类方法依赖于确定的初始聚类中心，提出了一系列 BBO 改进算法，结合模糊 C 均值聚类进行图像分割，通过实验表明模糊 C 均值聚类与 BBO 算法的结合算法比基本模糊 C 均值聚类以及模糊 C 均值聚类与其他群智能优化算法的结合算法具有明显的优势。Khishe 等[37]提出了三种 BBO 算法的非线性迁移模型，并将新迁移模型的 BBO 算法应用到基于神经网络的声纳数据集分类，对具有各种大小和复杂性的三个数据集进行分类实验。Bansal 等[38]提出一种基于适应度差异的 BBO 算法（FD-BBO），并应用 FD-BBO 算法求解风力电厂布局的优化问题。

2.3　本 章 小 结

　　本章由生物地理学理论引出 BBO 算法，详细描述了 BBO 算法的步骤，解释了 BBO 算法每一步的优化原理，对 BBO 算法的优缺点和改进动机分别进行了分析，最后从算法的理论分析研究、算法的改进研究和算法的应用研究三个角度，对目前 BBO 算法的国内外研究现状进行了简要综述。

参 考 文 献

[1] Wallace A. The Geographical Distribution of Animals. Boston: Adamant Media Corporation, 2006.

[2] Darwin C. The Origin of Species. New York: Gramercy, 1995.

[3] Munroe E. The Geographical Distribution of Bytterflies in the West Indies. Ithaca: Cornell University, 1948.

[4] Munroe E. The size of island faunas//Seventh Pacific Science Congress of the Pacific Science Association, Zoology, 1953.

[5] MacArthur R, Wilson E. An equilibrium theory of insular zoogeography. Evolution, 1963, 17: 373-387.

[6] MacArthur R, Wilson E. The Theory of Biogeography. Princeton: Princeton University Press, 1967.

[7] Simon D. Biogeography-based optimization. IEEE Transactions on Evolutionary Computation, 2008, 12(6): 702-713.

[8] Yao X, Liu Y, Lin G M. Evolutionary programming made faster. IEEE Transactions on Evolutionary Computation, 1999, 3(2): 82-102.

[9] Simon D, Rarick R, Ergezer M, et al. Analytical and numerical comparisons of biogeography-based optimization and genetic algorithms. Information Sciences, 2011, 181(7): 1224-1248.

[10] Simon D. A probabilistic analysis of a simplified biogeography-based optimization algorithm. Evolutionary Computation, 2011, 19(2): 167-188.

[11] Ma H P, Simon D, Fei M R, et al. Variations of biogeography-based optimization and Markov analysis. Information Sciences, 2013, 220(1): 492-506.

[12] Guo W A, Wang L, Wu Q D. An analysis of the migration rates for biogeography-based optimization. Information Sciences, 2014, 254(19): 111-140.

[13] Guo W A, Wang L, Ge S S, et al. Drift analysis of mutation operations for biogeography-based optimization. Soft Computing, 2015, 19(7): 1881-1892.

[14] Ergezer M, Dan S, Du D. Oppositional biogeography-based optimization//IEEE International Conference on Systems, Man and Cybernetics, San Antonio, 2009.

[15] Ma H P. An analysis of the equilibrium of migration models for biogeography-based optimization. Information Sciences, 2010, 180(18): 3444-3464.

[16] Gong W Y, Cai Z H, Ling C X, et al. A real-coded biogeography-based optimization with mutation. Applied Mathematics & Computation, 2010, 216(9): 2749-2758.

[17] Gong W Y, Cai Z H, Ling C X. DE/BBO: a hybrid differential evolution with biogeography-based optimization for global numerical optimization. Soft Computing, 2011, 15(4): 645-665.

[18] Li X T, Yin M H. Multi-operator based biogeography based optimization with mutation for global numerical optimization. Applied Mathematics & Computation, 2011, 218(2): 598-609.

[19] Zheng Y J, Ling H F, Wu X B, et al. Localized biogeography-based optimization. Soft Computing, 2013, 18(11): 2323-2334.

[20] Saremi S, Mirjalili S, Lewis A. Biogeography-based optimisation with chaos. Neural Computing & Applications, 2014, 25(5): 1077-1097.

[21] Simon D, Omran M G H, Clerc M. Linearized biogeography-based optimization with re-initialization and local search. Information Sciences, 2014, 267: 140-157.

[22] Al-Roomi A R, El-Hawary M E. Metropolis biogeography-based optimization. Information Sciences, 2016, 360: 73-95.

[23] Wen S, Chen J, Li Y, et al. Enhancing the performance of biogeography-based optimization using multitopology and quantitative orthogonal learning. Mathematical Problems in Engineering, 2017, 41: 125-139.

[24] Song Y, Liu M, Wang Z. Biogeography-based optimization for the traveling salesman problems//The Third International Joint Conference on Computational Science and Optimization, Huangshan, 2010.

[25] 许秋艳. 生物地理优化算法及其应用研究. 上海: 华东师范大学, 2011.

[26] Bhattacharya A, Chattopadhyay P K. Solving complex economic load dispatch problems using biogeography-based optimization. Expert Systems with Applications, 2010, 37(5): 3605-3615.

[27] Silva M, Coelho L. Biogeography-based optimization combined with predator-prey approach applied to economic load dispatch//The Eleventh Brazilian Symposium on Neural Networks, Sao Paulo, 2010.

[28] Bhattacharya A, Chattopadhyay P K. Hybrid differential evolution with biogeography-based optimization algorithm for solution of economic emission load dispatch problems. IEEE Transactions on Power Systems, 2010, 25(4): 1955-1964.

[29] Xiong G, Shi D. Hybrid biogeography-based optimization with brain storm optimization for non-convex dynamic economic dispatch with valve-point effects. Energy, 2018, 157: 424-435.

[30] Guo W, Chen M, Wang L, et al. Backtracking biogeography-based optimization for numerical optimization and mechanical design problems. Applied Intelligence, 2016, 44(4): 894-903.

[31] Hadidi A, Nazari A. Design and economic optimization of shell-and-tube heat exchangers using biogeography-based(BBO) algorithm. Applied Thermal Engineering, 2013, 51(1/2): 1263-1272.

[32] 吴志锋, 杨海霞, 储迅易. 工程结构优化中的改进生物地理学优化算法. 河海大学学报(自然科学版), 2015, 43(4): 324-328.

[33] 郑肇葆. 生物地理学优化(BBO)在图像分割中的应用. 武汉大学学报(信息科学版), 2011, 36(8): 932-935.

[34] Chatterjee A, Siarry P, Nakib A, et al. An improved biogeography based optimization approach for segmentation of human head CT-scan images employing fuzzy entropy. Engineering Applications of Artificial Intelligence, 2012, 25(8): 1698-1709.

[35] 张新明, 尹欣欣, 涂强. 动态迁移和椒盐变异融合生物地理学优化算法的高维多阈值分割. 光学精密工程, 2015, 23(10): 2943-2951.

[36] Zhang M, Jiang W, Zhou X, et al. A hybrid biogeography-based optimization and fuzzy C-means algorithm for image segmentation. Soft Computing, 2019, 23(6): 2033-2046.

[37] Khishe M, Mosavi M R, Kaveh M. Improved migration models of biogeography-based

optimization for sonar dataset classification by using neural network. Applied Acoustics, 2017, 118: 15-29.

[38] Bansal J C, Farswan P, Nagar A K. Design of wind farm layout with non-uniform turbines using fitness difference based BBO. Engineering Applications of Artificial Intelligence, 2018, 71: 45-59.

第3章 生物地理学优化算法代表性改进研究简介

3.1 BBO 算法迁移模型的改进

迁移模型是 BBO 算法用于计算迁入率、迁出率和变异率所依据的仿真模型，Ma 在文献[1]中提出了三种线性迁移模型和三种非线性迁移模型，如图 3-1 所示，

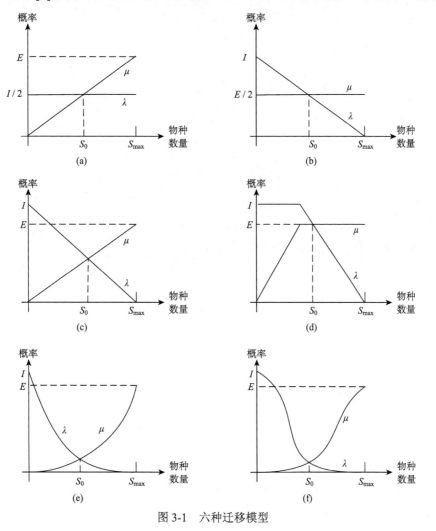

图 3-1 六种迁移模型

其中，横坐标为物种数量，纵坐标为概率，I 和 E 分别为最大迁入率和最大迁出率，λ 和 μ 分别为迁入率和迁出率，S_0 为物种数量平衡点，S_{max} 为最大物种数量。

在 BBO 算法的迁移算子中，需要计算栖息地的迁入率和迁出率，在 BBO 算法的变异算子中，需要通过栖息地的物种数量概率计算变异概率。不同的迁移模型对应不同的迁入率、迁出率和物种数量概率计算方式。文献[1]推导出在六种迁移模型下，栖息地迁入率 λ、迁出率 μ、平衡点 S_0 及该点的物种数量概率 P_{s0} 的计算式，描述如下。

模型(a)：恒定迁入率，线性迁出率。

$$\lambda = \frac{I}{2} \tag{3-1}$$

$$\mu = E\frac{S}{S_{max}} \tag{3-2}$$

$$S_0 = \frac{S_{max}I}{2E} \tag{3-3}$$

$$P_{s_0} = \frac{\left(\frac{S_{max}I}{2E}\right)^{S_0}}{S_0!\left(1+\sum_{i=1}^{S_{max}}\left(\frac{S_{max}I}{2E}\right)^i\left(\frac{1}{i!}\right)\right)} \tag{3-4}$$

从图 3-1(a)模型中可以看出，该模型下的迁入率是恒定的，迁出率是线性变换的。根据式(3-1)和式(3-2)可推导出式(3-3)和式(3-4)，得到 S_0 及 P_{s0}。

模型(b)：线性迁入率，恒定迁出率。

$$\lambda = I\left(1-\frac{S}{S_{max}}\right) \tag{3-5}$$

$$\mu = \frac{E}{2} \tag{3-6}$$

$$S_0 = \frac{S_{max}(2I-E)}{2I} \tag{3-7}$$

$$P_{s_0} = \frac{\left(\frac{2I}{S_{max}E}\right)^{S_0}\left(\frac{S_{max}!}{(S_{max}-S_0)!}\right)}{1+\sum_{i=1}^{S_{max}}\left(\frac{2I}{S_{max}E}\right)^i\left(\frac{S_{max}!}{(S_{max}-1)!}\right)} \tag{3-8}$$

从图 3-1(b)模型中可以看出，该模型下的迁入率是线性变换的，迁出率是恒定的。根据式(3-5)和式(3-6)可以推导出式(3-7)式(3-8)，得到 S_0 及 P_{s0}。

模型(c)：线性迁入率，线性迁出率。

$$\lambda = I\left(1 - \frac{S}{S_{max}}\right) \tag{3-9}$$

$$\mu = \frac{S}{S_{max}}E \tag{3-10}$$

$$S_0 = \frac{S_{max}I}{I+E} \tag{3-11}$$

$$P_{s_0} = \frac{\left(\dfrac{I}{E}\right)^{S_0}\left(\dfrac{S_{max}!}{S_0!(S_{max}-S_0)!}\right)}{1 + \sum_{i=1}^{S_{max}}\left(\dfrac{I}{E}\right)^i\left(\dfrac{S_{max}!}{i!(S_{max}-i)!}\right)} \tag{3-12}$$

从图 3-1(c)模型中可以看出，该模型下的迁入率和迁出率都是线性变换的。根据式(3-9)和式(3-10)可以推导出式(3-11)和式(3-12)，得到 S_0 及 P_{s0}。

模型(d)：梯形迁移模型。

$$\lambda = \begin{cases} I, & S \leqslant i' \\ 2I\left(1 - \dfrac{S}{S_{max}}\right), & i' < S \leqslant S_{max} \end{cases} \tag{3-13}$$

$$\mu = \begin{cases} \dfrac{2E}{S_{max}}S, & S \leqslant i' \\ E, & i' < S \leqslant S_{max} \end{cases} \tag{3-14}$$

$$S_0 = \begin{cases} \dfrac{S_{max}(2I-E)}{2I}, & I \geqslant E \\ \dfrac{S_{max}I}{2E}, & I < E \end{cases} \tag{3-15}$$

$$P_{s_0} = \begin{cases} \dfrac{\dfrac{1}{i'}\left(\dfrac{S_{max}\times I}{2E}\right)^{i'}\left(\dfrac{2I}{S_{max}E}\right)^{S_0-i'}\left(\dfrac{(S_{max}-(i'+1))!}{(S_{max}-(S_0+1))!}\right)}{1+\sum_{i=1}^{i'}\dfrac{1}{i!}\left(\dfrac{S_{max}I}{2E}\right)^i+\dfrac{1}{i'!}\left(\dfrac{S_{max}}{2}\right)^{2i'}\sum_{i=i'+1}^{S_{max}}\dfrac{(S_{max}-(i'+1))!}{(S_{max}-i)!}\left(\dfrac{2I}{S_{max}E}\right)^i}, & I \geqslant E \\[4mm] \dfrac{\dfrac{1}{S_0!}\left(\dfrac{S_{max}I}{2E}\right)^{S_0}}{1+\sum_{i=1}^{i'}\dfrac{1}{i!}\left(\dfrac{S_{max}\times I}{2E}\right)^i+\dfrac{1}{i'!}\left(\dfrac{S_{max}}{2}\right)^{2i'}\sum_{i=i'+1}^{S_{max}}\dfrac{(S_{max}-(i'+1))!}{(S_{max}-i)!}\left(\dfrac{2I}{S_{max}E}\right)^i}, & I < E \end{cases} \tag{3-16}$$

从图 3-1(d)模型中可以看出，该模型下的迁入率是先恒定不变，后线性变换，迁出率是先线性变换，后恒定不变，其中，i' 为迁入率和迁出率恒定不变和线性变换的交接点。当 $I \geqslant E$ 时，平衡点 S_0 出现在交接点 i' 的左侧，当 $I < E$ 时，平衡点 S_0 出现在交接点 i' 的右侧，故式(3-13)～式(3-16)均是分两种情况讨论。根据式(3-13)和式(3-14)可以推导出式(3-15)和式(3-16)，得到两种情况下的 S_0 及 P_{s0}。

模型(e)：二次迁移模型。

$$\lambda = I\left(\frac{S}{S_{\max}} - 1\right)^2 \tag{3-17}$$

$$\mu = E\left(\frac{S}{S_{\max}}\right)^2 \tag{3-18}$$

$$S_0 = \frac{S_{\max}}{I + \left(\dfrac{I}{E}\right)^{\frac{1}{2}}} \tag{3-19}$$

$$P_{s_0} = \frac{\left(\dfrac{I}{E}\right)^{S_0}\left(\dfrac{S_{\max}!}{S_0!(S_{\max}-S_0)!}\right)^2}{1 + \sum_{i=1}^{S_{\max}}\left(\dfrac{I}{E}\right)^i\left(\dfrac{S_{\max}!}{i!(S_{\max}-i)!}\right)^2} \tag{3-20}$$

从图 3-1(e)模型中可以看出，该模型下的迁入率和迁出率是按二次幂函数曲线变换的。根据式(3-17)和式(3-18)可以推导出式(3-19)和式(3-20)，得到 S_0 及 P_{s0}。

模型(f)：余弦迁移模型。

$$\lambda = \frac{I}{2}\left(\cos\left(\frac{S\pi}{S_{\max}}\right) + 1\right) \tag{3-21}$$

$$\mu = \frac{E}{2}\left(-\cos\left(\frac{S\pi}{S_{\max}}\right) + 1\right) \tag{3-22}$$

$$S_0 = \frac{S_{\max}}{\pi}\cos^{-1}\left(\frac{E-I}{E+I}\right) \tag{3-23}$$

$$P_{s_0} = \frac{\prod_{j=1}^{S_0}\left(\dfrac{I}{E}\right)^{S_0}\left(\dfrac{\sin^2\left(\dfrac{S_{\max}+j-1}{2S_{\max}}\pi\right)}{\sin^2\left(\dfrac{j}{2S_{\max}}\pi\right)}\right)}{1 + \sum_{i=1}^{S_{\max}}\prod_{j}^{i}\left(\dfrac{I}{E}\right)^i\left(\dfrac{\sin^2\left(\dfrac{S_{\max}+j-1}{2S_{\max}}\pi\right)}{\sin^2\left(\dfrac{j}{2S_{\max}}\pi\right)}\right)} \tag{3-24}$$

从图 3-1(f)模型中可以看出,该模型下的迁入率和迁出率是按余弦函数曲线变换的。根据式(3-21)和式(3-22)可以推导出式(3-23)和式(3-24),得到 S_0 及 P_{s0}。

Ma 通过六组实验得出八项结论:①BBO 算法对于多数优化函数可以获得全局最优解;②BBO 算法相比其他群智能优化算法在大多数情况下收敛更快;③线性迁移模型中迁入率比迁出率对 BBO 算法性能的影响更为显著;④使用余弦迁移模型(f)的 BBO 算法性能最优;⑤在不同的种群数量下对比使用模型(c)的 BBO 算法和使用模型(f)的 BBO 算法,后者性能更优;⑥对于高维优化问题,使用模型(c)的 BBO 算法和使用模型(f)的 BBO 算法都很难获得最优解;⑦在不同的变异率下对比使用模型(f)的 BBO 算法和使用模型(c)的 BBO 算法,前者性能更优,在全局变异率 $m = 0.01$ 时使用这两种模型的 BBO 算法性能最佳;⑧最大迁入率和最大迁出率的不同取值对 BBO 算法性能无明显影响。Ma 的这项研究得到了领域内众多学者的关注,其中,使 BBO 算法性能最优的余弦迁移模型得到了广泛借鉴[2-5]。

3.2　BBO 算法种群初始化的改进

群智能优化算法的种群初始化在不同情况下随机生成的种群具有差异,若一个种群初始化时个体质量就差,则算法可能优化效率较低,反之,若一个种群初始化就拥有很多优质个体,则算法可能会更高效地得到理想结果。

反向学习机制是一种机器学习方法[6],在优化领域中常用于避免算法陷入局部最优,其原理是通过求解某个候选解(个体)的反向解,使该候选解在解空间区域中进行大幅度跳跃,从而有机会跳出局部最优区域,并在后续的迭代更新中对其他陷入局部最优的候选解产生有利影响。反向学习机制原理如图 3-2 所示。

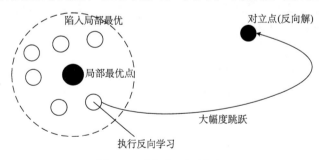

图 3-2　反向学习机制原理

一般情况下,在不对称的解空间区域中,如果候选解本身距离全局最优解很远,其反向解就可能距离全局最优解很近。Ergezer 等[7]将反向学习机制融入 BBO 算法中,形成反向 BBO 算法(OBBO),即在算法的初始化阶段,使用反向学习机制求得每个栖息地相应的反向栖息地,然后对比它们的 HSI,优胜劣汰。将经过反向学习的新种群作为算法的初始化种群，能够在种群数量不变的情况下，确保每个栖息地都至少不劣于原随机生成的相应栖息地，有利于算法更快搜索到理想结果。将反向学习机制用于 BBO 算法的种群初始化，原理简单易实现，改进效果明显，在 BBO 算法种群初始化改进研究中非常具有代表性。其代价是在算法初始化阶段增加了计算复杂度，但是当种群数量足够大时，相较于算法迭代过程中复杂的计算步骤，反向学习机制增加计算量对算法影响很小。

3.3　BBO 算法迁移算子的改进

迁移算子是 BBO 算法的主要算子之一，为了提升 BBO 算法的性能，许多学者从迁移算子着手提出了改进方案。文献[8]将差分进化算法的差分算子与 BBO 算法的迁移算子混合，形成了混合迁移算子。文献[9]采用了多源策略对 BBO 算法的迁移算子进行改进。文献[10]提出了动态迁移算子，提高了算法的开采能力。本节以 DE/BBO 算法[8]的混合迁移算子为例，描述迁移算子的改进。

差分进化算法通过对种群中不同个体的方向和距离信息进行差分计算，使更新后的种群有效地继承了父代及其他一些个体的特征，增加了种群多样性，有利于算法的全局搜索。关于差分进化算法的描述请参见 1.3.3 节。

在差分进化算法的七种差分策略中，使用最普遍的是 DE/rand/1 策略。采用 DE/rand/1 策略的差分算子的伪代码如算法 3-1 所示，其中，N 为种群数量，D 为维度，α 为缩放因子，pc 为交叉率，$X_i(j)$ 为父代个体 $\boldsymbol{X}_i$ 的第 j 维，$U_i(j)$ 为子代 $\boldsymbol{U}_i$ 的第 j 维，rndint 为均匀分布在指定区间的随机整数，rand 为均匀分布在指定区间的随机实数。

算法 3-1　采用 DE/rand/1 策略的差分算子

---

for i = 1 to N do

　按均匀分布随机选择 $r1 \neq r2 \neq r3 \neq i$

　j_{rand} = rndint$(1, D)$

　for j = 1 to D do

　　if rand[0,1) < pc 或 $j == j_{rand}$

　　　$U_i(j) = X_{r1}(j) + \alpha\,(X_{r2}(j) - X_{r3}(j))$

　　else

　　　$U_i(j) = X_i(j)$

　　end if

　end for

end for

DE/BBO 算法中的混合迁移算子是将算法 3-1 的差分算子与 BBO 算法的迁移算子混合，其伪代码如算法 3-2 所示。

算法 3-2　混合迁移算子

for i = 1 to N do

　　按均匀分布随机选择 $r1 \neq r2 \neq r3 \neq i$

　　j_{rand} = rndint(1, D)

　　for j = 1 to D do

　　　　if rand(0,1) < λ_i

　　　　　　if rand[0,1] < pc 或 j == j_{rand}

　　　　　　　　$U_i(j) = X_{r1}(j) + \alpha (X_{r2}(j) - X_{r3}(j))$

　　　　　　else

　　　　　　　　根据迁出率 μ_k 选择迁出栖息地 X_k

　　　　　　　　$U_i(j) = X_k(j)$

　　　　　　end if

　　　　else

　　　　　　$U_i(j) = X_i(j)$

　　　　end if

　　end for

end for

DE/BBO 算法没有使用原 BBO 算法的变异算子和精英保留机制，在执行完混合迁移算子后，对每个个体进行了越界限制，又采用了贪婪选择法对种群中的个体进行优胜劣汰。为了验证 DE/BBO 算法的性能，文献[8]在 23 个基准函数上进行了测试，对比了多个其他群智能优化算法，实验结果表明，多数情况下 DE/BBO 算法性能更优。

3.4　BBO 算法变异算子的改进

变异算子同样是 BBO 算法的主要算子之一，目前，许多群智能优化算法在设计上都会借鉴变异的思想，并在变异算子的改进上进行了许多尝试。文献[10]将 BBO 算法的原变异算子改为椒盐变异算子；文献[11]分别使用了高斯变异操作、柯西变异操作和莱维变异操作取代 BBO 算法的原变异操作；文献[12]～文献[14]

都是将 BBO 算法的原始变异操作改为高斯变异操作。本节以具有代表性的高斯变异操作为例，描述 BBO 算法变异算子的改进。

高斯变异的思想源于正态分布，当算法对某个个体的某一维执行变异时，用一个符合均值为 μ、方差为 δ^2 的正态分布的随机值来替代原来的值。高斯变异操作能够在解空间区域内重点搜索原个体附近的某块区域，有效地提高算法的局部搜索能力。高斯变异操作如下

$$H'_i(j) = H_i(j) + N(\mu, \delta^2) \tag{3-25}$$

其中，$H_i(j)$ 为栖息地 $\boldsymbol{H}_i$ 的第 j 个 SIV，$H'_i(j)$ 为栖息地 $\boldsymbol{H}_i$ 变异后的第 j 个 SIV，$N(\mu, \sigma^2)$ 为符合均值为 μ、方差为 δ^2 的高斯分布随机值。

用高斯变异操作取代 BBO 算法的原随机变异操作，提升了局部搜索能力，从而可以达到加快算法收敛速度的目的。

3.5　BBO 算法清除算子的改进

BBO 算法的清除算子可以清除掉种群中完全相同的栖息地，一定程度上增加了种群多样性。文献[2]指出了清除算子存在两个缺陷，一是清除算子的使用需要更多的运行时间，二是清除算子虽然能清除完全相同的栖息地，但不能清除相近却不完全相同的栖息地，清除的规则不够完善。针对上述缺陷，文献[2]提出了一种自适应的清除算子，其描述如下。

自适应指的是算法在迭代过程中，对一些参数的设置和算子的使用不需要人为控制，而是自动调整。文献[2]提出用阈值 Γ 作为标准，通过计算栖息地之间的差异值(差异值即两个栖息地对应 SIV 值的差的绝对值的连加和)判断它们是否属于相似栖息地，如果是，则执行清除算子，否则，不执行清除算子。根据这个标准，达到了对栖息地自适应清除的目的。自适应清除算子的伪代码如算法 3-3 所示，其中，abs() 为取绝对值函数，sum() 为连加和函数，rand 为均匀分布在区间 [0, 1] 之间的随机实数，rand(1, D) 为从维度 1 至 D 中随机选择一维，ub_j 和 lb_j 分别为第 j 维定义域的上界和下界。

算法 3-3　自适应清除算子

```
for i = 1 to N–1 do
    if sum(abs(Hi–Hi+1)) < Γ
        j = rand(1, D)
        Hi(SIVj) = lbj + rand × (ubj – lbj)
    end if
end for
```

从算法 3-3 中可以看出，当两个栖息地之间的差异值小于阈值 Γ 时，则认为两个栖息地是相似的，并对其中之一进行清除。在自适应清除算子中，起关键作用的阈值 Γ 的计算式为

$$\Gamma = \frac{\mathrm{sum}(\mathbf{ub} - \mathbf{lb})}{\eta \times \mathrm{MNFE}} \tag{3-26}$$

其中，$\mathbf{ub}$ 和 $\mathbf{lb}$ 分别为定义域的上界向量和下界向量，MNFE 为最大函数评价次数，η 为预先设定的参数。

与原 BBO 算法的清除算子相比，自适应清除算子有一个明显的不同之处，原 BBO 算法的清除算子用随机生成的一个栖息地取代被清除的栖息地，而自适应清除算子用定义域内随机生成的 SIV 取代被清除栖息地的随机一个 SIV，这样设置是因为在文献[2]的研究中，除了自适应清除算子外还有其他的改进，这些改进已经对算法的全局搜索能力进行了改善，故在使用自适应清除算子时，不再过量增加种群多样性，保持了探索和开采的平衡，同时还降低了计算复杂度。

3.6　BBO 算法选择策略的改进

精英保留机制是一种选择策略，在 BBO 算法中用于栖息地的优胜劣汰。在 2.2.3 节提到，当使用精英保留机制时，BBO 算法每次迭代，要对种群排序两次，给算法带来了较高的计算复杂度。贪婪选择法同样是一种选择策略，其原理简单易实现，吸引了大量学者关注。使用贪婪选择法取代精英保留机制是 BBO 算法选择策略的代表性改进研究，得到了广泛应用[3, 8, 15, 16]。本节以此改进为例进行描述。

贪婪选择法也被称为贪心选择法或贪心算法，指的是在面临选择性问题时，总是选取当前最优的结果。贪婪选择法的目的同样是实现种群中个体的优胜劣汰，在 BBO 算法中使用贪婪选择法，实质是将种群中每个栖息地 H_i $(i = 1, 2, \cdots, N)$ 与自身更新后的新栖息地 $H_{i,\,\mathrm{new}}$ 进行对比，淘汰较差的，保留较优的，其伪代码如算法 3-4 所示(此处假设求最小值优化问题，即 HSI 越小，栖息地越优)，其中，$f(H_i)$ 和 $f(H_{i,\,\mathrm{new}})$ 分别为 H_i 和 $H_{i,\,\mathrm{new}}$ 的 HSI。

算法 3-4　贪婪选择法

---

for $i = 1$ to N do

　if $f(H_{i,\,\mathrm{new}}) < f(H_i)$ then

　　用 $H_{i,\,\mathrm{new}}$ 替换 H_i

　end if

end for

使用贪婪选择法时，在优胜劣汰之前不需要对种群排序，只需要在优胜劣汰之后对种群排序一次。在 BBO 算法中用贪婪选择法取代精英保留机制，每次迭代可以减少一次排序过程，从而降低了计算复杂度。

3.7　BBO 算法的混合改进

算法的混合改进是群智能优化算法常用的改进方法之一，其目的是有效地使两种算法优势互补，克服它们的缺陷，整体提升算法性能。目前，对于群智能优化算法的混合研究主要分为按维度的混合、按种群个体的混合、按群体的混合及按搜索阶段的混合。

BBO 算法的混合改进研究有很多，例如，文献[8]提出了 BBO 算法与差分进化算法的混合；文献[17]提出了 BBO 算法与和声搜索算法的混合；文献[18]提出了 BBO 算法与磷虾群算法的混合；文献[19]提出了 BBO 算法与烟花算法的混合。其他 BBO 算法的混合改进研究还包括文献[20]～文献[23]。本节选取 BBO 算法与烟花算法的混合为例[19]，描述 BBO 算法的混合改进。

烟花算法是群智能优化算法之一[24]，其相关描述请参见 1.3.7 节。烟花算法的爆炸算子通过不同质量的烟花爆炸产生的火花数量和距离实现自适应搜索最优解的目的，这种搜索方式很好地平衡了探索和开采。然而，爆炸算子每次爆炸要产生 S_i 个火花，需要对每个火花进行评价，计算量巨大。文献[19]将 BBO 算法与强化版的烟花算法进行混合，其主要改进之处在于引入一个新的迁移概率 ρ，对于每一个烟花 $X_i(i=1, 2, \cdots, N)$，执行迁移算子的概率为 ρ，执行爆炸算子的概率为 $(1-\rho)$，此外，还使用了高斯变异算子，去掉了精英保留机制，最终形成混合算法 BBO-FWA，其具体步骤描述如下。

第一步，设置相关参数。第二步，随机初始化种群。第三步，评价每个个体的适应度，对种群排序，然后进入迭代循环。第四步，对于每一个烟花 X_i，通过迁移概率 ρ 判断是否执行迁移，如果是，执行 BBO 算法的迁移算子，否则，执行强化版烟花算法的爆炸算子。第五步，从种群中随机选择 M_g 个个体执行高斯变异算子。第六步，对种群中所有的个体进行越界限制，避免结果中的数值溢出。第七步，从所有个体中随机选出 N 个个体组成新种群。第八步，更新最小爆炸范围 $A_{\min}$ 和迁移概率 ρ。至此，完成了算法的一次迭代过程。在下一次迭代时，将新种群作为起始种群，执行第四步到第八步，如此迭代，直至满足算法停止条件，输出最终结果。在第八步中，最小爆炸范围 $A_{\min}$ 是强化版的烟花算法在原烟花算法的基础上新增的参数，一个烟花个体的第 k 维的最小爆炸

范围 $A_{\min}^k$ 计算式为

$$A_{\min}^k = \mathrm{ub}_A + \frac{\mathrm{ub}_A - \mathrm{lb}_A}{\mathrm{MaxDT}} \sqrt{t\left(2\mathrm{MaxDT} - t\right)} \tag{3-27}$$

其中，ub_A 和 lb_A 分别为爆炸所产生振幅的上界和下界，t 为当前迭代次数，MaxDT 为最大迭代次数。

文献[19]在 13 个基准函数对 BBO-FWA 进行了测试，对比了 BBO 算法和强化版的烟花算法，实验结果表明，多数情况下混合算法 BBO-FWA 的性能更优。

3.8　本 章 小 结

本章选取对 BBO 算法流程中各个步骤的代表性改进研究进行了简介：以六种不同迁移模型的对比为例介绍了 BBO 算法迁移模型的改进；以采用了反向学习机制的种群初始化为例介绍了 BBO 算法种群初始化的改进；以混合迁移算子为例介绍了 BBO 算法迁移算子的改进；以高斯变异操作为例介绍了 BBO 算法变异算子的改进；以自适应清除算子为例介绍了 BBO 算法清除算子的改进；以贪婪选择法取代精英保留机制为例介绍了 BBO 算法选择策略的改进；以 BBO 算法与强化版的烟花算法的混合为例介绍了 BBO 算法的混合改进。目前国内外大量的有关 BBO 算法的改进研究主要都是从以上几个方面进行的。

参 考 文 献

[1] Ma H P. An analysis of the equilibrium of migration models for biogeography-based optimization. Information Sciences, 2010, 180(18): 3444-3464.

[2] Feng Q X, Liu S Y, Zhang J G, et al. Biogeography-based optimization with improved migration operator and self-adaptive clear duplicate operator. Applied Intelligence, 2014, 41(2): 563-581.

[3] Feng Q X, Liu S Y, Wu Q Y, et al. Modified biogeography-based optimization with local search mechanism. Journal of Applied Mathematics, 2013: 960524.

[4] Guo W, Wang L, Ge S S, et al. Drift analysis of mutation operations for biogeography-based optimization. Soft Computing 2015, 19(7): 1881-1892.

[5] Xiong G, Shi D, Duan X. Multi-strategy ensemble biogeography-based optimization for economic dispatch problems. Applied Energy, 2013, 111(4): 801-811.

[6] Tizhoosh H R. Opposition-based learning: a new scheme for machine intelligence//International Conference on Computational Intelligence for Modelling, Control & Automation, Vienna, 2005.

[7] Ergezer M, Dan S, Du D. Oppositional biogeography-based optimization//IEEE International Conference on Systems, Man and Cybernetics, San Antonio, 2009.

[8] Gong W Y, Cai Z H, Ling C X. DE/BBO: a hybrid differential evolution with biogeography-based optimization for global numerical optimization. Soft Computing, 2011, 15(4): 645-665.

[9] Xiong G, Shi D, Duan X. Enhancing the performance of biogeography-based optimization using polyphyletic migration operator and orthogonal learning. Computers & Operations Research, 2014, 41: 125-139.

[10] 张新明, 尹欣欣, 涂强. 动态迁移和椒盐变异融合生物地理学优化算法的高维多阈值分割. 光学精密工程, 2015, 23(10): 2943-2951.

[11] Gong W Y, Cai Z H, Ling C X, et al. A real-coded biogeography-based optimization with mutation. Applied Mathematics & Computation, 2010, 216(9): 2749-2758.

[12] Li X, Wang J, Zhou J, et al. A perturb biogeography based optimization with mutation for global numerical optimization. Applied Mathematics & Computation, 2011, 218(2): 598-609.

[13] Li X T, Yin M H. Multi-operator based biogeography based optimization with mutation for global numerical optimization. Computers and Mathematics with Applications, 2012, 64: 2833-2844.

[14] 陈基漓. 基于高斯变异的生物地理学优化模型. 计算机仿真, 2013, 30(7): 292-295, 325.

[15] Kim S S, Byeon J H, Yu H, et al. Biogeography-based optimization for optimal job scheduling in cloud computing. Applied Mathematics & Computation, 2014, 247(3): 266-280.

[16] 张新明, 尹欣欣, 冯梦清, 等. 改进的生物地理学算法及其在图像分割中的应用. 电光与控制, 2015, 22(12): 24-28, 58.

[17] Wang G G, Guo L H, Duan H, et al. Hybridizing harmony search with biogeography-based optimization for global numerical optimization. Journal of Computational & Theoretical Nanoscience, 2013, 10: 2312-2322.

[18] Wang G G, Gandomi A H, Alavi A H. An effective krill herd algorithm with migration operator in biogeography-based optimization. Applied Mathematical Modelling, 2014, 38(s9/10): 2454-2462.

[19] Zhang B, Zhang M X, Zheng Y J. A hybrid biogeography-based optimization and fireworks//IEEE Congress on Evolutionary Computation, Beijing, 2014.

[20] Lin J. A hybrid biogeography-based optimization for the fuzzy flexible job-shop scheduling problem. Knowledge-Based Systems, 2015, 78(1): 59-74.

[21] Wang X, Duan H. A hybrid biogeography-based optimization algorithm for job shop scheduling problem. Computers & Industrial Engineering, 2014, 73: 96-114.

[22] Lin J. A hybrid discrete biogeography-based optimization for the permutation flow shop scheduling problem. International Journal of Production Research, 2016, 54(16): 1-10.

[23] Al-Roomi A R, El-Hawary M E. Metropolis biogeography-based optimization. Information Sciences, 2016, 360: 73-95.

[24] Tan Y, Zhu Y. Fireworks algorithm for optimization//The First International Conference on Advances in Swarm Intelligence, Beijing, 2010.

第 4 章　差分迁移和趋优变异的 **BBO** 算法

4.1　引　　言

为了提升 BBO 算法的优化性能,本章提出了一种差分迁移和趋优变异的 BBO 算法(Improved BBO algorithm with Differential migration and Global-best mutation, DGBBO)。首先对于迁出栖息地的选择,采用了一种新颖的榜样选择方案取代原轮赌选择法;其次对迁移算子进行改进,将两种差分扰动操作与原迁移操作有机融合,形成差分迁移算子;接着对变异算子进行改进,将趋优引导操作融入变异算子中,取代原随机变异操作,形成趋优变异算子,对于执行变异的栖息地的选择,采用了一种线性下降方法计算变异率;最后将精英保留机制换成贪婪选择法,采用改进的迁移概率计算方式。为了验证 DGBBO 算法的优化性能,在 16 个单峰和多峰基准函数上进行了大量实验,对比了其他先进的算法。

4.2　DGBBO 算法

4.2.1　榜样选择方案

BBO 算法中轮赌选择法存在的不足已在 2.2.3 节进行了分析。为了克服轮赌选择法存在的不足,本节提出了一种新颖的榜样选择方案[1]。

榜样选择方案的设计参考了基于排序种群的学习行为[2],该学习行为将每次迭代种群中不同的个体分别定义为"模仿者"和"示范者",规定"模仿者"只接受源自更优的"示范者"的信息。榜样选择方案的相关描述如下。

对于 $\forall X_i$ $(X_i \in H^N)$, $\exists X_k$ $(X_k \in H^N)$, $i, k = 1, 2, \cdots, N$ 且 $i \neq k$,满足 $f(X_k) < f(X_i)$ (此处假设目标函数值越小,个体越优),则称 X_i 为学习者, X_k 为 X_i 的榜样个体,其中, X_i 和 X_k 为个体, H^N 为种群, $f(X_k)$ 和 $f(X_i)$ 分别为 X_k 和 X_i 的 HSI。

对于 $\forall X_i$ $(X_i \in H^N)$,其榜样集合 $X = \{X_k \mid X_k \in H^N$ 且 $f(X_k) < f(X_i)\}$, $i, k = 1, 2, \cdots, N$ 且 $i \neq k$,则称 X 为 X_i 的榜样群组,从 X 中随机选出榜样个体的过程称为榜样选择方案。

2.2.2 节已经说明,在 BBO 算法中会对种群按栖息地的 HSI 由优至劣排序,故排序在前 $i-1$ 的栖息地的 HSI 一定比第 i 个栖息地的 HSI 更优(一般情况下,算法中不存在多个栖息地具有相同的 HSI 的情况)。根据榜样选择方案的相关描述可知，前 $i-1$ 个栖息地组成了第 i 个栖息地的榜样群组，若第 i 个栖息地为迁入栖息地，那么从其榜样群组中随机选择迁出栖息地，可以保证迁出栖息地的 HSI 比迁入栖息地更优，从而避免由于选出 HSI 较劣的栖息地将其信息分享给 HSI 较优的栖息地而导致的种群退化。

图 4-1 展示了采用榜样选择方案选择迁出栖息地的原理，从中可以看出，种群中排序第一的栖息地没有榜样群组，排序第二的栖息地的榜样群组中只包含一个榜样，以此类推，而排序最后的栖息地永远不可能成为榜样。

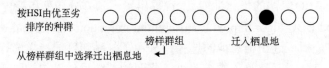

图 4-1　榜样选择方案选择迁出栖息地

榜样选择方案如下

$$SI = \mathrm{ceil}\big((i-1)\times \mathrm{rand}\big) \qquad (4\text{-}1)$$

其中，i 为迁入栖息地的下标，SI 为从榜样群组中选出的迁出栖息地的下标，rand 为均匀分布在区间[0, 1]的随机实数，ceil() 为向上取整函数。也就是说，对于一个迁入栖息地 $\boldsymbol{H}_i$，$\boldsymbol{H}_{\mathrm{SI}}$ 即从它的榜样群组中随机选出的迁出栖息地。

当采用轮赌选择法选择迁出栖息地时，需要根据每个栖息地的迁出率模拟转轮盘的方法进行，而榜样选择方案不需要栖息地的迁出率，其过程简单，只需要式(4-1)所示的一步计算即可选出迁出栖息地。榜样选择方案不仅克服了轮赌选择法的不足，还降低了计算复杂度。

4.2.2　差分迁移算子

差分进化算法通过种群中个体间距离和方向信息的差分计算搜索最优解[3]，其差分策略提供了优秀的全局搜索能力，这些策略也被许多其他算法改进研究所借鉴[4-7]。关于差分进化算法的详细描述请参见 1.3.3 节。

2.2.3 节分析了 BBO 算法迁移算子存在的不足，受差分进化算法启发，针对这些不足，本节提出了两种差分扰动操作，并与原迁移操作有机融合，形成差分迁移算子。差分扰动操作的相关描述如下。

对于种群 $\boldsymbol{H}^N$，选择 n 个个体 $(2 \leqslant n \leqslant N)$，从这些个体对应的候选解特征向量中选择 j 个特征 $(1 \leqslant j \leqslant D)$ 并执行差分运算 $R = D(\boldsymbol{H}^N, n, j)$，使结果 R 在一定的解空间区域内扰动，此过程即差分扰动操作，其中，N 为种群数量，D 为问题维度。

两种差分扰动操作分别为

$$H_i\left(\mathrm{SIV}_j\right) \leftarrow H_i\left(\mathrm{SIV}_j\right) \\ + \alpha\left(H_{\mathrm{m1}}\left(\mathrm{SIV}_j\right) - H_{\mathrm{m2}}\left(\mathrm{SIV}_j\right) + H_{\mathrm{m3}}\left(\mathrm{SIV}_j\right) - H_{\mathrm{m4}}\left(\mathrm{SIV}_j\right)\right) \tag{4-2}$$

$$H_i\left(\mathrm{SIV}_j\right) \leftarrow H_i\left(\mathrm{SIV}_j\right) \\ + \alpha\left(H_{\mathrm{best}}\left(\mathrm{SIV}_j\right) - H_i\left(\mathrm{SIV}_j\right) + H_{\mathrm{m1}}\left(\mathrm{SIV}_j\right) - H_{\mathrm{m2}}\left(\mathrm{SIV}_i\right)\right) \tag{4-3}$$

其中，$H_i(\mathrm{SIV}_j)$ 为栖息地 H_i 的第 j 个 SIV，H_{best} 为当前种群中 HSI 最优的栖息地，H_{m1}、H_{m2}、H_{m3} 和 H_{m4} 为随机选择的四个栖息地，满足 rn1、rn2、rn3、rn4 $\in [1, N]$ 且 rn1 $\neq$ rn2 $\neq$ rn3 $\neq$ rn4 $\neq i$，α 为缩放因子。

　　根据差分扰动操作的相关描述，对于从种群 H^N 中选出的 n 个个体，它们对应候选解的 j 个特征执行差分运算得到的结果 R 称为这 n 个个体间的“生态差异”，它们对应的候选解在解空间区域中的相对位置越远，其“生态差异”就越大。

　　由式 (4-2) 可以看出，差分扰动操作将四个随机选择的栖息地的同一维 SIV 通过差分计算得到差分向量，赋予权值后加到栖息地 H_i 相应的 SIV 上，即通过四个栖息地对应 SIV 间的“生态差异”，使待更新栖息地的 SIV 值在一定范围内差分扰动，从而实现在这个范围内搜索。“生态差异”越大，扰动的范围越大，当“生态差异”为 0 时，则表示不扰动。四个随机选择的栖息地的共同影响可以使栖息地间共享的信息更加多样化，增加了种群多样性，从而增强全局搜索能力。

　　式 (4-3) 的原理与式 (4-2) 类似，两者的差别在于，式 (4-3) 在进行差分计算时，选取了当前种群中最优的栖息地，起到一定的向最优解趋近的作用。

　　差分扰动操作原理如图 4-2 所示。

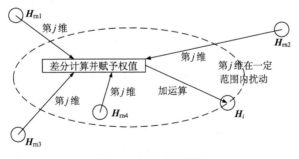

图 4-2　差分扰动操作

　　本节的差分扰动操作与 1.3.3 节所述的七种差分策略均有所不同，本节的差分扰动操作固定为使用四个不同的栖息地进行差分计算，得到的“生态差异”较前者更加稳定。

　　缩放因子 α 可以调整差分扰动范围，本节采用指数缩放因子，避免了该参数的调节步骤并增加可操作性。其表示如下

$$\alpha = \text{rand}^{\beta} \tag{4-4}$$

其中，β 为指数参数。

除了两种差分扰动操作外，差分迁移算子保留了原直接取代式的迁移操作，如式(4-5)所示，其描述请参见 2.2.2 节。

$$H_i\left(\text{SIV}_j\right) \leftarrow H_{\text{SI}}\left(\text{SIV}_j\right) \tag{4-5}$$

差分迁移算子的伪代码如算法 4-1 所示，其中，λ_i 为栖息地 $\boldsymbol{H}_i$ 的迁入率。

算法 4-1　差分迁移算子

---

for $i = 1$ to N do

　　根据式(4-4)计算缩放因子 α

　　for $j = 1$ to D do

　　　if rand $< \lambda_i$ then

　　　　根据式(4-1)用榜样选择方案选择迁出栖息地 $\boldsymbol{H}_{\text{SI}}$

　　　　通过式(4-5)更新 $H_i(\text{SIV}_j)$

　　　else

　　　　if rand < 0.5 then

　　　　　通过式(4-2)更新 $H_i(\text{SIV}_j)$

　　　　else

　　　　　通过式(4-3)更新 $H_i(\text{SIV}_j)$

　　　　end if

　　　end if

　　end for

end for

由于差分迁移算子融入了原直接取代式迁移操作，故保留了一定的局部搜索能力，又由于其增加了种群多样性，故相较于原迁移算子整体上提升了全局搜索能力，两种能力的结合也使得算法的探索和开采得到一定的平衡。差分迁移算子可以在解空间区域中搜索到更多的位置，克服了原迁移算子迁移方式简单、搜索方向单一、可搜索到的位置有限的不足，增强了算法的性能。

4.2.3　趋优变异算子

和声搜索算法是群智能优化算法之一[8]，趋优和声搜索算法是将趋优的 思想融入到和声搜索算法中[9]，提供良好的收敛能力，也被其他算法研究所借鉴[10]。

2.2.3 节分析了 BBO 算法变异算子存在的不足，受趋优思想启发，针对这些不足，本节将趋优引导操作融入变异算子中，取代原变异操作，形成趋优变异算子。所谓趋优引导操作，指的是执行变异的栖息地 SIV 受到当前种群中 HSI 最优的栖息地随机选出的一个 SIV 引导，向着该栖息地所在解空间位置的方向变异，其相关描述如下。

对于 $\forall \boldsymbol{X}_i$ $(\boldsymbol{X}_i \in \boldsymbol{H}^N)$，$\exists \boldsymbol{X}_{\text{best}}$，满足 $\boldsymbol{X}_{\text{best}} \in \boldsymbol{H}^N$，$\boldsymbol{X}_{\text{best}} \neq \boldsymbol{X}_i$ 且 $f(\boldsymbol{X}_{\text{best}}) \geqslant f(\boldsymbol{X}_i)$（此处假设目标函数值越大，个体越优），则称 $\boldsymbol{X}_{\text{best}}$ 为当前种群最优个体。当 $\boldsymbol{X}_i$ 对应候选解受 $\boldsymbol{X}_{\text{best}}$ 对应候选解所在解空间中位置引导，向其方向趋近，此过程即趋优引导操作。

趋优引导操作如下

$$cn = \text{ceil}(\text{rand} \times D) \tag{4-6}$$

$$H_i(\text{SIV}_j) \leftarrow H_{\text{best}}(\text{SIV}_{\text{cn}}) \tag{4-7}$$

其中，$\boldsymbol{H}_i$ 为执行变异的栖息地，cn 为从栖息地 $\boldsymbol{H}_{\text{best}}$ 中随机选出的 SIV 的下标。

从式 (4-6) 和式 (4-7) 中可以看出，变异栖息地 $\boldsymbol{H}_i$ 直接接受当前迭代种群中最优的栖息地 $\boldsymbol{H}_{\text{best}}$ 的随机信息，从而可以向 $\boldsymbol{H}_{\text{best}}$ 所在解空间位置迅速收敛，使其变异有了方向。由于 $\boldsymbol{H}_{\text{best}}$ 一般是当前迭代种群中最接近全局最优解的栖息地，故趋优引导操作实质上是使变异栖息地在解空间中不断趋近当前最优栖息地的位置，确保了变异向着更有利的方向进行，而采用随机选取 SIV 的方法可以防止种群中出现大量相似的栖息地，增加种群多样性。

趋优引导操作原理如图 4-3 所示。

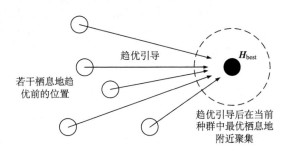

图 4-3　趋优引导操作

此外，去掉了原 BBO 算法的变异率计算过程，在趋优变异算子中采用了一种线性下降方法计算变异率，其表达式为

$$pm = pm_{\max} - (pm_{\max} - pm_{\min}) \times t / \text{MaxDT} \tag{4-8}$$

其中，pm 为变异概率，t 为当前迭代次数，MaxDT 为最大迭代次数，$pm_{\max}$ 和 $pm_{\min}$ 分别为 pm 取值的上界和下界。

从式(4-8)中可以看出，随着迭代次数 t 线性增加，变异率 pm 的值逐渐降低。在算法优化过程前期，种群中栖息地较为分散，pm 的取值相对较大，执行趋优变异算子的概率较高，HSI 较劣的栖息地向着当前种群中最优栖息地所在解空间位置聚集；在算法优化过程后期，大部分的栖息地可能已聚集在全局最优解附近，此时过多使用趋优变异反而会增加种群多样性，故 pm 的取值相对较小，执行趋优变异的概率也较低。

趋优变异算子的伪代码如算法 4-2 所示。

算法 4-2 趋优变异算子

根据式(4-8)计算 pm

for i = 1 to N do

　for j = 1 to D do

　　if rand < pm then

　　　通过式(4-6)计算 cn

　　　通过式(4-7)更新 $H_i(\text{SIV}_j)$

　　end if

　end for

end for

由于趋优变异算子采用趋优引导操作替换掉了原随机方向的变异操作，从而克服了原变异算子存在的可能破坏了优质的栖息地，造成种群退化的不足，又加快了收敛速度。相较于原 BBO 算法中复杂的变异率计算过程，采用线性下降方法计算变异率还降低了计算复杂度。

4.2.4　贪婪选择法替换精英保留机制

2.2.3 节已经说明，在 BBO 算法中使用精英保留机制时，每次迭代需要根据栖息地的 HSI 对种群排序两次。为了降低计算复杂度，采用贪婪选择法替换精英保留机制[1]。

贪婪选择法在算法中起到了和精英保留机制相似的作用，两者都是对执行过相应操作的种群进行优胜劣汰，但是，当使用贪婪选择法时，每次迭代只需要根据栖息地的 HSI 对种群排序一次，相较于精英保留机制减少了一次排序过程，从而减少了算法的计算步骤。

精英保留机制与贪婪选择法的对比如图 4-4 所示。这种改进方法已在 3.6 节详细描述，本节不再赘述。

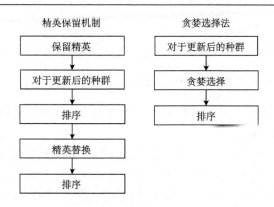

图 4-4 精英保留机制与贪婪选择法的对比

4.2.5 改进的迁移概率计算方式

2.2.3 节已经说明，BBO 算法每次迭代都需要对每个栖息地进行迁入率、迁出率和变异率的计算，存在计算复杂度较高的不足。本节采用改进的迁移概率计算方式，在保证 HSI 总是有效的前提下，将栖息地迁入率计算步骤移动至算法迭代循环外，使算法整个优化过程对栖息地的迁入率只需计算一次，从而大幅度降低了计算复杂度[11]。

由于种群中每个栖息地的迁入率都是根据 HSI 排序后的序列位置得到的，每个栖息地的迁入率与栖息地的 HSI 成正比关系，将迁入率计算步骤移至算法迭代循环外，整个算法优化过程只需计算一次栖息地迁入率，得到一个迁入率序列，每次迭代都会对执行过相应操作的种群进行排序，得到新的种群序列，不论种群序列如何变化，其序列中每个位置的栖息地都与迁入率序列相应位置一一对应。故在保证 HSI 的值总是有效的前提下，将栖息地迁入率计算步骤移至算法迭代循环外，不会影响算法对于优化问题的求解。

4.2.6 DGBBO 算法总流程

综合上述所有改进，形成了 DGBBO 算法，其总流程描述如下。

步骤 1：设置相关参数，随机初始化种群；

步骤 2：评价每个栖息地的 HSI，根据栖息地 HSI 由优至劣对种群排序；

步骤 3：计算每个栖息地的迁入率；

步骤 4：执行算法 4-1 的差分迁移算子；

步骤 5：执行算法 4-2 的趋优变异算子；

步骤 6：评价每个栖息地的 HSI，执行贪婪选择法；

步骤 7：根据栖息地 HSI 由优至劣对种群排序；

步骤 8：判断是否满足算法停止条件，如果是，输出最终结果，否则，返回至步骤 4。

4.2.7　DGBBO 算法与 BBO 算法的异同点

DGBBO 算法与 BBO 算法的相同点在于它们的流程中都采用迁移和变异两个主要算子。它们的不同点主要分为三个方面：①DGBBO 算法的栖息地迁入率计算步骤在迭代循环外，不需要计算迁出率，采用贪婪选择法使每次迭代只需要对种群排序一次，而 BBO 算法的迁入率和迁出率计算步骤均在迭代循环内，采用精英保留机制使每次迭代需要对种群排序两次；②DGBBO 算法的差分迁移算子包含直接取代式迁移操作和两种差分迁移操作，对迁入和非迁入栖息地 SIV 均执行相应的操作，而 BBO 算法的迁移算子只包含直接取代式的迁移操作，只对迁入栖息地 SIV 执行相应的操作；③DGBBO 算法的变异率的计算步骤在种群循环外，每次迭代所有栖息地都使用同一变异率，BBO 算法的变异率计算步骤在种群循环内，每个栖息地都拥有各自的变异概率且各不相同。DGBBO 算法是 BBO 算法的一种基本改进算法，是对 BBO 算法中基本算子所具有的能力的一种升华，其原理易懂，结构简单，有潜力处理较为复杂的优化问题。

4.3　实验与分析

4.3.1　实验准备

为了验证 DGBBO 算法的优化性能，在 16 个单峰和多峰基准函数上进行了大量实验，对比了其他先进的算法。选用的基准函数如表 4-1 所示，更多基准函数的信息请参见本书附录。所有实验均在操作系统为 Windows 7、CPU 为主频 3.10GHz 和内存为 4GB 的 PC 上进行的，编程语言采用 MATLAB R2014a。

表 4-1　本章选用的基准函数

编号	名称	编号	名称
f_1	Sphere	f_9	NCRastrigin
f_2	Elliptic	f_{10}	Griewank
f_3	SumSquare	f_{11}	Schwefel 2.26
f_4	Schwefel 2.22	f_{12}	Ackley
f_5	Schwefel 2.21	f_{13}	Penalized 1
f_6	Step	f_{14}	Penalized 2
f_7	Quartic	f_{15}	Levy
f_8	Rastrigin	f_{16}	Himmeblau

参数方面，设置 DGBBO 算法的种群数量 $N = 20$，最大迁入率 $I = 1$，最大迭代次数 MaxDT 根据基准函数维度的不同动态调整，其具体取值见下文相应小节，变异率 pm 取值的上界和下界分别为 $pm_{max} = 0.03$ 和 $pm_{min} = 0.001$，指数参数 $\beta = 4$，算法的独立运行次数为 50，通过实验取获得的平均值、标准差值及运行时间（单位为"s"）进行对比。平均值展现了优化能力，标准差值展现了稳定性，运行时间展现了运行速度。在所有的实验结果表中，加粗的为最优者。

4.3.2　DGBBO 算法与其不完整变体算法的对比

第一组实验用 DGBBO 算法与其不完整的变体算法进行对比，以便考察本章所提出的改进算法有效性。这些变体算法分别描述如下。DRBBO：将趋优变异算子还原为随机变异算子的 DGBBO 变体算法。EGBBO：将差分迁移算子还原为直接迁移算子的 DGBBO 变体算法。RGBBO：将采用榜样选择方案的差分迁移算子还原为采用轮赌选择法的直接迁移算子的 DGBBO 变体算法。

将四种算法分别在维度 $D = 50$ 的 $f_1 \sim f_{15}$ 和维度 $D = 200$ 的 f_{16} 上进行了测试。为了公平起见，设置三种变体算法的种群数量与 DGBBO 算法相同，即 $N = 20$，统一设置它们的最大迭代次数 MaxDT $= 4000$，从而使它们具有相同的最大函数评价次数。其他参数方面，三种变体算法与 DGBBO 算法的共有参数设置相同，非共有的参数主要是最大迁出率，对其设置为 $E = 1$。四种算法的结果对比如表 4-2 所示。

表 4-2　DGBBO 算法与其不完整变体算法的结果对比

函数	度量	DGBBO	DRBBO	EGBBO	RGBBO
	平均值	$\mathbf{2.1000 \times 10^{-138}}$	7.5600×10^{-1}	2.8800×10^{1}	2.2800×10^{1}
f_1	标准差值	$\mathbf{5.3200 \times 10^{-138}}$	4.0800×10^{-1}	5.8000×10^{1}	4.3400×10^{1}
	运行时间	1.0024×10^{0}	9.7550×10^{-1}	$\mathbf{5.7440 \times 10^{-1}}$	1.9327×10^{0}
	平均值	$\mathbf{9.6300 \times 10^{-110}}$	2.9600×10^{4}	7.5100×10^{6}	5.5600×10^{6}
f_2	标准差值	$\mathbf{4.5500 \times 10^{-109}}$	3.5700×10^{4}	2.2800×10^{7}	1.2500×10^{7}
	运行时间	1.0936×10^{0}	1.0688×10^{0}	$\mathbf{6.6250 \times 10^{-1}}$	1.9188×10^{0}
	平均值	$\mathbf{1.8600 \times 10^{-135}}$	1.9400×10^{-1}	9.5000×10^{0}	1.1100×10^{1}
f_3	标准差值	$\mathbf{6.3700 \times 10^{-135}}$	2.1500×10^{-1}	1.6100×10^{1}	2.1200×10^{1}
	运行时间	1.0539×10^{0}	1.0270×10^{0}	$\mathbf{6.1910 \times 10^{-1}}$	1.9701×10^{0}
	平均值	$\mathbf{8.8000 \times 10^{-94}}$	1.7400×10^{-1}	5.8800×10^{-1}	5.6500×10^{-1}
f_4	标准差值	$\mathbf{1.5000 \times 10^{-93}}$	5.8100×10^{-2}	6.3700×10^{-1}	5.9400×10^{-1}
	运行时间	1.0332×10^{0}	9.8790×10^{-1}	$\mathbf{5.8760 \times 10^{-1}}$	1.8455×10^{0}
	平均值	$\mathbf{1.9000 \times 10^{-3}}$	4.9400×10^{0}	3.2200×10^{1}	3.4400×10^{1}
f_5	标准差值	$\mathbf{1.2900 \times 10^{-2}}$	6.9400×10^{-1}	1.0900×10^{1}	1.1600×10^{1}
	运行时间	1.0143×10^{0}	9.7170×10^{-1}	$\mathbf{5.7800 \times 10^{-1}}$	1.8236×10^{0}

续表

函数	度量	DGBBO	DRBBO	EGBBO	RGBBO
f_6	平均值	$\mathbf{0.0000 \times 10^0}$	2.0000×10^0	2.5000×10^1	3.8000×10^1
	标准差值	$\mathbf{0.0000 \times 10^0}$	1.5400×10^0	4.3200×10^1	6.4300×10^1
	运行时间	9.6900×10^{-1}	9.6880×10^{-1}	$\mathbf{6.0930 \times 10^{-1}}$	1.8738×10^0
f_7	平均值	4.2500×10^{-3}	5.1700×10^{-2}	6.2500×10^{-3}	6.7100×10^{-3}
	标准差值	$\mathbf{1.5300 \times 10^{-3}}$	2.0100×10^{-2}	4.8100×10^{-3}	4.4400×10^{-3}
	运行时间	1.5236×10^0	1.5180×10^0	$\mathbf{1.1579 \times 10^0}$	2.4159×10^0
f_8	平均值	$\mathbf{0.0000 \times 10^0}$	3.5700×10^1	2.4000×10^2	2.3800×10^2
	标准差值	$\mathbf{0.0000 \times 10^0}$	6.9800×10^0	2.4100×10^2	1.7900×10^2
	运行时间	9.8970×10^{-1}	1.0814×10^0	$\mathbf{6.9790 \times 10^{-1}}$	1.9530×10^0
f_9	平均值	$\mathbf{0.0000 \times 10^0}$	3.5100×10^{-1}	7.8300×10^0	7.2300×10^0
	标准差值	$\mathbf{0.0000 \times 10^0}$	1.6600×10^{-1}	1.1200×10^1	1.2000×10^1
	运行时间	1.0750×10^0	1.1213×10^0	$\mathbf{7.1750 \times 10^{-1}}$	1.9787×10^0
f_{10}	平均值	$\mathbf{0.0000 \times 10^0}$	5.2300×10^{-1}	1.0600×10^0	1.0100×10^0
	标准差值	$\mathbf{0.0000 \times 10^0}$	1.8800×10^{-1}	7.0800×10^{-2}	6.0400×10^{-1}
	运行时间	1.0964×10^0	1.1522×10^0	$\mathbf{7.4940 \times 10^{-1}}$	2.0244×10^0
f_{11}	平均值	$\mathbf{2.9100 \times 10^{-11}}$	2.5700×10^0	3.0800×10^1	2.7300×10^1
	标准差值	$\mathbf{0.0000 \times 10^0}$	1.5500×10^0	5.8000×10^1	4.1700×10^1
	运行时间	1.1038×10^0	1.1463×10^0	$\mathbf{7.6710 \times 10^{-1}}$	2.0988×10^0
f_{12}	平均值	$\mathbf{7.6700 \times 10^{-15}}$	1.3500×10^{-1}	1.3400×10^0	1.5500×10^0
	标准差值	$\mathbf{1.9500 \times 10^{-15}}$	4.5200×10^{-2}	1.3800×10^0	1.4000×10^0
	运行时间	1.0059×10^0	1.0627×10^0	$\mathbf{6.7160 \times 10^{-1}}$	2.0438×10^0
f_{13}	平均值	$\mathbf{1.5700 \times 10^{-32}}$	4.2400×10^{-3}	1.5200×10^0	7.7200×10^{-1}
	标准差值	$\mathbf{5.5300 \times 10^{-48}}$	1.5100×10^{-2}	2.2900×10^0	1.5700×10^0
	运行时间	1.1932×10^0	1.2759×10^0	$\mathbf{8.2450 \times 10^{-1}}$	2.0846×10^0
f_{14}	平均值	$\mathbf{1.3500 \times 10^{-32}}$	4.4100×10^{-2}	2.7100×10^0	2.9000×10^0
	标准差值	$\mathbf{1.1100 \times 10^{-47}}$	2.4700×10^{-2}	4.1100×10^0	5.4100×10^0
	运行时间	1.1909×10^0	1.2794×10^0	$\mathbf{8.3010 \times 10^{-1}}$	2.0781×10^0
f_{15}	平均值	$\mathbf{1.5000 \times 10^{-32}}$	2.3600×10^{-2}	1.7700×10^0	1.4100×10^0
	标准差值	$\mathbf{1.3800 \times 10^{-47}}$	1.1600×10^{-1}	1.8900×10^0	1.6100×10^0
	运行时间	1.1536×10^0	1.1784×10^0	$\mathbf{7.6790 \times 10^{-1}}$	2.0210×10^0
f_{16}	平均值	$\mathbf{-7.8332 \times 10^1}$	-7.8181×10^1	-7.8321×10^1	-7.8320×10^1
	标准差值	6.6900×10^{-14}	3.0600×10^{-2}	$\mathbf{1.7400 \times 10^{-2}}$	2.3600×10^{-2}
	运行时间	4.1157×10^0	4.1540×10^0	$\mathbf{2.6917 \times 10^0}$	7.6656×10^0

　　在表 4-2 中,对比 DGBBO 算法和 DRBBO 算法可以看出,采用趋优变异算子的 DGBBO 算法获得的平均值和标准差值总是更优,且在一些基准函数上优势巨大,运行时间的对比中两者没有明显差距。对比 DGBBO 算法和 EGBBO 算法可以看出,采用差分迁移算子的 DGBBO 算法获得的平均值和标准差值总是更优,

同样在一些基准函数上优势巨大,但在运行时间的对比中耗时更多。对比 DGBBO 算法和 RGBBO 算法可以看出,采用榜样选择方案和差分迁移算子的 DGBBO 算法不仅获得的平均值和标准差值总是更优,且在运行时间上也具有明显优势。总的来说,DGBBO 算法获得的平均值和标准差值总是四种算法中最优的,EGBBO 算法运行所消耗的时间总是四种算法中最少的。

　　本组实验还绘制了四种算法的收敛曲线图,并从中选取代表性的六幅进行展示,如图 4-5 所示,DGBBO 算法的收敛速度总是最快的,其他算法都出现了过

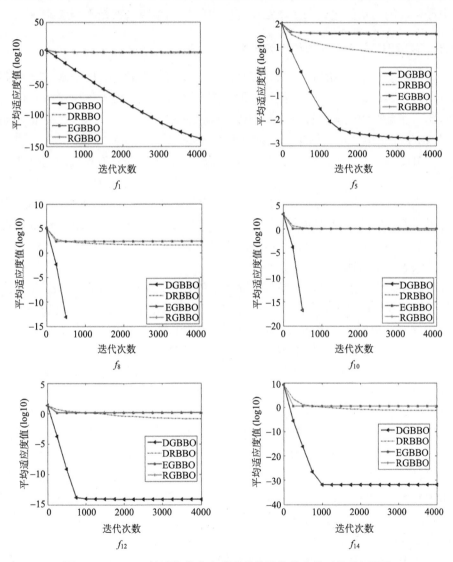

图 4-5　DGBBO 算法与其自身的变体算法收敛曲线对比(见彩图)

早收敛，特别的，在 f_8 和 f_{10} 上，DGBBO 算法的收敛曲线在尚未达到最大迭代次数时就停止了收敛，即搜索到了函数最优值。从上述对比中可以看出，DGBBO 算法较其他变体算法收敛性能更为优秀，收敛速度更快。

第一组实验的结果对比表明，榜样选择方案对于算法优化性能有一定的影响，对减少算法运行时间有明显作用，差分迁移算子和趋优变异算子对增强算法的优化能力和稳定性，加快算法的收敛速度作用明显。虽然差分迁移算子的使用增加了运行时间，但综合考虑优能与时间的平衡，DGBBO 算法的结果是四种算法中最可取的，从而也证明了本章研究提出的这三项改进都是不可或缺的。

4.3.3 DGBBO 算法与同类算法的对比

第二组实验用 DGBBO 算法与先进的同类算法进行对比。由于本章选用基准函数均属于连续域优化问题，故不选取在连续域问题上表现不佳的 BBO 算法进行对比，而是选用的其他算法。基于该原因，在本书后续章节的一些实验中同样不用 BBO 算法作为对比算法，其原因不再赘述。

本组实验选取了 LBBO 算法作为对比算法[12]，该算法具有很强的竞争性，在 BBO 改进算法中具有一定代表性。两种算法分别在不同维度的 16 个基准函数上进行了测试，它们的最大迭代次数 MaxDT 动态调整以适应不同维度的优化问题，为公平起见，LBBO 算法的种群数量设置与 DGBBO 算法相同，即 $N = 20$，从而使它们具有相同的最大函数评价次数，LBBO 的其他参数设置同其相应参考文献。两种算法的结果对比如表 4-3 所示。

从表 4-3 中可以看出，大多数情况下，DGBBO 算法比 LBBO 算法获得了更优的平均值和标准差值，在一些函数上，DGBBO 算法的优势明显。DGBBO 算法和 LBBO 算法在维度 $D = 50$ 的 f_{11} 上获得了相同的结果，只有在维度 $D = 100$ 的 f_{16} 上，LBBO 算法获得的标准差值略优于 DGBBO 算法。在运行时间的对比中，DGBBO 算法的运行时间总是比 LBBO 算法更少，且优势明显。观察 DGBBO 算法获得的平均值可以发现，在不同维度的基准函数上，其多数情况下都获得了高精度的结果，例如，在 f_1 和 f_3 上，DGBBO 算法的结果精度都达到了三位数，在 f_6、f_8、f_9 和 f_{10} 上，DGBBO 算法搜索到了函数最优解，相比之下，LBBO 算法的结果精度并不理想。当基准函数维度的增加时，问题的复杂度进一步增加，通常一个算法在处理更高维度的优化问题时，其解的精度会有所下降。横向观察 DGBBO 算法在不同维度的同一基准函数的结果发现，除了 f_5 外，DGBBO 算法在所有基准函数上的结果精度都没有明显下降，由于测试更高维基准函数时增加了最大迭代次数，所以在 f_1、f_2、f_3、f_4、f_6、f_8、f_9、f_{10}、f_{13}、f_{14}、f_{15} 和 f_{16} 上，DGBBO 算法的结果保留了高精度或得到了更高的精度，相比之下，LBBO 算法在多数情况下的结果精度都有所下降。以上结果对比证明了 DGBBO 算法的寻优能力显著，在多数优化问题上能够搜索到最优解或高精度解，具有较强的稳定性，在面对不同复杂度的优化问题时能够保持较好的寻优能力。

表 4-3　DGBBO 算法与 LBBO 算法的结果对比

函数	度量	$D = 30\ (f_1 \sim f_{15})$ $D = 100\ (f_{16})$ MaxDT = 2500		$D = 50\ (f_1 \sim f_{15})$ $D\ \ 200\ (f_{16})$ MaxDT = 4000		$D = 100\ (f_1 \sim f_{15})$ $D = 300\ (f_{16})$ MaxDT = 7000	
		DGBBO	LBBO	DGBBO	LBBO	DGBBO	LBBO
f_1	平均值	4.1700×10^{-116}	1.2200×10^{-27}	2.1000×10^{-138}	9.1000×10^{-27}	1.2300×10^{-162}	6.9000×10^{-27}
	标准差值	1.5200×10^{-115}	1.1200×10^{-27}	5.3200×10^{-138}	4.0900×10^{-27}	4.4500×10^{-162}	1.1700×10^{-26}
	运行时间	4.5440×10^{-1}	3.9535×10^{0}	1.0024×10^{0}	4.8761×10^{0}	3.0103×10^{0}	7.0226×10^{0}
f_2	平均值	2.4100×10^{-96}	4.2478×10^{2}	9.6300×10^{-110}	6.8958×10^{3}	4.0100×10^{-111}	7.4200×10^{4}
	标准差值	1.6500×10^{-95}	2.0744×10^{2}	4.5500×10^{-109}	2.4888×10^{3}	1.2200×10^{-110}	1.7900×10^{4}
	运行时间	5.3370×10^{-1}	5.5853×10^{0}	1.0936×10^{0}	7.6073×10^{0}	3.2177×10^{0}	1.3574×10^{1}
f_3	平均值	1.2400×10^{-115}	8.3100×10^{-16}	1.8600×10^{-135}	3.7000×10^{-15}	1.1800×10^{-156}	1.2300×10^{-13}
	标准差值	7.5200×10^{-115}	6.3900×10^{-16}	6.3700×10^{-135}	3.5400×10^{-15}	3.2100×10^{-156}	2.9600×10^{-13}
	运行时间	4.8420×10^{-1}	4.6884×10^{0}	1.0539×10^{0}	6.3844×10^{0}	3.0961×10^{0}	9.2119×10^{0}
f_4	平均值	2.8600×10^{-79}	4.3200×10^{-4}	8.8000×10^{-94}	2.1300×10^{-3}	1.4700×10^{-108}	7.5500×10^{-2}
	标准差值	9.1400×10^{-79}	2.9800×10^{-3}	1.5000×10^{-93}	9.4300×10^{-3}	2.0700×10^{-108}	1.4600×10^{-1}
	运行时间	4.7550×10^{-1}	5.2297×10^{0}	1.0332×10^{0}	5.8934×10^{0}	3.0706×10^{0}	9.3595×10^{0}
f_5	平均值	1.4400×10^{-8}	4.7100×10^{-4}	1.9000×10^{-3}	1.7800×10^{-1}	8.5500×10^{-3}	9.3400×10^{0}
	标准差值	5.2700×10^{-8}	5.1700×10^{-4}	1.2900×10^{-2}	6.7200×10^{-2}	4.6700×10^{-2}	1.9000×10^{0}
	运行时间	4.6370×10^{-1}	4.1153×10^{0}	1.0143×10^{0}	5.1855×10^{0}	3.0909×10^{0}	7.7469×10^{0}
f_6	平均值	0.0000×10^{0}	6.6200×10^{1}	0.0000×10^{0}	3.4200×10^{2}	0.0000×10^{0}	1.5900×10^{3}
	标准差值	0.0000×10^{0}	2.9300×10^{1}	0.0000×10^{0}	9.5500×10^{1}	0.0000×10^{0}	2.3300×10^{2}
	运行时间	4.3000×10^{-1}	7.0855×10^{0}	0.9690×10^{0}	7.6496×10^{0}	3.0104×10^{0}	8.6742×10^{0}
f_7	平均值	3.5000×10^{-3}	2.6800×10^{-2}	4.2500×10^{-3}	7.1500×10^{-2}	4.6700×10^{-3}	3.2300×10^{-1}
	标准差值	1.5700×10^{-3}	1.2800×10^{-2}	1.5300×10^{-3}	2.9000×10^{-2}	1.3800×10^{-3}	6.4200×10^{-2}
	运行时间	6.4720×10^{-1}	6.7500×10^{0}	1.5236×10^{0}	8.1546×10^{0}	4.8888×10^{0}	1.3563×10^{1}
f_8	平均值	0.0000×10^{0}	3.2500×10^{2}	0.0000×10^{0}	6.7500×10^{2}	0.0000×10^{0}	1.4900×10^{3}
	标准差值	0.0000×10^{0}	9.2200×10^{1}	0.0000×10^{0}	1.3300×10^{2}	0.0000×10^{0}	1.7700×10^{2}
	运行时间	4.4230×10^{-1}	5.2373×10^{0}	9.8970×10^{-1}	6.1107×10^{0}	3.0768×10^{0}	9.2651×10^{0}
f_9	平均值	0.0000×10^{0}	1.2200×10^{1}	0.0000×10^{0}	2.9200×10^{1}	0.0000×10^{0}	1.0200×10^{2}
	标准差值	0.0000×10^{0}	8.5000×10^{0}	0.0000×10^{0}	1.5200×10^{1}	0.0000×10^{0}	4.1000×10^{1}
	运行时间	4.7630×10^{-1}	6.4931×10^{0}	1.0750×10^{0}	7.3464×10^{0}	3.3352×10^{0}	1.0404×10^{1}

续表

函数	度量	$D=30$ ($f_1\sim f_{15}$) $D=100$ (f_{16}) MaxDT = 2500		$D=50$ ($f_1\sim f_{15}$) $D=200$ (f_{16}) MaxDT = 4000		$D=100$ ($f_1\sim f_{15}$) $D=300$ (f_{16}) MaxDT = 7000	
		DGBBO	LBBO	DGBBO	LBBO	DGBBO	LBBO
f_{10}	平均值	0.0000×10^{0}	1.1500×10^{-16}	0.0000×10^{0}	2.0900×10^{-16}	0.0000×10^{0}	1.0000×10^{1}
	标准差值	0.0000×10^{0}	1.3200×10^{-16}	0.0000×10^{0}	1.6400×10^{-16}	0.0000×10^{0}	1.0200×10^{-1}
	运行时间	4.9100×10^{-1}	5.7434×10^{0}	1.0964×10^{0}	6.5298×10^{0}	3.2021×10^{0}	1.2259×10^{1}
f_{11}	平均值	7.4200×10^{-12}	1.1100×10^{-11}	2.9100×10^{-11}	2.9100×10^{-11}	1.3100×10^{-10}	2.4200×10^{-8}
	标准差值	4.9800×10^{-13}	5.1400×10^{-13}	0.0000×10^{0}	0.0000×10^{0}	1.8500×10^{-12}	5.7500×10^{-9}
	运行时间	4.8790×10^{-1}	5.3612×10^{0}	1.1038×10^{0}	4.9509×10^{0}	3.4352×10^{0}	7.9012×10^{0}
f_{12}	平均值	6.6800×10^{-15}	4.3000×10^{0}	7.6700×10^{-15}	4.4200×10^{0}	1.3200×10^{-14}	4.3200×10^{0}
	标准差值	1.7000×10^{-15}	8.7700×10^{-1}	1.9500×10^{-15}	7.6200×10^{-1}	1.9800×10^{-15}	6.4800×10^{-1}
	运行时间	4.5270×10^{-1}	3.9900×10^{0}	1.0059×10^{0}	5.1439×10^{0}	3.0185×10^{0}	8.6148×10^{0}
f_{13}	平均值	1.5700×10^{-32}	3.8800×10^{-1}	1.5700×10^{-32}	4.7000×10^{-1}	1.5700×10^{-32}	4.9500×10^{-1}
	标准差值	5.5300×10^{-48}	5.7900×10^{-1}	5.5300×10^{-48}	6.5100×10^{-1}	5.5700×10^{-48}	8.7100×10^{-1}
	运行时间	5.2850×10^{-1}	4.3151×10^{0}	1.1932×10^{0}	5.8508×10^{0}	3.6315×10^{0}	1.0803×10^{1}
f_{14}	平均值	1.3500×10^{-32}	2.5900×10^{0}	1.3500×10^{-32}	2.0300×10^{1}	1.3500×10^{-32}	5.8900×10^{1}
	标准差值	1.1100×10^{-47}	5.7300×10^{0}	1.1100×10^{-47}	1.7000×10^{1}	5.5700×10^{-48}	3.2000×10^{1}
	运行时间	5.2820×10^{-1}	4.5882×10^{0}	1.1909×10^{0}	6.9196×10^{0}	3.6209×10^{0}	1.1712×10^{1}
f_{15}	平均值	1.5000×10^{-32}	2.4000×10^{-23}	1.5000×10^{-32}	1.1500×10^{-19}	1.5000×10^{-32}	3.0300×10^{-12}
	标准差值	1.3800×10^{-47}	3.0200×10^{-23}	1.3800×10^{-47}	1.3500×10^{-18}	1.1100×10^{-47}	5.6200×10^{-12}
	运行时间	5.0810×10^{-1}	4.0898×10^{0}	1.1536×10^{0}	5.2236×10^{0}	3.5228×10^{0}	9.7090×10^{0}
f_{16}	平均值	-7.8332×10^{1}	-7.8332×10^{1}	-7.8332×10^{1}	-7.8332×10^{1}	-7.8332×10^{1}	-7.8215×10^{1}
	标准差值	9.1500×10^{-14}	8.8500×10^{-14}	6.6900×10^{-14}	7.5700×10^{-8}	3.0500×10^{-14}	4.7900×10^{-1}
	运行时间	1.7119×10^{0}	3.7182×10^{0}	4.1157×10^{0}	7.1012×10^{0}	1.0072×10^{1}	1.2701×10^{1}

第二组实验结果表明，DGBBO 算法在与先进的同类算法对比中，获得的结果总的来说是更可取的。

4.3.4　DGBBO 算法与其他类算法的对比

第三组实验用 DGBBO 算法与先进的其他类算法进行对比，选取的对比算法包括 ILABC 算法[13]、ALEP 算法[14]、SL-PSO 算法[15]、LEA[16]、JADE 算法[17]和 OLPSO-G 算法[18]。它们都具有很强的竞争性，在同类算法中又具有一定代表性。

为了客观对比，对比算法的实验结果分别取自它们相应的参考文献。由于不同文献实验所用的测试集不同，故对于所有算法只取它们共同测试过的基准函数上的结果进行对比，为了使结果对比可靠，DGBBO 算法的最大函数评价次数

（Maximum Number of Function Evaluation, MNFE）设置总是小于或近似等于其他对比算法。DGBBO 算法与其他类算法的结果对比如表 4-4 所示。

表 4-4　DGBBO 算法与其他类算法的结果对比

算法	MNFE	平均值	标准差值	MNFE	平均值	标准差值
		f_1			f_4	
ALEP	150000	6.3000×10^{-4}	7.6000×10^{-5}	NA	NA	NA
SL-PSO	200000	4.2400×10^{-90}	5.2600×10^{-90}	200000	1.5000×10^{-46}	5.3400×10^{-47}
LEA	110654	4.7000×10^{-16}	6.2000×10^{-17}	110031	4.2000×10^{-19}	4.2000×10^{-19}
JADE	150000	2.6900×10^{-56}	1.4100×10^{-55}	200000	3.1800×10^{-25}	2.0500×10^{-24}
OLPSO-G	200000	4.1200×10^{-54}	6.3400×10^{-54}	200000	9.8500×10^{-30}	1.0100×10^{-29}
ILABC	50000	1.6200×10^{-22}	3.4500×10^{-23}	100000	6.0200×10^{-23}	5.7600×10^{-23}
DGBBO	50000	$\mathbf{4.1700\times10^{-116}}$	$\mathbf{1.5200\times10^{-115}}$	50000	$\mathbf{2.8600\times10^{-79}}$	$\mathbf{9.1400\times10^{-79}}$
		f_8			f_{10}	
ALEP	150000	5.8000×10^{0}	2.1000×10^{0}	150000	2.4000×10^{-2}	2.8000×10^{-2}
SL-PSO	200000	1.5500×10^{1}	3.1900×10^{0}	200000	$\mathbf{0.0000\times10^{0}}$	$\mathbf{0.0000\times10^{0}}$
LEA	223803	2.1000×10^{-18}	3.3000×10^{-18}	140498	6.1000×10^{-16}	2.5000×10^{-17}
JADE	100000	1.3300×10^{-1}	9.7400×10^{-2}	50000	1.5700×10^{-8}	1.0900×10^{-7}
OLPSO-G	200000	1.0700×10^{0}	9.9200×10^{-1}	200000	4.8300×10^{-3}	8.6300×10^{-3}
ILABC	100000	$\mathbf{0.0000\times10^{0}}$	$\mathbf{0.0000\times10^{0}}$	100000	$\mathbf{0.0000\times10^{0}}$	$\mathbf{0.0000\times10^{0}}$
DGBBO	50000	$\mathbf{0.0000\times10^{0}}$	$\mathbf{0.0000\times10^{0}}$	50000	$\mathbf{0.0000\times10^{0}}$	$\mathbf{0.0000\times10^{0}}$
		f_{11}			f_{13}	
ALEP	150000	1.1000×10^{3}	5.8000×10^{1}	150000	6.0000×10^{-6}	1.0000×10^{-6}
SL-PSO	NA	NA	NA	200000	$\mathbf{1.5700\times10^{-32}}$	$\mathbf{0.0000\times10^{0}}$
LEA	302116	3.0000×10^{-2}	6.4000×10^{-4}	132642	2.4000×10^{-6}	2.2000×10^{-6}
JADE	100000	2.6200×10^{-4}	3.5900×10^{-4}	50000	2.3400×10^{-23}	4.2900×10^{-23}
OLPSO-G	200000	3.8400×10^{2}	2.1700×10^{2}	200000	1.5900×10^{-32}	1.0300×10^{-33}
ILABC	100000	$\mathbf{7.2700\times10^{-13}}$	9.9600×10^{-13}	50000	2.3400×10^{-23}	4.2900×10^{-23}
DGBBO	50000	7.4200×10^{-12}	$\mathbf{4.9800\times10^{-13}}$	50000	$\mathbf{1.5700\times10^{-32}}$	5.5300×10^{-48}
		f_{14}			f_{16}	
ALEP	150000	9.8000×10^{-5}	1.2000×10^{-5}	NA	NA	NA
SL-PSO	200000	$\mathbf{1.3500\times10^{-32}}$	$\mathbf{0.0000\times10^{0}}$	NA	NA	NA
LEA	130213	1.7000×10^{-4}	1.2000×10^{-4}	243895	-7.8310×10^{1}	6.1000×10^{-3}
JADE	50000	1.8700×10^{-10}	1.0900×10^{-9}	NA	NA	NA
OLPSO-G	200000	4.3900×10^{-4}	2.2000×10^{-3}	NA	NA	NA
ILABC	50000	7.2800×10^{-22}	2.6300×10^{-22}	150000	$\mathbf{-7.8332\times10^{1}}$	$\mathbf{1.8200\times10^{-14}}$
DGBBO	50000	$\mathbf{1.3500\times10^{-32}}$	1.1100×10^{-47}	50000	$\mathbf{-7.8332\times10^{1}}$	9.1500×10^{-14}

从表 4-4 中可以看出，在平均值的对比上，DGBBO 算法在 f_1 和 f_4 上得到了最优的结果，在 f_8、f_{10}、f_{13}、f_{14} 和 f_{16} 上与其他算法同时获得了最优结果，在 f_{11} 上，ILABC 算法的平均值略优于 DGBBO 算法，但 DGBBO 算法的 MNFE 更少。在标准差值的对比上，DGBBO 算法在多数情况下的结果最优，虽然 DGBBO 算法的标准差值在 f_{13} 和 f_{14} 上劣于 SL-PSO 算法，在 f_{16} 上劣于 ILABC 算法，但是它们之间的差距很小。

第三组实验结果表明，DGBBO 算法与先进的其他类算法相比，其获得的结果依然是最可取的。

4.3.5　DGBBO 算法的 t 检验

t 检验是一种参数性统计检验，通过数学的方法检验实验所得结果的可靠性，对于算法 1 和算法 2，分别在同一基准函数上独立运行了 n_1 次和 n_2 次，得到的结果整体服从正态分布，其平均值分别为 X_1 和 X_2，标准差值分别为 S_1 和 S_2。两种算法相互之间独立，数据之间无一一对应关系，故采用置信水平 $\alpha = 0.05$ 的独立样本 t 检验对算法进行统计分析。两种算法的 t 检验过程如下。

步骤 1：根据两种算法的方差进行齐性检验，若齐性，则属于等方差 t 检验，否则，属于异方差 t 检验。齐性检验采用 Levene F 检验方法，若 $S_1^2 > S_2^2$，则用 S_1^2 / S_2^2，反之则用 S_2^2 / S_1^2，将得到的结果记作 a，然后在 F 分布表中根据自由度查找数值 b，若 $a > b$，说明存在显著差异，方差不齐性，否则，说明不存在显著差异，方差齐性。S_1^2 对应的自由度为 $n_1 - 1$，S_2^2 对应的自由度为 $n_2 - 1$，根据公式中的分子自由度和分母自由度查阅某一置信度下的 F 值即为 b。

步骤 2：等方差 t 检验中，t 值计算式为

$$t = \frac{X_1 - X_2}{\sqrt{\left(\dfrac{(n_1 - 1) \times S_1^2 + (n_2 - 1) \times S_2^2}{n_1 + n_2 - 2}\right) \times \left(\dfrac{1}{n_1} + \dfrac{1}{n_2}\right)}} \tag{4-9}$$

异方差 t 检验中，t 值计算式为

$$t = \frac{X_1 - X_2}{\sqrt{\dfrac{S_1^2}{n_1} + \dfrac{S_2^2}{n_2}}} \tag{4-10}$$

等方差 t 检验的自由度 $\mathrm{df} = n_1 + n_2 - 2$，异方差 t 检验自由度

$$\mathrm{df} = \frac{\left(S_1^2 / n_1 + S_2^2 / n_2\right)^2}{\dfrac{\left(S_1^2 / n_1\right)^2}{n_1 - 1} + \dfrac{\left(S_2^2 / n_2\right)^2}{n_2 - 1}}。$$

需要注意的是，F 检验的自由度与 t 检验的自由度非同一个概念，检验时需要有所区分。

步骤 3：根据 t 值和自由度 df，可以直接通过 Microsoft Excel 的 TDIST 函数进行单尾检验或者双尾检验，得到 p 值。

本节用 DGBBO 算法与 LBBO 算法在第二组实验得到的结果进行 t 检验统计分析，样本数量 n_1 和 n_2 均为 30。对于本章实验求解最小值的优化问题，将 t 值公式的分子调整为 $(X_2 - X_1)$。将 DGBBO 算法和 LBBO 算法分别作为算法 1 和算法 2，$t > 0$ 表明算法 1 性能优于算法 2，$t = 0$ 表明算法 1 的性能等于算法 2，$t < 0$ 表明算法 1 性能劣于算法 2，将 t 值转化为条件概率 p 值（双尾检验），并按以下准则得出结论，当 $p > 0.05$ 时，无显著差异。当 $0.01 < p \leqslant 0.05$ 时，有显著差异，当 $p \leqslant 0.01$ 时，有明显的显著差异。

其 t 检验统计结果如表 4-5 所示，其中，当两种算法的标准差值均为 0 时无法计算 t 值，用 NA 表示。对 $p > 0.05$ 的用 "$-$" 标记，对 $p \leqslant 0.01$ 的用 "$+$" 标记。

表 4-5　DGBBO 算法与 LBBO 算法的 t 检验结果

函数	$D = 30$ $(f_1 \sim f_{15})$ $D = 100$ (f_{16})			$D = 50$ $(f_1 \sim f_{15})$ $D = 200$ (f_{16})			$D = 100$ $(f_1 \sim f_{15})$ $D = 300$ (f_{16})		
	t 值	df	p 值	t 值	df	p 值	t 值	df	p 值
f_1	7.702	49	0 $^+$	15.733	49	0 $^+$	4.170	49	0 $^+$
f_2	14.480	49	0 $^+$	19.592	49	0 $^+$	29.248	49	0 $^+$
f_3	9.196	49	0 $^+$	7.391	49	0 $^+$	2.938	49	0.005 $^+$
f_4	1.025	49	0.310 $^-$	1.597	49	0.117 $^-$	3.657	49	0.001 $^+$
f_5	6.442	49	0 $^+$	18.198	53	0 $^+$	34.718	49	0 $^+$
f_6	15.987	49	0 $^+$	25.350	49	0 $^+$	48.322	49	0 $^+$
f_7	12.776	50	0 $^+$	16.375	49	0 $^+$	35.053	49	0 $^+$
f_8	24.912	49	0 $^+$	35.852	49	0 $^+$	59.461	49	0 $^+$
f_9	10.116	49	0 $^+$	13.606	49	0 $^+$	17.561	49	0 $^+$
f_{10}	6.160	49	0 $^+$	9.011	49	0 $^+$	69.324	49	0 $^+$
f_{11}	36.359	98	0 $^+$	NA	NA	NA	29.599	49	0 $^+$
f_{12}	34.670	49	0 $^+$	41.016	49	0 $^+$	47.140	49	0 $^+$
f_{13}	4.738	49	0 $^+$	5.105	49	0 $^+$	4.019	49	0 $^+$
f_{14}	3.196	49	0.002 $^+$	8.456	49	0 $^+$	13.034	49	0 $^+$
f_{15}	5.619	49	0 $^+$	0.602	49	0.550 $^-$	3.812	49	0 $^+$
f_{16}	0	98	1 $^-$	0	49	1 $^-$	1.739	49	0.088 $^-$

从表 4-5 中可以看出，在所有 47 次统计中，有 45 次 $t > 0$，其中，有 41 次 p 值为 "+"，只有在 f_{16} 上出现了 $t = 0$ 的情况，表明 DGBBO 算法比 LBBO 算法在多数情况下显著更优。通过 t 检验统计分析结果再次表明 DGBBO 算法的性能优于 LBBO 算法，印证了 4.3.3 节对 DGBBO 算法获得的实验结果的讨论。

4.3.6　DGBBO 算法的计算复杂度讨论

在运行环境相同的情况下，影响算法运行时间的因素主要有两点，一个是最大函数评价次数 MNFE，这是由于算法在优化过程中，对种群的函数评价最为耗时；另一个是算法自身流程的复杂程度，算法流程中嵌套的循环操作越多，判断和计算步骤越繁琐，算法的运行速度越慢，运行时间就会越多。在本节的实验中，当比较算法的运行时间时，设置所有算法具有相同的种群数量和最大迭代次数，从而使它们的 MNFE 近似相等，故 DGBBO 算法的运行速度与 MNFE 相关性不大。在相似 MNFE 的情况下，DGBBO 算法运行时间少主要由于该算法在流程设计中从多个角度降低了计算复杂度。

本节以 BBO 算法为参照，对 DGBBO 算法的计算复杂度进行讨论。在两种算法总流程的对比中，DGBBO 算法将栖息地迁入率计算移至迭代循环外，又因为在差分迁移中采用榜样选择方案选择迁出栖息地，不需要栖息地的迁出率，因此在整个算法优化过程中，只需要对所有栖息地的迁入率计算一次，其计算次数为 N，而 BBO 算法每次迭代都需要对所有栖息地的迁入率和迁出率进行计算，其计算次数为 $2 \times N \times \text{MaxDT}$，故 DGBBO 算法大幅降低了计算复杂度。BBO 算法采用的是精英保留机制对种群中的栖息地优胜劣汰，每次迭代需要对种群排序两次，若以简单排序方法为例，其计算次数为 N^2，而 DGBBO 算法采用贪婪选择法对种群中的栖息地优胜劣汰，每次迭代只需对种群排序一次，其计算次数为 $N^2 / 2$，再次降低计算复杂度。迁移算子的对比中，虽然 DGBBO 算法的差分迁移算子较 BBO 算法的原迁移算子多出一些判断步骤，但没有增加额外的循环步骤，BBO 算法采用轮赌选择法选择迁出栖息地，其计算次数大于 1 小于 N，平均计算次数为 $(1+N) / 2$，而 DGBBO 算法采用的榜样选择方案选择迁出栖息地，其计算次数为 1，整体上 DGBBO 算法降低了计算复杂度。在变异算子的对比中，DGBBO 算法采用线性下降方法计算变异概率，每次迭代只需要对变异率计算一次，而 BBO 算法每次迭代需要对每个栖息地都计算变异率，计算次数为 N，且变异率计算需要先计算栖息地物种数量概率，其计算量较大，故 DGBBO 算法进一步大幅降低了计算复杂度。

综上所述，DGBBO 算法在 BBO 算法的基础上，从多个角度降低计算复杂度，从而减少了算法的运行时间，表 4-3 中算法的运行时间对比也印证了该结论。

4.3.7 实验总结

为了验证 DGBBO 算法的优化性能,在一组常用的基准函数上进行大量实验,证明了 DGBBO 算法中的榜样选择方案、差分迁移算子和趋优变异算子这三项主要的改进都是不可或缺的,通过与先进的同类及其他类算法进行结果对比,对结果进行 t 检验统计分析,表明了 DGBBO 算法寻优能力显著、稳定性强、收敛速度快、运行时间少,验证了其较强的优化性能。

4.4 本 章 小 结

本章提出了一种差分迁移和趋优变异的 BBO 算法(DGBBO),用以提升 BBO 算法的优化性能。首先,将两种差分扰动操作与 BBO 算法的迁移操作有机融合,形成差分迁移算子,提升全局搜索能力并平衡探索和开采;其次,将趋优引导操作融入到 BBO 算法的变异算子中,替换原变异操作,形成趋优变异算子,克服了原变异算子存在的不足,加快收敛速度;此外,还从多个角度降低算法的计算复杂度。在一组单峰和多峰基准函数上进行了仿真实验,与先进的同类及其他类算法进行了对比,并对实验结果进行了统计性检验,证明了 DGBBO 算法的三项主要改进都是不可或缺的,同时 DGBBO 算法表现出显著的寻优能力、较强的稳定性、较快的收敛速度、较少的运行时间,其优秀的优化性能得以验证。

参 考 文 献

[1] Zhang X M, Kang Q, Tu Q, et al. Efficient and merged biogeography-based optimization algorithm for global optimization problems. Soft Computing, 2019, 23(12): 4483-4502.

[2] Cheng R, Jin Y. A social learning particle swarm optimization algorithm for scalable optimization. Information Sciences, 2015, 291(6): 43-60.

[3] Storn R, Price K. Differential evolution - a simple and efficient heuristic for global optimization over continuous spaces. Journal of Global Optimization, 1997, 114(4): 341-359.

[4] Gong W Y, Cai Z H, Ling C X. DE/BBO: a hybrid differential evolution with biogeography-based optimization for global numerical optimization. Soft Computing, 2011, 15(4): 645-665.

[5] Zheng Y J, Xu X L, Ling H F, et al. A hybrid fireworks optimization method with differential evolution operators. Neurocomputing, 2015, 148: 75-82.

[6] Jabeena A, Jayabarathi T. Hybrid differential evolution (HDE) algorithm based optimization technique for relay assisting wireless optical communication. Research Journal of Applied Sciences Engineering & Technology, 2015, 10(5): 514-521.

[7] Cai Y, Wang J. Differential evolution with neighborhood and direction information for numerical optimization. IEEE Transactions on Cybernetics, 2013, 43(6): 2202-2215.

[8]　Zong W G, Kim J H, Loganathan G V. A new heuristic optimization algorithm: harmony search. Simulation Transactions of the Society for Modeling & Simulation International, 2001, 76(2): 60-68.

[9]　Omran M G H, Mahdavi M. Global-best harmony search. Applied Mathematics and Computation, 2008, 198(2): 643-656.

[10]　Xiang W L, An M Q, Li Y Z, et al. An improved global-best harmony search algorithm for faster optimization. Expert System with Applications, 2014, 41(13): 5788-5803.

[11]　Zhang X M, Kang Q, Cheng J, et al. A novel hybrid algorithm based on biogeography-based optimization and grey wolf optimizer. Applied Soft Computing, 2018, 67: 197-214.

[12]　Simon D, Omran M G H, Clerc M. Linearized biogeography-based optimization with re-initialization and local search. Information Sciences, 2014, 267: 140-157.

[13]　Gao W, Huang L, Liu S, et al. Artificial bee colony algorithm based on information learning. Cell Metabolism, 2015, 45(12): 2827-2839.

[14]　Lee C Y, Yao X. Evolutionary programming using mutations based on the Levy probability distribution. IEEE Transactions on Evolutionary Computation, 2004, 8(1): 1-13.

[15]　Cheng R, Jin Y. A social learning particle swarm optimization algorithm for scalable optimization. Information Sciences, 2015, 291(6): 43-60.

[16]　Wang Y P, Dang C Y. An evolutionary algorithm for global optimization based on level-set evolution and Latin squares. IEEE Transactions on Evolutionary Computation, 2007, 11(5): 579-595.

[17]　Zhang J, Sanderson A C. JADE: adaptive differential evolution with optional external archive. IEEE Transactions on Evolutionary Computation, 2009, 13(5): 945-958.

[18]　Zhan Z H, Zhang J, Li Y, et al. Orthogonal learning particle swarm optimization. IEEE Transactions on Evolutionary Computation, 2011, 15(6): 832-847.

第5章 差分变异和交叉迁移的 BBO 算法

5.1 引 言

为了提升BBO算法的优化性能,本章提出了一种差分变异和交叉迁移的BBO算法(Improved BBO algorithm with Differential mutation and Cross migration, DCBBO)。首先对变异算子进行改进,将差分扰动操作融入变异算子中,取代原随机变异操作,形成差分变异算子;其次对迁移算子进行改进,将基于维度的垂直交叉操作融入迁移算子中,替换原直接取代式迁移操作,形成交叉迁移算子;最后对交叉迁移算子进一步改进,将启发式交叉操作融入交叉迁移算子中,与垂直交叉操作有机融合;此外还在改进中使用榜样选择方案取代轮赌选择法,使用贪婪选择法取代精英保留机制,采用改进的迁移概率计算方式等。为了验证DCBBO算法的优化性能,在 15 个单峰和多峰基准函数上进行了大量实验,对比了其他先进的算法。

5.2 DCBBO 算法

5.2.1 差分变异算子

2.2.3 节分析了 BBO 算法变异算子存在的不足,针对这些不足,本节受差分进化算法启发[1],将差分扰动操作融入变异算子中,取代原随机变异操作,形成差分变异算子。关于差分进化算法的详细描述请参见 1.3.3 节。

本节提出的差分扰动操作式为

$$
\begin{aligned}
H_i(\mathrm{SIV}_j) \leftarrow\ & H_{\mathrm{m1}}(\mathrm{SIV}_j) \\
& + \alpha\big(H_{\mathrm{best}}(\mathrm{SIV}_j) - H_i(\mathrm{SIV}_j) + H_{\mathrm{m2}}(\mathrm{SIV}_j) - H_{\mathrm{m3}}(\mathrm{SIV}_j)\big)
\end{aligned}
\tag{5-1}
$$

其中,$H_i(\mathrm{SIV}_j)$ 为第 i 个栖息地的第 j 个 SIV,H_{best} 为当前种群中 HSI 最优的栖息地,H_{m1}、H_{m2} 和 H_{m3} 为随机选择的 3 个栖息地,满足 rn1、rn2、rn3 $\in[1, N]$且 rn1 $\neq$ rn2 $\neq$ rn3 $\neq i$。

差分扰动操作已在 4.2.2 节进行了描述,本节不再赘述。与 4.2.2 节描述的差分扰动操作相比,本节的差分扰动操作主要不同之处有两点:①本节提出的差分扰动操作是将差分向量赋予权值后加到栖息地 H_{m1} 相应的 SIV 上,随机性更大;

②本节提出的差分扰动操作采用了随机缩放因子，即 α = rand，rand 为均匀分布在区间[0, 1]的随机实数，其扰动范围更大。

在差分变异算子中，对于栖息地的变异率同样采用线性下降方法进行计算，其表达式为

$$pm = pm_{max} - (pm_{max} - pm_{min}) \times t / MaxDT \tag{5-2}$$

其中，pm 为变异概率，t 为当前迭代次数，MaxDT 为最大迭代次数，pm_{max} 和 pm_{min} 分别为 pm 取值的上界和下界。线性下降方法计算变异概率已在 4.2.3 节进行了描述，本节不再赘述。

差分变异算子的伪代码如算法 5-1 所示，其中，N 为种群数量，D 为维度。

算法 5-1　差分变异算子

通过式(5-2)计算变异率 pm

for i = 1 to N do

　　for j = 1 to D do

　　　　if rand < pm then

　　　　　　通过式(5-1)更新 $H_i(SIV_j)$

　　　　end if

　　end for

end for

5.2.2　交叉迁移算子

遗传算法主要通过双亲染色体之间的交叉及变异引导子代寻找优化问题的最优解[2]，关于遗传算法的详细描述请参见 1.3.1 节。

2.2.3 节分析了 BBO 算法迁移算子存在的不足，受遗传算法的交叉算子启发，针对这些不足，本节提出了基于维度的垂直交叉操作，将该操作融入迁移算子中，替换原直接取代式迁移操作，形成交叉迁移算子，其相关描述如下。

对于 $\forall X_i$ $(X_i \in H^N)$，设其对应候选解的特征向量为 $(x_i^1, x_i^2, \cdots, x_i^D)$，从中随机选择特征 x_i^j 和 x_i^k，满足 $j \neq k$，对两个特征执行交叉运算 $x_i^l = C(x_i^j, x_i^k)$，形成的新特征 x_i^l 称为基于维度的垂直交叉特征，此过程即基于维度的垂直交叉操作，其中，X_i 为个体，H^N 为种群，x_i^j 为个体 X_i 对应候选解的特征向量中第 j 个特征。

基于维度的垂直交叉操作是对于迁入栖息地的 SIV(一维)，选取迁出栖息地中对应的 SIV(一维)和随机不对应的 SIV(一维)进行交叉计算来实现的，即

$$cn = ceil(rand \times D) \tag{5-3}$$

$$H_i\left(\mathrm{SIV}_j\right) \leftarrow \alpha H_{\mathrm{SI}}\left(\mathrm{SIV}_j\right) + (1-\alpha) H_{\mathrm{SI}}\left(\mathrm{SIV}_{\mathrm{cn}}\right) \tag{5-4}$$

其中，H_{SI} 为迁出栖息地，垂直交叉缩放因子 $\alpha = \mathrm{rand}$。

对于迁出栖息地 H_{SI} 的选择，同样采用榜样选择方案替换轮赌选择法（本章所有 H_{SI} 的选择均是如此）。榜样选择方案的使用可以克服轮赌选择法的不足并降低计算复杂度[6]，其详细描述及原理解释请参见 4.2.1 节。

从式(5-3)和式(5-4)可以看出，H_i 的 SIV 受到 H_{SI} 对应的 SIV 及随机不对应的 SIV 两者共同影响，对两者进行加权交叉计算，并分享给迁入栖息地的 SIV，使迁入栖息地迅速向迁出栖息地方向聚集，并对迁出栖息地所在解空间区域位置的附近区域进行搜索，从而增强算法的局部搜索能力。又由于迁出栖息地的随机 SIV 在选择上具有一定的多样性，从而也注重了全局搜索能力。此外，由于 H_{SI} 是通过榜样选择方案选出的，故该交叉操作还具有一定的趋优引导能力，有利于算法的收敛。

基于维度的垂直交叉操作的过程如图 5-1 所示。

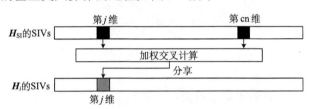

图 5-1　基于维度的垂直交叉操作

5.2.3　启发式交叉操作

由于 5.2.1 节和 5.2.2 节的改进对算法全局搜索能力强调较多，对局部搜索能力强调较少，为平衡算法的探索和开采，本节提出了一种启发式交叉操作，将该操作与基于维度的垂直交叉操作有机融合。启发式交叉操作的相关描述如下。

算法中的启发式通常指基于直观经验构造成的算子、步骤等。对于 $\forall X_i$ 和 $\forall X_k$，满足 $X_i \in H^N$，$X_k \in H^N$ 且 $X_i \neq X_k$，从它们对应候选解的特征向量 $(x_i^1, x_i^2, \cdots, x_i^D)$ 和 $(x_k^1, x_k^2, \cdots, x_k^D)$ 中随机选择特征 x_i^j 和 x_k^l，满足 $j = l$，对两个特征执行交叉减运算 $x_p^q = x_i^j - x_k^l$，得到新的特征 x_p^q。此过程即启发式交叉操作。

启发式交叉操作是基于启发式的描述，通过迁入栖息地的 SIV 与迁出栖息地对应的 SIV 进行加权交叉计算来实现的，即

$$H_i\left(\mathrm{SIV}_j\right) \leftarrow H_{\mathrm{SI}}\left(\mathrm{SIV}_j\right) + \alpha(0.5 - \mathrm{rand})\left(H_{\mathrm{SI}}\left(\mathrm{SIV}_j\right) - H_i\left(\mathrm{SIV}_j\right)\right) \tag{5-5}$$

其中，启发式交叉缩放因子 $\alpha = \mathrm{rand}$。

由式(5-5)可知，$\alpha(0.5 - \mathrm{rand})\left(H_{\mathrm{SI}}(\mathrm{SIV}_j) - H_i(\mathrm{SIV}_j)\right)$ 可以得到一个加权交叉的扰动值，其扰动方向和幅度分别受 $(0.5-\mathrm{rand})$ 所得随机值和交叉缩放因子 α 的影

响动态变化。将该扰动值加到 $H_{SI}(SIV_j)$ 上，其实质是在 $H_{SI}(SIV_j)$ 附近范围随机局部搜索，其搜索方向多样化且幅度不固定。由于榜样选择方案选出的迁出栖息地 H_{SI} 本身比迁入栖息地 H_i 更优，其所在解空间区域的位置更靠近最优解，所以启发式交叉操作实质上是在最优解可能存在的区域小范围多方向局部搜索，从而有效地提升算法的局部搜索能力。

启发式交叉操作的过程如图 5-2 所示。

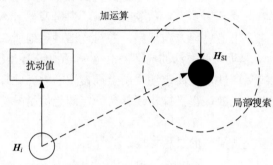

图 5-2　启发式交叉操作

启发式交叉操作与基于维度的水平交叉操作的区别在于，前者执行交叉的信息来自于两个不同栖息地对应的 SIV，后者执行交叉的信息来自于同一个栖息地不同的 SIV，前者更有利于局部搜索，后者更有利于全局搜索。

有机融合启发式交叉操作后的交叉迁移算子的伪代码如算法 5-2 所示，其中，pc 为交叉选择概率。

算法 5-2　有机融合启发式交叉操作后的交叉迁移算子

```
for i = 1 to N do
  for j = 1 to D do
    if rand < λᵢ then
        用榜样选择方案选出迁出栖息地 H_SI
        if rand < pc
          通过式(5-3)计算 cn
          通过式(5-4)更新 Hᵢ(SIVⱼ)
        else
          通过式(5-5)更新 Hᵢ(SIVⱼ)
        end if
    end if
  end for
end for
```

5.2.4　DCBBO 算法总流程

除了上述改进外，将 BBO 算法的精英保留机制换成了贪婪选择法[3]，在保证栖息地 HSI 总是有效的前提下，将迁入率计算步骤移至算法的迭代循环外[4]，这两项改进都进一步了降低了算法计算复杂度，其详细描述请分别参见 4.2.4 节和 4.2.5 节。

综合上述所有改进，形成了 DCBBO 算法。DCBBO 算法增强了 BBO 算法的全局搜索能力和局部搜索能力，并致力于两者的平衡，又从多个角度大幅度降低计算复杂度，从整体上提升算法的优化性能，加快运行速度。DCBBO 算法的总流程描述如下。

步骤 1：设置相关参数，随机初始化种群；

步骤 2：评价每个栖息地的 HSI，根据栖息地 HSI 由优至劣对种群排序；

步骤 3：计算每个栖息地的迁入率；

步骤 4：执行算法 5-2 的交叉迁移算子；

步骤 5：执行算法 5-1 的差分变异算子；

步骤 6：评价每个栖息地的 HSI，执行贪婪选择法；

步骤 7：根据栖息地 HSI 由优至劣对种群排序；

步骤 8：判断是否满足算法停止条件，如果是，输出最终结果，否则，返回至步骤 4。

5.2.5　DCBBO 算法与 BBO 算法的异同点

DCBBO 算法与 BBO 算法的相同点在于它们的流程中都采用迁移和变异两个主要算子。它们的不同点主要从三个方面描述：①从总流程的角度考虑，DCBBO 算法的栖息地迁入率计算步骤在迭代循环外，不需要计算迁出率，采用贪婪选择法使每次迭代只需要对种群排序一次，而 BBO 算法的迁入率和迁出率计算步骤均在迭代循环内，采用精英保留机制使每次迭代需要对种群排序两次；②DCBBO 算法的交叉迁移算子包含两个操作，即基于维度的垂直交叉操作和启发式交叉操作，而 BBO 算法的迁移算子只包含一个操作，即直接取代式的迁移操作；③在 DCBBO 算法的差分变异算子中，变异率的计算步骤在种群循环外，即每次迭代所有栖息地都使用同一变异率，在 BBO 算法的变异算子中，变异率计算步骤在种群循环内，每个栖息地都拥有各自的变异概率且各不相同。作为 BBO 算法的一种基本改进算法，DCBBO 算法是对 BBO 算法中基本算子所具有的能力的一种升华。DCBBO 算法原理易懂，结构简单，有潜力处理较为复杂的优化问题。

5.3　实验与分析

5.3.1　实验准备

为了验证 DCBBO 算法的优化性能,在 15 个单峰和多峰基准函数上进行实验并对比了其他先进的算法。选用的基准函数如表 5-1 所示,更多基准函数的信息请参见本书附录。所有实验均在操作系统为 Windows 7、CPU 为主频 3.10GHz 和内存为 4GB 的 PC 上进行的,编程语言采用 MATLAB R2014a。

表 5-1　本章选用的基准函数

编号	名称	编号	名称
f_1	Sphere	f_9	Griewank
f_2	Tablet	f_{10}	Rastrigin
f_3	Schwefel 2.22	f_{11}	Schwefel 2.26
f_4	Schwefel 2.21	f_{12}	Ackley
f_5	SumPower	f_{13}	Penalized 1
f_6	Quartic	f_{14}	Penalized 2
f_7	Elliptic	f_{15}	Levy
f_8	SumSquare		

参数方面,设置 DCBBO 算法的种群数量 $N = 20$,最大迁入率 $I = 1$,最大迭代次数 MaxDT 根据基准函数维度的不同动态调整,由于算法每次迭代只对目标函数评价一次,故 DCBBO 算法的最大函数评价次数 MNFE $= N×$MaxDT $+ N$,在维度 $D = 30$ 基准函数上实验设置 MaxDT $= 2500$,其 MNFE 约为 50000,在维度 $D = 50$ 的基准函数上实验设置 MaxDT $= 4000$,其 MNFE 约为 80000,交叉选择概率 pc $= 0.2$,变异率 pm 取值的上界和下界分别为 $pm_{max} = 0.1$,$pm_{min} = 0.001$,每种算法的独立运行次数为 30,通过实验取获得的平均值、标准差值及运行时间(单位为 "s")进行对比。平均值展现了优化能力,标准差值展现了稳定性,运行时间展现了运行速度。在所有的实验结果表中,加粗的为最优者。

5.3.2　DCBBO 算法与同类算法的对比

本组实验用 DCBBO 算法与先进的同类算法进行对比,选取的对比算法包括 EBO 算法(文献[5]提出了两种 EBO 算法,分别为 EBO1 算法和 EBO2 算法,本组实验使用的是 EBO2 算法)[5]、BBO-M 算法[6]和 LBBO 算法[7]。这三种对比算法都是近几年提出的具有代表性的 BBO 改进算法,具有很强的竞争性和可比性。

为了公平起见，设置三种对比算法的种群数量 N 和最大迭代次数 MaxDT 与 DCBBO 算法相同，使它们的最大函数评价次数 MNFE 近似相等，其他参数设置同其相应的参考文献。四种算法在维度 $D = 30$ 和 $D = 50$ 的基准函数上的结果对比分别如表 5-2 和表 5-3 所示。

表 5-2　DCBBO 算法与同类算法在维度 $D = 30$ 的基准函数上的结果对比

函数	度量	EBO	BBO-M	LBBO	DCBBO
f_1	平均值	8.2713×10^{-16}	3.7919×10^{-7}	1.0617×10^{-27}	$\mathbf{2.7937 \times 10^{-144}}$
	标准差值	4.0003×10^{-15}	2.1806×10^{-7}	8.8223×10^{-28}	$\mathbf{9.1209 \times 10^{-144}}$
	运行时间	1.6394×10^{0}	8.7880×10^{-1}	3.7268×10^{0}	$\mathbf{3.6930 \times 10^{-1}}$
f_2	平均值	2.0082×10^{-15}	6.2016×10^{-7}	1.1290×10^{-26}	$\mathbf{3.1160 \times 10^{-128}}$
	标准差值	8.3190×10^{-15}	3.5896×10^{-7}	2.0257×10^{-26}	$\mathbf{1.5642 \times 10^{-127}}$
	运行时间	1.6539×10^{0}	8.7220×10^{-1}	4.0812×10^{0}	$\mathbf{3.6760 \times 10^{-1}}$
f_3	平均值	3.4655×10^{-12}	1.0651×10^{-3}	1.8502×10^{-3}	$\mathbf{3.0244 \times 10^{-86}}$
	标准差值	1.4231×10^{-11}	3.9651×10^{-4}	1.0134×10^{-2}	$\mathbf{3.7985 \times 10^{-86}}$
	运行时间	1.7450×10^{0}	8.7280×10^{-1}	4.7361×10^{0}	$\mathbf{4.1080 \times 10^{-1}}$
f_4	平均值	6.5876×10^{0}	2.3289×10^{-1}	5.9556×10^{-4}	$\mathbf{2.7122 \times 10^{-12}}$
	标准差值	3.2287×10^{0}	1.1301×10^{-1}	5.9401×10^{-4}	$\mathbf{1.3045 \times 10^{-11}}$
	运行时间	1.5601×10^{0}	9.0030×10^{-1}	4.1178×10^{0}	$\mathbf{3.5200 \times 10^{-1}}$
f_5	平均值	9.0364×10^{-29}	6.3479×10^{-28}	1.5638×10^{-12}	$\mathbf{1.6449 \times 10^{-145}}$
	标准差值	3.4452×10^{-28}	1.5161×10^{-27}	2.4446×10^{-12}	$\mathbf{8.8262 \times 10^{-145}}$
	运行时间	2.2645×10^{0}	1.0960×10^{0}	4.2013×10^{0}	$\mathbf{5.5950 \times 10^{-1}}$
f_6	平均值	5.6105×10^{-3}	2.9589×10^{-2}	2.5141×10^{-2}	$\mathbf{1.8804 \times 10^{-3}}$
	标准差值	3.9821×10^{-3}	8.2213×10^{-3}	1.1825×10^{-2}	$\mathbf{7.1834 \times 10^{-4}}$
	运行时间	1.9546×10^{0}	1.0828×10^{0}	6.6497×10^{0}	$\mathbf{5.5620 \times 10^{-1}}$
f_7	平均值	2.8158×10^{-15}	3.1428×10^{-4}	4.8620×10^{2}	$\mathbf{6.8363 \times 10^{-77}}$
	标准差值	1.3351×10^{-14}	1.5740×10^{-4}	3.0017×10^{2}	$\mathbf{2.5398 \times 10^{-76}}$
	运行时间	2.1907×10^{0}	8.9480×10^{-1}	5.4275×10^{0}	$\mathbf{3.9000 \times 10^{-1}}$
f_8	平均值	1.1153×10^{-16}	6.9345×10^{-7}	8.3369×10^{-16}	$\mathbf{4.4557 \times 10^{-140}}$
	标准差值	3.3582×10^{-16}	3.7062×10^{-7}	6.9840×10^{-16}	$\mathbf{1.1795 \times 10^{-139}}$
	运行时间	1.9934×10^{0}	8.8370×10^{-1}	4.7405×10^{0}	$\mathbf{4.0170 \times 10^{-1}}$
f_9	平均值	5.0108×10^{-3}	9.3534×10^{-5}	4.8110×10^{-17}	$\mathbf{0.0000 \times 10^{0}}$
	标准差值	7.6428×10^{-3}	2.1669×10^{-4}	1.1172×10^{-16}	$\mathbf{0.0000 \times 10^{0}}$
	运行时间	2.4736×10^{0}	9.3440×10^{-1}	6.7724×10^{0}	$\mathbf{3.9490 \times 10^{-1}}$
f_{10}	平均值	1.8075×10^{1}	8.5836×10^{0}	3.8216×10^{2}	$\mathbf{0.0000 \times 10^{0}}$
	标准差值	1.4985×10^{1}	2.2294×10^{0}	1.1124×10^{2}	$\mathbf{0.0000 \times 10^{0}}$
	运行时间	1.4239×10^{0}	9.8230×10^{-1}	5.5869×10^{0}	$\mathbf{3.6190 \times 10^{-1}}$

续表

函数	度量	EBO	BBO-M	LBBO	DCBBO
	平均值	$1.0462×10^3$	$9.6418×10^2$	$7.5185×10^{-12}$	$7.2760×10^{-12}$
f_{11}	标准差值	$4.0852×10^2$	$2.0055×10^0$	$6.2891×10^{-13}$	$0.0000×10^0$
	运行时间	$1.7270×10^0$	$1.0002×10^0$	$4.0170×10^0$	$4.1290×10^{-1}$
	平均值	$3.1494×10^{-1}$	$3.3508×10^{-4}$	$4.6942×10^0$	$2.7830×10^{-15}$
f_{12}	标准差值	$5.4464×10^{-1}$	$1.0948×10^{-4}$	$6.9067×10^{-1}$	$6.4863×10^{-16}$
	运行时间	$1.8679×10^0$	$9.6700×10^{-1}$	$3.8713×10^0$	$3.7210×10^{-1}$
	平均值	$3.8116×10^{-2}$	$1.3156×10^{-8}$	$2.2476×10^{-1}$	$1.5705×10^{-32}$
f_{13}	标准差值	$1.5332×10^{-1}$	$6.4905×10^{-9}$	$3.9616×10^{-1}$	$5.5674×10^{-48}$
	运行时间	$2.3557×10^0$	$9.8010×10^{-1}$	$4.2781×10^0$	$4.4670×10^{-1}$
	平均值	$7.3249×10^{-4}$	$1.1045×10^{-7}$	$4.3537×10^0$	$1.3498×10^{-32}$
f_{14}	标准差值	$2.7876×10^{-3}$	$6.1676×10^{-8}$	$8.1268×10^0$	$5.5674×10^{-48}$
	运行时间	$2.3224×10^0$	$9.8840×10^{-1}$	$5.0669×10^0$	$4.4760×10^{-1}$
	平均值	$5.5188×10^{-2}$	$2.3490×10^{-7}$	$3.0661×10^{-23}$	$1.4998×10^{-32}$
f_{15}	标准差值	$2.5950×10^{-1}$	$1.2567×10^{-7}$	$4.2030×10^{-23}$	$1.1135×10^{-47}$
	运行时间	$2.0534×10^0$	$9.4150×10^{-1}$	$3.8971×10^0$	$4.2510×10^{-1}$

表 5-3　DCBBO 算法与同类算法在维度 $D=50$ 的基准函数上的结果对比

函数	度量	EBO	BBO-M	LBBO	DCBBO
	平均值	$5.7277×10^{-10}$	$2.9707×10^{-5}$	$8.4505×10^{-27}$	$1.2238×10^{-166}$
f_1	标准差值	$1.4312×10^{-9}$	$1.3170×10^{-5}$	$3.9025×10^{-27}$	$0.0000×10^0$
	运行时间	$3.2903×10^0$	$1.9794×10^0$	$4.8155×10^0$	$7.8500×10^{-1}$
	平均值	$1.8935×10^{-9}$	$4.2789×10^{-5}$	$9.9509×10^{-27}$	$2.5391×10^{-150}$
f_2	标准差值	$8.2248×10^{-9}$	$1.3316×10^{-5}$	$8.6970×10^{-27}$	$1.2726×10^{-149}$
	运行时间	$3.3148×10^0$	$1.9776×10^0$	$5.2960×10^0$	$7.7630×10^{-1}$
	平均值	$5.0132×10^{-8}$	$1.3317×10^{-2}$	$1.9489×10^{-3}$	$1.3505×10^{-99}$
f_3	标准差值	$2.2277×10^{-7}$	$2.8239×10^{-3}$	$9.3823×10^{-3}$	$2.4369×10^{-99}$
	运行时间	$3.4297×10^0$	$1.9917×10^0$	$5.7223×10^0$	$8.1500×10^{-1}$
	平均值	$1.4739×10^1$	$1.9073×10^0$	$1.8830×10^{-1}$	$1.3797×10^{-16}$
f_4	标准差值	$5.3475×10^0$	$8.8235×10^{-1}$	$7.3298×10^{-2}$	$7.0645×10^{-16}$
	运行时间	$3.1301×10^0$	$2.0044×10^0$	$5.0502×10^0$	$7.5790×10^{-1}$
	平均值	$2.0269×10^{-25}$	$1.2056×10^{-28}$	$3.5133×10^{-12}$	$7.4845×10^{-136}$
f_5	标准差值	$1.1097×10^{-24}$	$2.7483×10^{-28}$	$1.2038×10^{-11}$	$4.0994×10^{-135}$
	运行时间	$4.6325×10^0$	$2.5888×10^0$	$5.9035×10^0$	$1.2866×10^0$
	平均值	$1.1209×10^{-2}$	$6.1073×10^{-2}$	$6.7252×10^{-2}$	$2.2612×10^{-3}$
f_6	标准差值	$5.4097×10^{-3}$	$1.4293×10^{-2}$	$2.7148×10^{-2}$	$9.2975×10^{-4}$
	运行时间	$3.8215×10^0$	$2.5730×10^0$	$8.2275×10^0$	$1.2991×10^0$

续表

函数	度量	EBO	BBO-M	LBBO	DCBBO
f_7	平均值	6.9089×10^{-8}	3.3098×10^{-2}	6.6426×10^{3}	$\mathbf{1.0939\times10^{-66}}$
	标准差值	2.1008×10^{-7}	1.1679×10^{-2}	2.0860×10^{4}	$\mathbf{3.0001\times10^{-66}}$
	运行时间	4.6147×10^{0}	2.0614×10^{0}	7.3165×10^{0}	$\mathbf{8.3300\times10^{-1}}$
f_8	平均值	5.6927×10^{-10}	2.2634×10^{-4}	4.0916×10^{-15}	$\mathbf{1.7309\times10^{-158}}$
	标准差值	3.1008×10^{-9}	9.5915×10^{-5}	4.2266×10^{-15}	$\mathbf{7.3407\times10^{-158}}$
	运行时间	3.8995×10^{0}	2.0341×10^{0}	6.2615×10^{0}	$\mathbf{8.3080\times10^{-1}}$
f_9	平均值	2.8444×10^{-2}	3.4203×10^{-4}	1.8874×10^{-16}	$\mathbf{0.0000\times10^{0}}$
	标准差值	4.7565×10^{-2}	1.1467×10^{-3}	1.4328×10^{-16}	$\mathbf{0.0000\times10^{0}}$
	运行时间	4.7062×10^{0}	2.1336×10^{0}	6.7417×10^{0}	$\mathbf{8.3490\times10^{-1}}$
f_{10}	平均值	7.3327×10^{1}	1.7728×10^{1}	6.7928×10^{2}	$\mathbf{0.0000\times10^{0}}$
	标准差值	5.6150×10^{1}	3.0762×10^{0}	1.3266×10^{2}	$\mathbf{0.0000\times10^{0}}$
	运行时间	2.8728×10^{0}	2.2881×10^{0}	6.4428×10^{0}	$\mathbf{8.2930\times10^{-1}}$
f_{11}	平均值	3.1709×10^{3}	2.4482×10^{3}	$\mathbf{2.9104\times10^{-11}}$	$\mathbf{2.9104\times10^{-11}}$
	标准差值	5.9726×10^{2}	3.5001×10^{2}	$\mathbf{0.0000\times10^{0}}$	$\mathbf{0.0000\times10^{0}}$
	运行时间	3.4657×10^{0}	2.4468×10^{0}	4.9842×10^{0}	$\mathbf{9.4110\times10^{-1}}$
f_{12}	平均值	8.2565×10^{-1}	2.6293×10^{-3}	4.2266×10^{0}	$\mathbf{6.0988\times10^{-15}}$
	标准差值	8.5931×10^{-1}	4.6697×10^{-4}	7.4620×10^{-1}	$\mathbf{6.4863\times10^{-16}}$
	运行时间	3.7046×10^{0}	2.2269×10^{0}	5.0871×10^{0}	$\mathbf{8.1360\times10^{-1}}$
f_{13}	平均值	3.4556×10^{-3}	1.3823×10^{-2}	4.0164×10^{-1}	$\mathbf{1.5705\times10^{-32}}$
	标准差值	1.8927×10^{-2}	7.5708×10^{-2}	6.3637×10^{-1}	$\mathbf{5.5674\times10^{-48}}$
	运行时间	4.5960×10^{0}	2.4459×10^{0}	5.8997×10^{0}	$\mathbf{1.0020\times10^{0}}$
f_{14}	平均值	5.5446×10^{-2}	6.7289×10^{-6}	2.4192×10^{1}	$\mathbf{1.3498\times10^{-32}}$
	标准差值	2.9334×10^{-1}	3.6242×10^{-6}	1.7264×10^{1}	$\mathbf{5.5674\times10^{-48}}$
	运行时间	4.5469×10^{0}	2.2815×10^{0}	6.9842×10^{0}	$\mathbf{9.8820\times10^{-1}}$
f_{15}	平均值	4.1240×10^{-2}	8.2641×10^{-3}	5.1488×10^{-19}	$\mathbf{1.4998\times10^{-32}}$
	标准差值	9.3792×10^{-2}	4.5175×10^{-2}	1.5513×10^{-18}	$\mathbf{1.1135\times10^{-47}}$
	运行时间	4.0326×10^{0}	2.3359×10^{0}	5.2532×10^{0}	$\mathbf{9.4570\times10^{-1}}$

　　从表 5-2 中可以看出，在平均值和标准差值的对比上，DCBBO 算法获得的结果总是优于其他三种算法，而且在一些基准函数上优势较大。在运行时间的对比上，DCBBO 算法的运行时间也总是少于其他三种算法，并且优势明显。从表 5-3 中可以看出，在平均值和标准差值的对比上，LBBO 算法和 DCBBO 算法在 f_{11} 上获得了相同的结果，其他情况下，DCBBO 算法获得的结果总是最优的。在运行时间的对比上，四种算法的结果对比与表 5-2 的情况类似。

　　本节实验结果表明，DCBBO 算法几乎在所有情况下都可以获得比其他三种同类算法更优的平均值和标准差值，且运行时间更少，也就是说，与先进的同类算法相比，DCBBO 算法获得的结果是整体上最可接受的。

5.3.3　DCBBO 算法与其他类算法的对比

本组实验用 DCBBO 算法与先进的其他类的算法进行对比，选取的对比算法包括 EPSDE 算法[8]和 CSPSO 算法[9]。它们都具有很强的竞争性。

为了公平起见，设置 EPSDE 算法和 CSPSO 算法的种群数量 N 和最大迭代次数 MaxDT 与 DCBBO 算法相同，使它们的最大函数评价次数 MNFE 近似相等，EPSDE 算法和 CSPSO 算法的其他参数设置同其相应的参考文献。三种算法在维度 $D = 30$ 和 $D = 50$ 的基准函数上的结果对比分别如表 5-4 和表 5-5 所示。

表 5-4　DCBBO 算法与其他类算法在维度 $D = 30$ 的基准函数上的结果对比

函数	度量	EPSDE	CSPSO	DCBBO
f_1	平均值	7.4069×10^{-43}	2.7514×10^{-51}	$\mathbf{2.7937 \times 10^{-144}}$
	标准差值	2.2416×10^{-42}	1.3870×10^{-50}	$\mathbf{9.1209 \times 10^{-144}}$
	运行时间	1.6867×10^{0}	4.6530×10^{-1}	$\mathbf{3.6930 \times 10^{-1}}$
f_2	平均值	2.7817×10^{-43}	8.6251×10^{-41}	$\mathbf{3.1160 \times 10^{-128}}$
	标准差值	9.1660×10^{-43}	4.6735×10^{-40}	$\mathbf{1.5642 \times 10^{-127}}$
	运行时间	1.6856×10^{0}	5.1660×10^{-1}	$\mathbf{3.6760 \times 10^{-1}}$
f_3	平均值	7.3384×10^{-28}	2.5890×10^{-33}	$\mathbf{3.0244 \times 10^{-86}}$
	标准差值	2.6851×10^{-27}	2.9068×10^{-33}	$\mathbf{3.7985 \times 10^{-86}}$
	运行时间	1.6547×10^{0}	5.1380×10^{-1}	$\mathbf{4.1080 \times 10^{-1}}$
f_4	平均值	1.6492×10^{1}	3.2247×10^{-4}	$\mathbf{2.7122 \times 10^{-12}}$
	标准差值	3.6023×10^{0}	1.2801×10^{-3}	$\mathbf{1.3045 \times 10^{-11}}$
	运行时间	1.6029×10^{0}	5.0380×10^{-1}	$\mathbf{3.5200 \times 10^{-1}}$
f_5	平均值	5.6076×10^{-63}	1.3642×10^{-50}	$\mathbf{1.6449 \times 10^{-145}}$
	标准差值	3.0682×10^{-62}	3.3002×10^{-50}	$\mathbf{8.8262 \times 10^{-145}}$
	运行时间	1.8776×10^{0}	8.3200×10^{-1}	$\mathbf{5.5950 \times 10^{-1}}$
f_6	平均值	1.3520×10^{-2}	2.7960×10^{-3}	$\mathbf{1.8804 \times 10^{-3}}$
	标准差值	8.1440×10^{-3}	1.3997×10^{-3}	$\mathbf{7.1834 \times 10^{-4}}$
	运行时间	1.6628×10^{0}	8.4180×10^{-1}	$\mathbf{5.5620 \times 10^{-1}}$
f_7	平均值	4.2606×10^{-41}	5.7389×10^{-17}	$\mathbf{6.8363 \times 10^{-77}}$
	标准差值	1.5573×10^{-40}	1.1827×10^{-16}	$\mathbf{2.5398 \times 10^{-76}}$
	运行时间	1.7488×10^{0}	7.0970×10^{-1}	$\mathbf{3.9000 \times 10^{-1}}$
f_8	平均值	5.1121×10^{-44}	5.1540×10^{-52}	$\mathbf{4.4557 \times 10^{-140}}$
	标准差值	2.0715×10^{-43}	2.3350×10^{-51}	$\mathbf{1.1795 \times 10^{-139}}$
	运行时间	1.7206×10^{0}	6.3360×10^{-1}	$\mathbf{4.0170 \times 10^{-1}}$

函数	度量	EPSDE	CSPSO	DCBBO
f_9	平均值	1.0002×10^{-2}	$\mathbf{0.0000 \times 10^0}$	$\mathbf{0.0000 \times 10^0}$
	标准差值	1.2374×10^{-2}	$\mathbf{0.0000 \times 10^0}$	$\mathbf{0.0000 \times 10^0}$
	运行时间	1.6179×10^0	8.2600×10^{-1}	$\mathbf{3.9490 \times 10^{-1}}$
f_{10}	平均值	5.1406×10^0	2.5938×10^{-3}	$\mathbf{0.0000 \times 10^0}$
	标准差值	9.2824×10^0	1.4198×10^{-2}	$\mathbf{0.0000 \times 10^0}$
	运行时间	1.5509×10^0	5.6740×10^{-1}	$\mathbf{3.6190 \times 10^{-1}}$
f_{11}	平均值	2.3689×10^1	8.4281×10^2	$\mathbf{7.2760 \times 10^{-12}}$
	标准差值	4.8185×10^1	1.4302×10^3	$\mathbf{0.0000 \times 10^0}$
	运行时间	1.5796×10^0	6.1700×10^{-1}	$\mathbf{4.1290 \times 10^{-1}}$
f_{12}	平均值	5.0815×10^{-1}	3.8488×10^{-15}	$\mathbf{2.7830 \times 10^{-15}}$
	标准差值	7.0557×10^{-1}	1.7034×10^{-15}	$\mathbf{6.4863 \times 10^{-16}}$
	运行时间	1.5849×10^0	6.0360×10^{-1}	$\mathbf{3.7210 \times 10^{-1}}$
f_{13}	平均值	1.7278×10^{-2}	$\mathbf{1.5705 \times 10^{-32}}$	$\mathbf{1.5705 \times 10^{-32}}$
	标准差值	7.7403×10^{-2}	$\mathbf{5.5674 \times 10^{-48}}$	$\mathbf{5.5674 \times 10^{-48}}$
	运行时间	1.6942×10^0	7.8420×10^{-1}	$\mathbf{4.4670 \times 10^{-1}}$
f_{14}	平均值	8.0781×10^{-2}	$\mathbf{1.3498 \times 10^{-32}}$	$\mathbf{1.3498 \times 10^{-32}}$
	标准差值	3.2178×10^{-1}	$\mathbf{5.5674 \times 10^{-48}}$	$\mathbf{5.5674 \times 10^{-48}}$
	运行时间	1.7102×10^0	7.7860×10^{-1}	$\mathbf{4.4760 \times 10^{-1}}$
f_{15}	平均值	1.2773×10^{-30}	$\mathbf{1.4998 \times 10^{-32}}$	$\mathbf{1.4998 \times 10^{-32}}$
	标准差值	4.6696×10^{-30}	$\mathbf{1.1135 \times 10^{-47}}$	$\mathbf{1.1135 \times 10^{-47}}$
	运行时间	1.6935×10^0	6.7560×10^{-1}	$\mathbf{4.2510 \times 10^{-1}}$

表 5-5　DCBBO 算法与其他类算法在维度 $D=50$ 的基准函数上的结果对比

函数	度量	EPSDE	CSPSO	DCBBO
f_1	平均值	5.3652×10^{-33}	2.8191×10^{-57}	$\mathbf{1.2238 \times 10^{-166}}$
	标准差值	1.2621×10^{-32}	1.0823×10^{-56}	$\mathbf{0.0000 \times 10^0}$
	运行时间	3.0426×10^0	8.7170×10^{-1}	$\mathbf{7.8500 \times 10^{-1}}$
f_2	平均值	2.0037×10^{-32}	3.6183×10^{-41}	$\mathbf{2.5391 \times 10^{-150}}$
	标准差值	4.8176×10^{-32}	1.9375×10^{-40}	$\mathbf{1.2726 \times 10^{-149}}$
	运行时间	3.0318×10^0	9.1720×10^{-1}	$\mathbf{7.7630 \times 10^{-1}}$
f_3	平均值	9.9754×10^{-21}	2.9638×10^{-38}	$\mathbf{1.3505 \times 10^{-99}}$
	标准差值	4.4378×10^{-20}	1.0099×10^{-37}	$\mathbf{2.4369 \times 10^{-99}}$
	运行时间	2.9461×10^0	9.6740×10^{-1}	$\mathbf{8.1500 \times 10^{-1}}$
f_4	平均值	2.4537×10^1	4.5223×10^{-3}	$\mathbf{1.3797 \times 10^{-16}}$
	标准差值	3.9412×10^0	1.2664×10^{-2}	$\mathbf{7.0645 \times 10^{-16}}$
	运行时间	2.7111×10^0	8.9480×10^{-1}	$\mathbf{7.5790 \times 10^{-1}}$

续表

函数	度量	EPSDE	CSPSO	DCBBO
f_5	平均值	$4.0196×10^{-56}$	$2.6966×10^{-43}$	$\mathbf{7.4845×10^{-136}}$
	标准差值	$1.9761×10^{-55}$	$1.4626×10^{-42}$	$\mathbf{4.0994×10^{-135}}$
	运行时间	$3.3922×10^{0}$	$1.6488×10^{0}$	$\mathbf{1.2866×10^{0}}$
f_6	平均值	$8.7751×10^{-2}$	$2.5949×10^{-3}$	$\mathbf{2.2612×10^{-3}}$
	标准差值	$6.6163×10^{-2}$	$1.0863×10^{-3}$	$\mathbf{9.2975×10^{-4}}$
	运行时间	$2.9987×10^{0}$	$1.6368×10^{0}$	$\mathbf{1.2991×10^{0}}$
f_7	平均值	$3.3801×10^{-27}$	$2.4661×10^{-10}$	$\mathbf{1.0939×10^{-66}}$
	标准差值	$1.8503×10^{-26}$	$1.9269×10^{-10}$	$\mathbf{3.0001×10^{-66}}$
	运行时间	$3.0965×10^{0}$	$1.4037×10^{0}$	$\mathbf{8.3300×10^{-1}}$
f_8	平均值	$6.4314×10^{-33}$	$4.0192×10^{-50}$	$\mathbf{1.7309×10^{-158}}$
	标准差值	$3.3330×10^{-32}$	$2.1462×10^{-49}$	$\mathbf{7.3407×10^{-158}}$
	运行时间	$3.0358×10^{0}$	$1.1016×10^{0}$	$\mathbf{8.3080×10^{-1}}$
f_9	平均值	$4.6113×10^{-2}$	$\mathbf{0.0000×10^{0}}$	$\mathbf{0.0000×10^{0}}$
	标准差值	$7.2392×10^{-2}$	$\mathbf{0.0000×10^{0}}$	$\mathbf{0.0000×10^{0}}$
	运行时间	$2.8476×10^{0}$	$1.4460×10^{0}$	$\mathbf{8.3490×10^{-1}}$
f_{10}	平均值	$6.5831×10^{1}$	$1.6583×10^{0}$	$\mathbf{0.0000×10^{0}}$
	标准差值	$6.9085×10^{1}$	$9.0827×10^{0}$	$\mathbf{0.0000×10^{0}}$
	运行时间	$2.6733×10^{0}$	$1.0022×10^{0}$	$\mathbf{8.2930×10^{-1}}$
f_{11}	平均值	$1.9740×10^{1}$	$8.3079×10^{3}$	$\mathbf{2.9104×10^{-11}}$
	标准差值	$6.2852×10^{1}$	$2.5283×10^{3}$	$\mathbf{0.0000×10^{0}}$
	运行时间	$2.7776×10^{0}$	$1.1472×10^{0}$	$\mathbf{9.4110×10^{-1}}$
f_{12}	平均值	$2.5863×10^{0}$	$\mathbf{6.0988×10^{-15}}$	$\mathbf{6.0988×10^{-15}}$
	标准差值	$8.7560×10^{-1}$	$1.1363×10^{-15}$	$\mathbf{6.4863×10^{-16}}$
	运行时间	$2.7456×10^{0}$	$1.0471×10^{0}$	$\mathbf{8.1360×10^{-1}}$
f_{13}	平均值	$1.1764×10^{-1}$	$\mathbf{1.5705×10^{-32}}$	$\mathbf{1.5705×10^{-32}}$
	标准差值	$2.1436×10^{-1}$	$\mathbf{5.5674×10^{-48}}$	$\mathbf{5.5674×10^{-48}}$
	运行时间	$3.0975×10^{0}$	$1.4289×10^{0}$	$\mathbf{1.0020×10^{0}}$
f_{14}	平均值	$8.4902×10^{-1}$	$\mathbf{1.3498×10^{-32}}$	$\mathbf{1.3498×10^{-32}}$
	标准差值	$1.8027×10^{0}$	$\mathbf{5.5674×10^{-48}}$	$\mathbf{5.5674×10^{-48}}$
	运行时间	$3.0132×10^{0}$	$1.3969×10^{0}$	$\mathbf{9.8820×10^{-1}}$
f_{15}	平均值	$8.2480×10^{-3}$	$\mathbf{1.4998×10^{-32}}$	$\mathbf{1.4998×10^{-32}}$
	标准差值	$4.5176×10^{-2}$	$\mathbf{1.1135×10^{-47}}$	$\mathbf{1.1135×10^{-47}}$
	运行时间	$3.1224×10^{0}$	$1.2292×10^{0}$	$\mathbf{9.4570×10^{-1}}$

从表 5-4 中可以看出，在平均值和标准差值的对比上，DCBBO 算法获得的结果总是最优或者与一些算法并列最优，CSPSO 算法在 f_9、f_{13}、f_{14} 和 f_{15} 上获得

了与 DCBBO 算法相同的结果，EPSDE 算法的结果相对无法令人满意。在运行时间的对比上，DCBBO 算法的运行时间总是三种算法中最少的，其次是 CSPSO 算法，其运行时间较 DCBBO 算法差距不大，EPSDE 算法的运行时间总是最多的。从表 5-5 的结果对比中可以得出与表 5-4 相似的结论。

本组实验结果表明，与先进的其他类算法相比，大多数情况下 DCBBO 算法获得的结果都是最优的，其结果整体上是最可接受的。

5.3.4　DCBBO 算法的 Wilcoxon 符号秩检验

Wilcoxon 符号秩检验是一种非参数统计性检验方法[10]，通过数学的方法检验实验所得结果的可靠性。本节用该方法检验 DCBBO 算法与 EBO 算法、BBO-M 算法、LBBO 算法、EPSDE 算法和 CSPSO 算法的性能。Wilcoxon 符号秩检验所用的软件是 IBM SPSS Statistics 19，用于检验的数据取自表 5-2～表 5-5 展示的实验结果，当 DCBBO 算法的结果优于对比算法时，其秩为正，当 DCBBO 算法的结果劣于对比算法时，其秩为负。Wilcoxon 符号秩检验结果如表 5-6 所示，其中，R^+ 为正秩的总和，R^- 为负秩的总和，当 DCBBO 算法与对比算法性能相同时，对应的秩平分给 R^+ 和 R^-，p 值是通过 R^+ 和 R^- 计算求得，"$n/w/t/l$" 分别为在 n 个函数上 DCBBO 算法取得了 w 次性能更优，t 次性能相同，l 次性能更差。

表 5-6　DCBBO 算法的 Wilcoxon 符号秩检验结果

	在维度 $D=30$ 的基准函数上的结果			
	p 值	R^+	R^-	$n/w/t/l$
DCBBO 对比 EBO	0.001	120	0	15/15/0/0
DCBBO 对比 BBO-M	0.001	120	0	15/15/0/0
DCBBO 对比 LBBO	0.001	120	0	15/15/0/0
DCBBO 对比 EPSDE	0.001	120	0	15/15/0/0
DCBBO 对比 CSPSO	0.003	93	27	15/11/4/0
	在维度 $D=50$ 的基准函数上的结果			
	p 值	R^+	R^-	$n/w/t/l$
DCBBO 对比 EBO	0.001	120	0	15/15/0/0
DCBBO 对比 BBO-M	0.001	120	0	15/15/0/0
DCBBO 对比 LBBO	0.001	112.5	7.5	15/14/1/0
DCBBO 对比 EPSDE	0.001	120	0	15/15/0/0
DCBBO 对比 CSPSO	0.005	87.5	32.5	15/10/5/0

从表 5-6 中可以看出，与 EBO 算法、BBO-M 算法、LBBO 算法、EPSDE 算法和 CSPSO 算法相比，DCBBO 算法性能显著更优，置信水平 $\alpha = 0.01$。

5.3.5　DCBBO 算法的计算复杂度讨论

本章实验在比较算法的运行时间时，都保持了所有算法的最大函数评价次数 MNFE 近似相等，故 DCBBO 算法运行速度快的原因与最大函数评价次数关系不大，而是由于该算法在流程设计中从多个角度降低了计算复杂度。

以 BBO 算法为参照，对 DCBBO 算法的计算复杂度进行讨论。在两种算法总流程的对比中，DCBBO 算法将栖息地迁入率计算移至迭代循环外，又因为在差分迁移中采用榜样选择方案选择迁出栖息地，不需要栖息地的迁出率，整个算法优化过程只需要对所有栖息地的迁入率计算一次，其计算次数为 N，而 BBO 算法每次迭代需要对所有栖息地的迁入率和迁出率进行计算，其计算次数为 $2 \times N \times MaxDT$。BBO 算法采用的是精英保留机制，每次迭代需要对种群排序两次，以简单排序为例，其计算次数为 N^2，而 DCBBO 算法采用贪婪选择法，每次迭代只需对种群排序一次，其计算次数为 $N^2 / 2$。在迁移算子的对比中，虽然 DCBBO 算法的交叉迁移算子较 BBO 算法的原迁移算子多出一些判断步骤，但没有增加额外的循环步骤，BBO 算法采用轮赌选择法选择迁出栖息地，其计算次数大于 1 小于 N，平均计算次数为 $(1+N)/2$，而 DCBBO 算法采用的榜样选择方案选择迁出栖息地，其计算次数为 1。在变异算子的对比中，DCBBO 算法采用线性下降方法计算变异率，每次迭代只需要对变异率计算一次，而 BBO 算法每次迭代需要对每个栖息地都计算变异率，计算次数为 N，且变异率计算需要先计算栖息地物种数量概率，其计算量较大。

综上所述，DCBBO 算法在 BBO 算法的基础上，从多个角度降低了计算复杂度，减少了算法的运行时间，表 5-2～表 5-5 中算法的运行时间对比也应证了该结论。

5.3.6　实验总结

通过 DCBBO 算法与先进的同类及其他类算法对比和讨论，对计算复杂度进行分析，展现了 DCBBO 算法获得的结果在大多数情况下优于其他对比算法，证明了 DCBBO 算法优化能力显著、稳定性强、运行速度快，验证了 DCBBO 算法具有优秀的优化性能。

5.4　本 章 小 结

本章提出了一种差分变异和交叉迁移的 BBO 算法(DCBBO)，用以提升 BBO 算法的优化性能。首先，在 BBO 算法的变异算子中融入差分扰动操作，形成差分变异算子，克服了原变异算子存在的不足，强化了全局搜索能力；其次，在 BBO

算法的迁移算子中融入基于维度的垂直交叉操作形成交叉迁移算子，增强局部搜索能力的同时也注重了全局搜索能力；最后，将启发式交叉操作与垂直交叉操作有机融合，进一步增强局部搜索能力，平衡探索和开采。此外，还从多个角度降低了计算复杂度。在不同维度的单峰和多峰基准函数上进行了大量实验和统计性检验，证明了 DCBBO 算法较先进的同类和其他类算法具有较强的优化能力、较高的稳定性和较快的运行速度，验证了 DCBBO 算法较好的优化性能。

参 考 文 献

[1] Storn R, Price K. Differential evolution - a simple and efficient heuristic for global optimization over continuous spaces. Journal of Global Optimization, 1997, 114(4): 341-359.

[2] Holland J H. Adaptation in Natural and Artificial Systems. Ann Arbor: University of Michigan Press, 1975.

[3] Zhang X M, Kang Q, Tu Q, et al. Efficient and merged biogeography-based optimization algorithm for global optimization problems. Soft Computing, 2019, 23(12): 4483-4502.

[4] Zhang X M, Kang Q, Cheng J, et al. A novel hybrid algorithm based on biogeography-based optimization and grey wolf optimizer. Applied Soft Computing, 2018, 67: 197-214.

[5] Zheng Y J, Ling H F, Xue J Y. Ecogeography-based optimization: enhancing biogeography-based optimization with ecogeographic barriers and differentiations. Computers & Operations Research, 2014, 50(10): 115-127.

[6] Niu Q, Zhang L, Li K. A biogeography-based optimization algorithm with mutation strategies for model parameter estimation of solar and fuel cells. Energy Conversion & Management, 2014, 86: 1173-1185.

[7] Simon D, Omran M G H, Clerc M. Linearized biogeography-based optimization with re-initialization and local search. Information Sciences. 2014, 267: 140-157.

[8] Mallipeddi R, Suganthan P N, Pan Q K, et al. Differential evolution algorithm with ensemble of parameters and mutation strategies. Applied Soft Computing, 2011, 11(2): 1679-1696.

[9] Meng A, Li Z, Yin H, et al. Accelerating particle swarm optimization using crisscross search. Information Sciences, 2015, 329: 52-72.

[10] Derrac J, García S, Molina D, et al. A practical tutorial on the use of nonparametric statistical tests as a methodology for comparing evolutionary and swarm intelligence algorithms. Swarm & Evolutionary Computation, 2011, 1(1): 3-18.

第 6 章　混合交叉的 BBO 算法

6.1　引　　言

为了提升 BBO 算法的优化效率，本章提出了一种混合交叉的 BBO 算法
（Hybrid Crossover BBO algorithm, HCBBO）。首先直接去除变异算子；其次对迁
移算子进行改进，先是将垂直交叉操作与水平交叉操作融合，再与自适应启发式
交叉操作深度融合，形成了混合交叉操作，然后将混合交叉操作融入到迁移算子
中，替换原直接取代式迁移操作，形成混合交叉迁移算子；此外还在改进中使用
榜样选择方案取代轮赌选择法，使用贪婪选择法取代精英保留机制，采用改进
的迁移概率计算方式等。为了验证 HCBBO 算法的优化效率，在 20 个单峰、多
峰和平移基准函数上进行了大量实验，与其他先进的算法进行了对比。

6.2　HCBBO 算法

6.2.1　垂直交叉操作

根据 2.2.3 节分析的 BBO 算法变异算子存在的不足，本节直接去掉了该变异
算子，从而克服了这些不足，同时又去掉了栖息地变异率计算步骤，大幅度降低
了算法的计算复杂度，为了弥补变异算子的缺失，对迁移算子进行了相关改进。

垂直交叉操作是受遗传算法交叉算子的启发而提出的，已在 5.2.2 节进行了
描述，本节不再赘述。垂直交叉操作式为

$$cn = ceil(rand \times D) \tag{6-1}$$

$$H_i(SIV_j) \leftarrow \alpha_1 H_{SI}(SIV_j) + (1-\alpha_1)H_{SI}(SIV_{cn}) \tag{6-2}$$

其中，H_i 为迁入栖息地，H_{SI} 为迁出栖息地，D 为维度，$H_i(SIV_j)$ 为栖息地 H_i 的
第 j 维，垂直交叉缩放因子 $\alpha_1 = rand$，rand 为在区间[0, 1]之间均匀分布的随机实
数。

对于本章所有迁出栖息地 H_{SI} 的选择，均采用榜样选择方案替换轮赌选择法，
降低了计算复杂度[1]，其详细描述及原理解释请参见 4.2.1 节。

6.2.2　水平交叉操作

水平交叉操作同样是受遗传算法的交叉算子启发提出的[2]，其相关描述如下。

对于 $\forall X_i$ 和 $\forall X_k$，满足 $X_i \in H^N$，$X_k \in H^N$ 且 $X_i \neq X_k$，设它们对应候选解的特征向量分别为 $(x_i^1, x_i^2, \cdots, x_i^D)$ 和 $(x_k^1, x_k^2, \cdots, x_k^D)$，从中各随机取一个特征 x_i^j 和 x_k^l，满足 $j = l$，对两个特征执行交叉运算 $x_p^q = C(x_i^j, x_k^l)$，形成的新特征 x_p^q 称为基于维度的水平交叉特征，此过程即基于维度的水平交叉操作，其中，X_i 和 X_k 为个体，H^N 为种群，x_i^j 为个体 X_i 对应候选解的特征向量中第 j 个特征。

水平交叉操作式为

$$H_i(\mathrm{SIV}_j) \leftarrow H_i(\mathrm{SIV}_j) + \alpha_2\left(H_{\mathrm{SI}}(\mathrm{SIV}_j) - H_{\mathrm{m}}(\mathrm{SIV}_j)\right) \tag{6-3}$$

其中，H_{m} 为随机选择的栖息地，满足 rn, $i \in [1, N]$ 且 $rn \neq i$，N 为种群数量，水平交叉缩放因子 $\alpha_2 = \mathrm{rand}$。

由式 (6-3) 可知，H_i 的 SIV 受到 H_{SI} 对应的 SIV 和 H_{m} 对应的 SIV 两者的共同影响，对两者进行加权的交叉计算，并分享给迁入栖息地，使迁入栖息地向全局方向分散，从而增强算法的全局搜索能力。

水平交叉操作过程如图 6-1 所示。

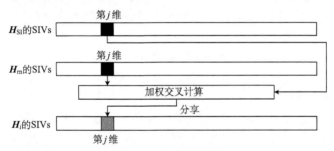

图 6-1　水平交叉操作

6.2.3　自适应启发式交叉操作

启发式交叉操作可以为算法提供优秀的局部搜索能力，已在 5.2.3 节进行了描述，本节不再赘述。启发式交叉操作式为

$$H_i(\mathrm{SIV}_j) \leftarrow H_{\mathrm{SI}}(\mathrm{SIV}_j) + \alpha_3(0.5 - \mathrm{rand})\left(H_{\mathrm{SI}}(\mathrm{SIV}_j) - H_i(\mathrm{SIV}_j)\right) \tag{6-4}$$

其中，α_3 为启发式交叉缩放因子。

与第 5.2.3 节的启发式交叉操作不同之处在于，本节的启发式交叉操作采用了自适应的启发式缩放因子，即

$$\alpha_3 = 2(1 - t / \mathrm{MaxDT}) \tag{6-5}$$

其中，t 为当前迭代次数，MaxDT 为最大迭代次数。

从式 (6-5) 可以看出，随着迭代次数 t 的增加，α_3 的值逐渐减小。在算法优化过程前期，对搜索范围要求较大，搜索精度要求较低，当采用启发式交叉操作时，

α_3 的值较大，扰动幅度较大；在算法优化过程后期，对搜索范围要求较小，对搜索精度要求较高，当采用启发式交叉操作时，α_3 的值较小，扰动幅度较小。此外，自适应缩放因子可以避免该参数调节步骤，提升可操作性。

6.2.4　混合交叉迁移算子

对 BBO 算法迁移算子的相关改进具体步骤如下：①将垂直交叉操作与水平交叉操作融合，前者可以增强算法的全局搜索能力并加快收敛速度，后者有利于进一步增强全局搜索能力；②将自适应启发式交叉操作与混合后的垂直交叉操作和水平交叉操作深度融合，形成了混合交叉操作，进一步提升局部搜索能力，平衡探索和开采；③将混合交叉操作融入到迁移算子中，替换原直接取代式迁移操作，形成混合交叉迁移算子，三种不同的交叉操作共同作用，弥补了变异算子的缺失，克服了原迁移算子存在的迁移方式简单，搜索方向单一，在解空间区域中可搜索到的位置有限的不足，平衡了探索和开采，整体上增强了算法的优化性能。

混合交叉迁移算子的伪代码如算法 6-1 所示，其中，λ_i 为栖息地 H_i 的迁入率。从中可以看出，三种不同的交叉操作是基于两个选择概率执行的，它们分别是 ph 和 pc，其计算式分别为

$$ph - 1 - \beta t / MaxDT \tag{6-6}$$

$$pc = rand \tag{6-7}$$

其中，β 为常数参数。

由式 (6-6) 可以看出，随着迭代次数 t 的增加，选择概率 ph 的值逐渐减小。在算法优化过程前期，ph 的值较大，种群更新倾向于使用自适应启发式交叉操作，即加入一些局部搜索，在算法优化过程后期，ph 的值较小，种群更新倾向于使用垂直交叉操作，即加入了强调全局搜索，又加快收敛速度的垂直交叉操作，这样设置对于平衡探索和开采作用巨大。

由式 (6-7) 可以看出，在垂直交叉操作或自适应启发式交叉操作与水平交叉操作的选择中遵循完全随机，这样设置有利于进一步提升算法的可操作性。

算法 6-1　混合交叉迁移算子

for $i = 1$ to N do

　for $j = 1$ to D do

　　if rand $< \lambda_i$ then

　　　用榜样选择方案选出迁出栖息地 H_{SI}

　　　if rand $>$ pc

　　　　if rand $>$ ph

　　　　　通过式(6-1)计算 cn

　　　　　　　　通过式(6-2)更新 $H_i(\mathrm{SIV}_j)$

　　　　　else

　　　　　　　通过式(6-5)计算 α_3

　　　　　　　通过式(6-4)更新 $H_i(\mathrm{SIV}_j)$

　　　　　end if

　　　　else

　　　　　通过式(6-3)更新 $H_i(\mathrm{SIV}_j)$

　　　　end if

　　　end if

　　end for

　end for

6.2.5　HCBBO 算法总流程

　　为了进一步降低计算复杂度, 又采用贪婪选择法替换 BBO 算法的精英保留机制[1], 在保证栖息地 HSI 总是有效的前提下, 将迁入率计算步骤移至算法的迭代循环外[3], 其详细描述请分别参见 4.2.4 节和 4.2.5 节。

　　综合上述所有改进, 形成了 HCBBO 算法, 其总流程伪代码如算法 6-2 所示。

算法 6-2　HCBBO 算法总流程

设置相关参数, 随机初始化种群

评价每个栖息地的 HSI, 根据栖息地 HSI 由优至劣对种群排序

计算每个栖息地的迁入率

for $t = 1$ to MaxDT do

　执行算法 6-1 的混合交叉算子

　对每个栖息地进行越界限制

　评价每个栖息地的 HSI, 执行贪婪选择法

　根据栖息地 HSI 由优至劣对种群排序

end for

输出最终结果

6.2.6　HCBBO 算法与 BBO 算法的异同点

　　HCBBO 算法与 BBO 算法的相同点在于它们都采用了迁移算子, 通过迁入率

作为执行相应操作的选择标准。两种算法最显著的不同点在于，BBO 算法的流程主要包含两个算子，即迁移算子和变异算子，而 HCBBO 算法去掉了变异算子，其流程主要包含一个算子，即由三种不同的交叉操作共同构建的混合交叉迁移算子。其他方面的不同点还包括 HCBBO 算法的栖息地迁入率计算步骤在迭代循环外，不需要计算迁出率，采用贪婪选择法使每次迭代只需要对种群排序一次，而 BBO 算法的迁入率和迁出率计算步骤均在迭代循环内，采用精英保留机制使每次迭代需要对种群排序两次。

6.3　实验与分析

6.3.1　实验准备

为了验证 HCBBO 算法的优化效率，在 20 个单峰、多峰和平移基准函数上进行了大量实验，对比了其他先进的算法。选用的基准函数如表 6-1 所示，更多的基准函数信息请参见本书附录。所有实验均在操作系统为 Windows 7、CPU 为主频 3.10GHz 和内存为 4GB 的 PC 上进行的，编程语言采用 MATLAB R2014a。

表 6-1　本章选用的基准函数

编号	名称	编号	名称
f_1	Sphere	f_{11}	Ackley
f_2	Tablet	f_{12}	Penalized 1
f_3	Schwefel 2.22	f_{13}	Penalized 2
f_4	Schwefel 2.21	f_{14}	Levy
f_5	SumPower	f_{15}	Shifted Sphere
f_6	Elliptic	f_{16}	Shifted Schwefel 2.21
f_7	SumSquare	f_{17}	Shifted Rosenbrock
f_8	Griewank	f_{18}	Shifted Rastrigin
f_9	Rastrigin	f_{19}	Shifted Griewank
f_{10}	Schwefel 2.26	f_{20}	Shifted Ackley

参数方面，设置 HCBBO 算法的种群数量 $N = 20$，最大迁入率 $I = 1$，最大迭代次数 MaxDT 根据基准函数维度的不同动态调整，由于算法每次迭代只对目标函数评价 1 次，故 HCBBO 算法的最大函数评价次数 MNFE $= N \times$ MaxDT $+ N$，在维度 $D = 30$ 基准函数上实验设置 MaxDT $= 2500$，其 MNFE 约为 50000，在维度 $D = 50$ 的基准函数上实验设置 MaxDT $= 4000$，其 MNFE 约为 80000，常数参数 $\beta = 0.2$，每种算法的独立运行次数为 30，用实验获得了平均值、标准差值及运

行时间（单位为"s"）进行对比。平均值展现了优化能力，标准差值展现了稳定性，运行时间展现了运行速度。在所有的实验结果表中，加粗的为最优者。

6.3.2　HCBBO 算法与同类算法的对比

本组实验用 HCBBO 算法与先进的同类算法进行对比，选取的对比算法包括 DDO-M 算法[4]、BlBBO 算法[6] 和 EBO 算法（文献[6]提出了两种 EBO 算法，分别是 EBO1 算法和 EBO2 算法，本组实验使用的是 EBO2 算法)[6]、CMMBBO 算法[7] 和 LxBBO 算法[8]。它们都是 BBO 算法的代表性改进算法，具有很强的竞争性和可比性。

为了公平起见，设置 BBO-M 算法、BlBBO 算法、EBO 算法和 LxBBO 算法的种群数量 N 和最大迭代次数 MaxDT 与 HCBBO 算法相同，又根据文献[7]所述要求，将 CMMBBO 算法的种群数量设置为 $N=100$，对其最大迭代次数进行了调整，使六种算法的 MNFE 近似相等，五种对比算法的其他参数设置同其相应参考文献。六种算法的结果对比如表 6-2～表 6-4 所示，其中，在平移函数 (f_{15}~f_{20}) 上得到的数据为算法所得数值减去该函数最优值。

表 6-2　HCBBO 算法与同类算法在维度 $D=30$ 的基准函数上的结果对比

函数	度量	BBO-M	BlBBO	EBO	CMMBBO	LxBBO	HCBBO
f_1	平均值	3.7919×10^{-7}	2.4857×10^{1}	1.0002×10^{-24}	7.4104×10^{-6}	4.0163×10^{-9}	$\mathbf{3.1089\times10^{-72}}$
	标准差值	2.1806×10^{-7}	8.3045×10^{0}	5.4281×10^{-24}	2.8712×10^{-6}	2.1987×10^{-8}	$\mathbf{6.4673\times10^{-72}}$
f_2	平均值	6.2016×10^{-7}	3.0568×10^{5}	2.3819×10^{-25}	1.0769×10^{-5}	3.6230×10^{-10}	$\mathbf{2.9694\times10^{-65}}$
	标准差值	3.5896×10^{-7}	5.2186×10^{5}	7.5250×10^{-25}	4.7806×10^{-6}	1.4723×10^{-9}	$\mathbf{7.8139\times10^{-65}}$
f_3	平均值	1.0651×10^{-3}	1.8697×10^{0}	6.8224×10^{-16}	4.4746×10^{-3}	1.4451×10^{-6}	$\mathbf{3.0618\times10^{-44}}$
	标准差值	3.9651×10^{-4}	3.1385×10^{-1}	2.8425×10^{-15}	8.3832×10^{-4}	4.7615×10^{-6}	$\mathbf{3.7711\times10^{-44}}$
f_4	平均值	2.3289×10^{-1}	1.3375×10^{1}	5.5504×10^{0}	1.6254×10^{0}	3.2672×10^{0}	$\mathbf{4.5022\times10^{-8}}$
	标准差值	1.1301×10^{-1}	2.1999×10^{0}	3.5833×10^{0}	3.3568×10^{-1}	1.2672×10^{0}	$\mathbf{1.5177\times10^{-7}}$
f_5	平均值	6.3479×10^{-28}	3.5954×10^{-5}	2.8804×10^{-37}	2.6465×10^{-25}	1.1174×10^{-49}	$\mathbf{2.3169\times10^{-80}}$
	标准差值	1.5161×10^{-27}	5.5851×10^{-5}	1.5125×10^{-36}	5.3645×10^{-25}	5.8124×10^{-49}	$\mathbf{1.2690\times10^{-79}}$
f_6	平均值	3.1428×10^{-4}	1.9495×10^{6}	1.4921×10^{-22}	2.8231×10^{-3}	3.2050×10^{-6}	$\mathbf{7.2898\times10^{-50}}$
	标准差值	1.5740×10^{-4}	1.8842×10^{6}	3.7799×10^{-22}	8.2435×10^{-4}	1.7552×10^{-5}	$\mathbf{2.1556\times10^{-49}}$
f_7	平均值	6.9345×10^{-7}	3.6973×10^{0}	3.5289×10^{-22}	5.9443×10^{-7}	2.2530×10^{-12}	$\mathbf{7.0642\times10^{-72}}$
	标准差值	3.7062×10^{-7}	1.2563×10^{0}	1.2253×10^{-21}	1.7654×10^{-7}	9.0277×10^{-12}	$\mathbf{1.3255\times10^{-71}}$
f_8	平均值	9.3534×10^{-5}	1.2237×10^{0}	2.8749×10^{-3}	5.6155×10^{-5}	4.1743×10^{-2}	$\mathbf{0.0000\times10^{0}}$
	标准差值	2.1669×10^{-4}	7.4733×10^{-2}	7.5206×10^{-3}	9.2888×10^{-5}	3.1563×10^{-2}	$\mathbf{0.0000\times10^{0}}$
f_9	平均值	8.5836×10^{0}	1.6010×10^{2}	1.5488×10^{1}	8.0780×10^{1}	6.3026×10^{0}	$\mathbf{0.0000\times10^{0}}$
	标准差值	2.2294×10^{0}	2.7947×10^{1}	1.9632×10^{1}	8.0134×10^{0}	2.6933×10^{0}	$\mathbf{0.0000\times10^{0}}$

函数	度量	BBO-M	BlBBO	EBO	CMMBBO	LxBBO	HCBBO
f_{10}	平均值	9.6418×10^{2}	5.8711×10^{1}	7.9618×10^{2}	4.0452×10^{2}	1.5395×10^{-5}	$\mathbf{7.2760\times10^{-12}}$
	标准差值	2.0055×10^{2}	1.8232×10^{1}	3.2059×10^{2}	2.6700×10^{2}	7.2424×10^{-5}	$\mathbf{0.0000\times10^{0}}$
f_{11}	平均值	3.3508×10^{-4}	2.4937×10^{0}	2.6488×10^{-1}	1.0758×10^{-3}	7.4650×10^{-6}	$\mathbf{3.8488\times10^{-15}}$
	标准差值	1.0948×10^{-4}	2.9720×10^{-1}	4.9889×10^{-1}	2.7248×10^{-4}	2.7145×10^{-5}	$\mathbf{1.7034\times10^{-15}}$
f_{12}	平均值	1.3156×10^{-8}	1.4920×10^{-1}	3.4556×10^{-3}	8.0222×10^{-6}	2.1632×10^{-13}	$\mathbf{1.5705\times10^{-32}}$
	标准差值	6.4905×10^{-9}	9.1283×10^{-2}	1.8927×10^{-2}	5.4385×10^{-6}	8.9947×10^{-13}	$\mathbf{5.5674\times10^{-48}}$
f_{13}	平均值	1.1045×10^{-7}	8.9784×10^{-1}	1.0987×10^{-3}	2.0936×10^{-5}	2.1975×10^{-3}	$\mathbf{1.3498\times10^{-32}}$
	标准差值	6.1676×10^{-8}	3.8608×10^{-1}	3.3526×10^{-3}	1.1197×10^{-5}	4.4701×10^{-3}	$\mathbf{5.5674\times10^{-48}}$
f_{14}	平均值	2.3490×10^{-7}	6.0347×10^{-1}	8.2480×10^{-3}	4.3409×10^{-6}	5.3679×10^{-12}	$\mathbf{1.4998\times10^{-32}}$
	标准差值	1.2567×10^{-7}	5.4790×10^{-1}	4.5176×10^{-2}	2.1001×10^{-6}	2.8926×10^{-11}	$\mathbf{1.1135\times10^{-47}}$
f_{15}	平均值	6.9928×10^{-7}	2.5555×10^{1}	$\mathbf{3.9790\times10^{-14}}$	6.2428×10^{-6}	1.0414×10^{-7}	6.2528×10^{-14}
	标准差值	2.8288×10^{-7}	1.2772×10^{1}	3.0410×10^{-14}	1.7871×10^{-6}	5.2946×10^{-7}	$\mathbf{1.7345\times10^{-14}}$
f_{16}	平均值	2.9262×10^{0}	1.4462×10^{1}	1.6820×10^{1}	1.2585×10^{0}	3.7485×10^{0}	$\mathbf{7.1217\times10^{-1}}$
	标准差值	3.1888×10^{0}	2.5549×10^{0}	1.0266×10^{1}	$\mathbf{2.7255\times10^{-1}}$	9.0908×10^{-1}	3.6133×10^{-1}
f_{17}	平均值	1.0929×10^{2}	2.8576×10^{4}	6.5850×10^{2}	$\mathbf{2.6933\times10^{1}}$	1.1122×10^{3}	7.5599×10^{1}
	标准差值	5.8859×10^{1}	2.3376×10^{4}	1.3039×10^{3}	$\mathbf{8.0968\times10^{-1}}$	2.3770×10^{3}	5.4779×10^{1}
f_{18}	平均值	6.4661×10^{0}	8.4323×10^{0}	1.3797×10^{1}	4.8614×10^{1}	$\mathbf{1.0026\times10^{0}}$	1.6158×10^{0}
	标准差值	1.8363×10^{0}	2.1343×10^{0}	6.8522×10^{0}	3.2406×10^{0}	$\mathbf{9.7140\times10^{-1}}$	1.1521×10^{0}
f_{19}	平均值	2.0174×10^{-4}	1.2141×10^{0}	5.4882×10^{-3}	4.8337×10^{-5}	3.9842×10^{-2}	$\mathbf{7.6038\times10^{-12}}$
	标准差值	4.4719×10^{-4}	9.6768×10^{-2}	1.1086×10^{-2}	3.9026×10^{-5}	2.9283×10^{-2}	$\mathbf{2.0850\times10^{-11}}$
f_{20}	平均值	4.7367×10^{-4}	2.3973×10^{0}	2.4843×10^{-1}	1.0100×10^{-3}	1.2172×10^{-5}	$\mathbf{7.9134\times10^{-9}}$
	标准差值	1.2861×10^{-4}	3.0651×10^{-1}	4.7392×10^{-1}	2.0073×10^{-4}	3.0427×10^{-5}	$\mathbf{8.2322\times10^{-9}}$

表 6-3　HCBBO 算法与同类算法在维度 $D = 50$ 的基准函数上的结果对比

函数	度量	BBO-M	BlBBO	EBO	CMMBBO	LxBBO	HCBBO
f_1	平均值	2.9707×10^{-5}	1.9662×10^{1}	6.8855×10^{-18}	4.7576×10^{-6}	1.8842×10^{-8}	$\mathbf{2.4212\times10^{-84}}$
	标准差值	1.3170×10^{-5}	6.4464×10^{0}	2.1518×10^{-17}	1.6124×10^{-6}	2.5032×10^{-8}	$\mathbf{7.7993\times10^{-84}}$
f_2	平均值	4.2789×10^{-5}	1.7156×10^{5}	6.9911×10^{-14}	6.4689×10^{-6}	9.3642×10^{1}	$\mathbf{2.0817\times10^{-76}}$
	标准差值	1.3316×10^{-5}	2.6878×10^{5}	3.6241×10^{-13}	2.0323×10^{-6}	4.5352×10^{2}	$\mathbf{5.5379\times10^{-76}}$
f_3	平均值	1.3317×10^{-2}	2.0819×10^{0}	4.5612×10^{-12}	1.3262×10^{-2}	6.3814×10^{-6}	$\mathbf{3.0633\times10^{-51}}$
	标准差值	2.8239×10^{-3}	3.2397×10^{-1}	1.5151×10^{-11}	2.3425×10^{-3}	3.4654×10^{-6}	$\mathbf{2.5591\times10^{-51}}$
f_4	平均值	1.9073×10^{0}	1.5058×10^{1}	1.2623×10^{1}	5.3579×10^{0}	5.2297×10^{0}	$\mathbf{2.4589\times10^{-6}}$
	标准差值	8.8235×10^{-1}	1.7585×10^{0}	4.8756×10^{0}	1.0808×10^{0}	1.2629×10^{0}	$\mathbf{7.3742\times10^{-6}}$
f_5	平均值	1.2056×10^{-28}	2.5517×10^{-5}	1.8399×10^{-36}	6.5381×10^{-25}	1.0088×10^{-21}	$\mathbf{8.2284\times10^{-79}}$
	标准差值	2.7483×10^{-28}	3.7169×10^{-5}	7.5141×10^{-36}	1.8293×10^{-24}	5.5251×10^{-21}	$\mathbf{4.5069\times10^{-78}}$

续表

函数	度量	BBO-M	BlBBO	EBO	CMMBBO	LxBBO	HCBBO
f_6	平均值	3.3098×10^{-2}	1.2101×10^{6}	5.2312×10^{-12}	1.8602×10^{-3}	3.4788×10^{2}	$\mathbf{1.4097 \times 10^{-49}}$
	标准差值	1.1679×10^{-2}	8.9091×10^{5}	2.8543×10^{-11}	4.2372×10^{-4}	1.3620×10^{3}	$\mathbf{3.9849 \times 10^{-49}}$
f_7	平均值	2.2634×10^{-4}	5.1187×10^{0}	2.5008×10^{-15}	5.7005×10^{-7}	7.1733×10^{-9}	$\mathbf{1.9475 \times 10^{-81}}$
	标准差值	9.5915×10^{-5}	2.0799×10^{0}	1.3416×10^{-14}	1.8006×10^{-7}	1.7596×10^{-8}	$\mathbf{8.0358 \times 10^{-81}}$
f_8	平均值	3.4203×10^{-4}	1.1769×10^{0}	5.4001×10^{-3}	6.5409×10^{-6}	2.8141×10^{-2}	$\mathbf{0.0000 \times 10^{0}}$
	标准差值	1.1467×10^{-3}	5.8061×10^{-2}	1.3078×10^{-2}	2.7498×10^{-6}	3.8040×10^{-2}	$\mathbf{0.0000 \times 10^{0}}$
f_9	平均值	1.7728×10^{1}	1.8256×10^{2}	5.1738×10^{1}	1.6760×10^{2}	6.0275×10^{2}	$\mathbf{0.0000 \times 10^{0}}$
	标准差值	3.0762×10^{0}	2.4997×10^{1}	2.8035×10^{1}	1.1404×10^{1}	2.6489×10^{0}	$\mathbf{0.0000 \times 10^{0}}$
f_{10}	平均值	2.4482×10^{3}	5.8763×10^{1}	2.4859×10^{3}	2.5505×10^{3}	5.7399×10^{-7}	$\mathbf{2.9104 \times 10^{-11}}$
	标准差值	3.5001×10^{2}	1.8421×10^{1}	5.9293×10^{2}	3.9565×10^{2}	1.2298×10^{-6}	$\mathbf{0.0000 \times 10^{0}}$
f_{11}	平均值	2.6293×10^{-3}	1.8293×10^{0}	4.8779×10^{-1}	8.0643×10^{-4}	2.5482×10^{-5}	$\mathbf{6.2172 \times 10^{-15}}$
	标准差值	4.6697×10^{-4}	2.8902×10^{-1}	6.8356×10^{-1}	1.3987×10^{-4}	2.2107×10^{-5}	$\mathbf{0.0000 \times 10^{0}}$
f_{12}	平均值	1.3823×10^{-2}	9.6847×10^{-2}	3.4556×10^{-3}	4.1630×10^{-5}	2.7941×10^{-10}	$\mathbf{1.5705 \times 10^{-32}}$
	标准差值	7.5708×10^{-2}	6.2675×10^{-2}	1.8927×10^{-2}	3.3171×10^{-5}	6.6446×10^{-10}	$\mathbf{5.5674 \times 10^{-48}}$
f_{13}	平均值	6.7289×10^{-6}	8.3348×10^{-1}	6.2739×10^{-1}	3.1706×10^{-5}	3.2616×10^{-9}	$\mathbf{1.3498 \times 10^{-32}}$
	标准差值	3.6242×10^{-6}	1.6618×10^{-1}	2.9170×10^{-1}	2.0029×10^{-5}	6.8296×10^{-9}	$\mathbf{5.5674 \times 10^{-48}}$
f_{14}	平均值	8.2641×10^{-3}	4.7078×10^{-1}	4.7078×10^{-1}	8.2480×10^{-3}	9.4519×10^{-6}	$\mathbf{1.4998 \times 10^{-32}}$
	标准差值	4.5175×10^{-2}	4.5248×10^{-1}	4.5248×10^{-1}	4.5176×10^{-2}	7.3544×10^{-6}	$\mathbf{1.1135 \times 10^{-47}}$
f_{15}	平均值	4.5960×10^{-5}	2.0539×10^{1}	2.6300×10^{-12}	5.4809×10^{-6}	4.3492×10^{-8}	2.0672×10^{-12}
	标准差值	1.7823×10^{-5}	6.4817×10^{0}	9.1888×10^{-12}	1.9175×10^{-6}	1.7219×10^{-7}	$\mathbf{7.4269 \times 10^{-12}}$
f_{16}	平均值	2.0077×10^{1}	1.6460×10^{1}	3.7581×10^{1}	5.0028×10^{0}	4.8683×10^{0}	$\mathbf{3.6181 \times 10^{0}}$
	标准差值	4.3446×10^{0}	2.2485×10^{0}	8.7588×10^{0}	$\mathbf{8.8188 \times 10^{-1}}$	1.0595×10^{0}	1.2097×10^{0}
f_{17}	平均值	7.2026×10^{1}	1.1630×10^{4}	1.8912×10^{2}	$\mathbf{4.8877 \times 10^{1}}$	7.0389×10^{2}	9.5000×10^{1}
	标准差值	3.7291×10^{1}	4.8172×10^{3}	2.0768×10^{2}	$\mathbf{1.4785 \times 10^{1}}$	1.2743×10^{3}	4.7184×10^{1}
f_{18}	平均值	1.6779×10^{1}	7.6271×10^{0}	3.8001×10^{1}	9.8763×10^{1}	$\mathbf{2.0562 \times 10^{-1}}$	8.8108×10^{0}
	标准差值	3.3919×10^{0}	1.7850×10^{0}	1.0831×10^{1}	6.9526×10^{0}	$\mathbf{4.0303 \times 10^{-1}}$	2.6804×10^{0}
f_{19}	平均值	5.7745×10^{-4}	1.1536×10^{0}	2.2644×10^{-2}	6.3361×10^{-6}	3.9562×10^{-2}	$\mathbf{1.9757 \times 10^{-6}}$
	标准差值	1.3201×10^{-3}	3.5255×10^{-2}	3.8397×10^{-2}	$\mathbf{2.4413 \times 10^{-6}}$	4.0411×10^{-2}	1.0244×10^{-5}
f_{20}	平均值	3.3371×10^{-3}	1.9080×10^{0}	6.3603×10^{-1}	8.4913×10^{-4}	3.5427×10^{-5}	$\mathbf{3.3948 \times 10^{-7}}$
	标准差值	6.8824×10^{-4}	2.2998×10^{-1}	6.9687×10^{-1}	1.5492×10^{-4}	2.7112×10^{-5}	$\mathbf{2.3678 \times 10^{-7}}$

表 6-2 展现了六种算法在维度 $D = 30$ 的基准函数上的结果对比。在平均值的对比上，HCBBO 算法在 f_{15} 上获得的结果不如 EBO 算法，在 f_{17} 上获得的结果不如 CMMBBO 算法，在 f_{18} 上获得的结果不如 LxBBO 算法，但其在这三个基准函数上获得的结果都是次优的，在其他基准函数上，HCBBO 算法获得的平均值总

是最优的。在标准差值的对比上，HCBBO 算法在 f_{16} 和 f_{17} 上获得的结果不如 CMMBBO 算法，在 f_{18} 上获得的结果不如 LxBBO 算法，均是次优的，在其他基准函数上，HCBBO 算法获得的标准差值总是最优的。表 6-3 展现了六种算法在维度 $D=50$ 的基准函数上的结果对比，从中能够得到与表 6-2 相似的结论。

表 6-4　HCBBO 算法与同类算法在维度 $D=30$ 的基准函数上的运行时间对比

函数	BBO-M	BlBBO	EBO	CMMBBO	LxBBO	HCBBO
f_1	9.3300×10^{-1}	1.0514×10^0	2.5109×10^0	1.2619×10^0	1.1398×10^0	$\mathbf{3.2140 \times 10^{-1}}$
f_2	9.3240×10^{-1}	1.0736×10^0	2.5128×10^0	1.2931×10^0	1.1081×10^0	$\mathbf{3.2320 \times 10^{-1}}$
f_3	9.4060×10^{-1}	1.0409×10^0	2.5352×10^0	1.2597×10^0	1.1029×10^0	$\mathbf{3.3650 \times 10^{-1}}$
f_4	9.3270×10^{-1}	1.0332×10^0	2.2777×10^0	1.2895×10^0	1.1437×10^0	$\mathbf{3.1170 \times 10^{-1}}$
f_5	1.1600×10^0	1.2479×10^0	3.1560×10^0	1.4049×10^0	1.3219×10^0	$\mathbf{5.2450 \times 10^{-1}}$
f_6	9.6840×10^{-1}	1.0726×10^0	2.9931×10^0	1.2841×10^0	1.1412×10^0	$\mathbf{3.5330 \times 10^{-1}}$
f_7	9.5830×10^{-1}	1.0956×10^0	2.8348×10^0	1.2660×10^0	1.1292×10^0	$\mathbf{3.5090 \times 10^{-1}}$
f_8	1.0022×10^0	1.1214×10^0	3.3071×10^0	1.3202×10^0	1.1716×10^0	$\mathbf{3.7460 \times 10^{-1}}$
f_9	9.9290×10^{-1}	1.1318×10^0	1.7876×10^0	1.3175×10^0	1.1398×10^0	$\mathbf{3.5240 \times 10^{-1}}$
f_{10}	1.0571×10^0	1.1058×10^0	2.5025×10^0	1.3460×10^0	1.1840×10^0	$\mathbf{3.9780 \times 10^{-1}}$
f_{11}	9.7470×10^{-1}	1.1312×10^0	2.7033×10^0	1.3240×10^0	1.1607×10^0	$\mathbf{3.4860 \times 10^{-1}}$
f_{12}	1.0577×10^0	1.1598×10^0	3.0616×10^0	1.3884×10^0	1.2356×10^0	$\mathbf{4.2780 \times 10^{-1}}$
f_{13}	1.0662×10^0	1.2119×10^0	3.0544×10^0	1.4367×10^0	1.2336×10^0	$\mathbf{4.3570 \times 10^{-1}}$
f_{14}	1.0103×10^0	1.1339×10^0	2.8149×10^0	1.3411×10^0	1.1918×10^0	$\mathbf{3.9790 \times 10^{-1}}$
f_{15}	1.0054×10^0	1.0917×10^0	3.3243×10^0	1.2887×10^0	1.1643×10^0	$\mathbf{3.6120 \times 10^{-1}}$
f_{16}	9.9630×10^{-1}	1.0905×10^0	3.1904×10^0	1.2972×10^0	1.1660×10^0	$\mathbf{3.6060 \times 10^{-1}}$
f_{17}	1.0283×10^0	1.1172×10^0	3.1753×10^0	1.3199×10^0	1.1846×10^0	$\mathbf{3.9200 \times 10^{-1}}$
f_{18}	1.0978×10^0	1.1227×10^0	2.8995×10^0	1.2650×10^0	1.1998×10^0	$\mathbf{4.2990 \times 10^{-1}}$
f_{19}	1.0678×10^0	1.1937×10^0	3.8573×10^0	1.3545×10^0	1.2333×10^0	$\mathbf{4.3510 \times 10^{-1}}$
f_{20}	1.0030×10^0	1.1502×10^0	3.4829×10^0	1.3558×10^0	1.1755×10^0	$\mathbf{3.9870 \times 10^{-1}}$
平均运行时间	1.0093×10^0	1.1189×10^0	2.8991×10^0	1.3207×10^0	1.1764×10^0	$\mathbf{3.8170 \times 10^{-1}}$

表 6-4 展现了六种算法在维度 $D=30$ 的基准函数上的运行时间对比，可以看出，HCBBO 算法在所有基准函数上的运行时间总是最少的，故其平均运行时间明显少于其他算法，平均运行时间最多的是 EBO 算法，达到了 HCBBO 算法的七倍以上。六种算法在维度 $D=50$ 时的运行时间对比与上述情况类似，故本节不再具体展示。

本组实验结果表明，与先进的同类算法相比，总的来说，HCBBO 算法的结果是所有对比算法中最可接受的。

6.3.3　HCBBO 算法与其他类算法的对比

本组实验用 HCBBO 算法与先进的其他类算法进行对比，选取的对比算法包括 SL-PSO 算法[9]、DELLU 算法[10]和 ILABC 算法[11]，它们都具有较强的竞争力。

HCBBO 算法的结果取自上一组实验，为了使对比客观，三种对比算法的结果分别取自其相应参考文献，选取它们共同的基准函数上获得的结果进行对比。为了使结果对比可靠，控制 HCBBO 算法的最大函数评价次数 MNFE 总是小于或近似等于其他三种对比算法。四种算法的结果对比如表 6-5 所示，其中，NA 为原文献未提供该数据。

表 6-5　HCBBO 算法与其他类算法在维度 $D=30$ 的基准函数上的结果对比

算法	MNFE	平均值	标准差值	MNFE	平均值	标准差值
		f_1			f_2	
SL-PSO	200000	**4.2400×10^{-90}**	**5.2600×10^{-90}**	NA	NA	NA
DELLU	60000	1.6500×10^{-37}	2.2500×10^{-37}	60000	5.3800×10^{-21}	8.1200×10^{-21}
ILABC	50000	1.6200×10^{-22}	3.4500×10^{-23}	NA	NA	NA
HCBBO	50000	3.1100×10^{-72}	6.4700×10^{-72}	50000	**2.9700×10^{-65}**	**7.8100×10^{-65}**
		f_3			f_8	
SL-PSO	200000	**1.5000×10^{-46}**	**5.3400×10^{-47}**	200000	**0.0000×10^{0}**	**0.0000×10^{0}**
DELLU	60000	2.9100×10^{-11}	4.0700×10^{-11}	60000	**0.0000×10^{0}**	**0.0000×10^{0}**
ILABC	100000	6.0200×10^{-23}	5.7600×10^{-23}	100000	**0.0000×10^{0}**	**0.0000×10^{0}**
HCBBO	50000	3.0600×10^{-44}	3.7700×10^{-44}	50000	**0.0000×10^{0}**	**0.0000×10^{0}**
		f_9			f_{11}	
SL-PSO	200000	1.5500×10^{1}	3.1900×10^{0}	NA	NA	NA
DELLU	60000	6.3700×10^{-7}	5.3900×10^{-7}	60000	7.5500×10^{-15}	**1.4700×10^{-15}**
ILABC	100000	**0.0000×10^{0}**	**0.0000×10^{0}**	NA	NA	NA
HCBBO	50000	**0.0000×10^{0}**	**0.0000×10^{0}**	50000	3.8500×10^{-15}	1.7000×10^{-15}
		f_{12}			f_{13}	
SL-PSO	200000	**1.5700×10^{-32}**	0.0000×10^{0}	200000	**1.3500×10^{-32}**	0.0000×10^{0}
DELLU	NA	NA	NA	NA	NA	NA
ILABC	50000	2.3400×10^{-23}	4.2900×10^{-23}	50000	7.2800×10^{-22}	2.6300×10^{-22}
HCBBO	50000	**1.5700×10^{-32}**	5.5700×10^{-48}	50000	**1.3500×10^{-32}**	5.5700×10^{-48}

从表 6-5 中可以看出，在平均值的对比上，HCBBO 算法在 f_1 和 f_3 上获得的结果不如 SL-PSO 算法，是次优的，但是 HCBBO 算法的 MNFE 远少于 SL-PSO 算法。在其他基准函数上，HCBBO 算法获得的平均值总是单独最优或者与其他

算法并列最优的。在标准差值的对比上，虽然 HCBBO 算法在 f_1、f_3、f_{12} 和 f_{13} 上获得的结果不如 SL-PSO 算法，在 f_{11} 上获得的结果不如 DELLU 算法，但 HCBBO 算法的 MNFE 更少，且其获得的结果也达到了较高的精度。在其他基准函数上，HCBBO 算法总是在 MNFE 更少的情况下单独获得或与其他算法共同获得最优的标准差值。

本组实验的结果对比表明，与先进的其他类算法相比，总的来说，HCBBO 算法获得的结果是最可取的。

6.3.4　HCBBO 算法的 Wilcoxon 符号秩检验

Wilcoxon 符号秩检验是一种通过数学方法检验实验所得结果可靠性的非参数统计性检验方法[12]，其相关介绍及检验规则描述请参见 5.3.4 节。

本节用该方法检验 HCBBO 算法与 BBO-M 算法、BlBBO 算法、EBO 算法、CMMBBO 算法和 LxBBO 算法的性能。Wilcoxon 符号秩检验所用的软件是 IBM SPSS Statistics 19，用于检验的数据取自表 6-2 和表 6-3 展示的实验结果。Wilcoxon 符号秩检验结果如表 6-6 所示。

表 6-6　IICBBO 算法的 Wilcoxon 符号秩检验结果

	在维度 $D=30$ 的基准函数上的结果			
	p 值	R^+	R^-	$n/w/t/l$
HCBBO 对比 BBO-M	0.001	210	0	20/20/0/0
HCBBO 对比 BlBBO	0.001	210	0	20/20/0/0
HCBBO 对比 EBO	0.001	203	7	20/19/0/1
HCBBO 对比 CMMBBO	0.001	192	18	20/19/0/1
HCBBO 对比 LxBBO	0.001	194	16	20/19/0/1
	在维度 $D=50$ 的基准函数上的结果			
	p 值	R^+	R^-	$n/w/t/l$
HCBBO 对比 BBO-M	0.001	191	19	20/19/0/1
HCBBO 对比 BlBBO	0.001	203	7	20/19/0/1
HCBBO 对比 EBO	0.001	210	0	20/20/0/0
HCBBO 对比 CMMBBO	0.001	193	17	20/19/0/1
HCBBO 对比 LxBBO	0.001	194	16	20/19/0/1

从表 6-6 中可以看出，与 BBO-M 算法、BlBBO 算法、EBO 算法、CMMBBO 算法和 LxBBO 算法相比，HCBBO 算法的性能显著更优，置信水平 $\alpha=0.01$。

6.3.5　HCBBO 算法的计算复杂度讨论

本节对 HCBBO 算法的计算复杂度进行讨论。由于所有实验调整 HCBBO 算法的最大函数评价次数 MNFE 与其他对比算法近似相等，故影响 HCBBO 算法计算复杂度的主要因素在于算法自身流程的复杂程度。

HCBBO 算法运行时间少是由于其以 BBO 算法为参照，从四个方面大幅度降低了计算复杂度：①BBO 算法的变异算子每次迭代需要通过二层的嵌套循环判断是否执行变异操作，判断次数为 $N \times D$，其变异率计算需要借助物种数量概率，而物种数量概率的计算过程较为复杂，HCBBO 算法直接去掉了原变异算子，即去掉了相关计算步骤，虽然采用三种交叉操作比原迁移操作增加了一些计算和判断步骤，但没有额外增加循环步骤，在计算复杂度方面，降低的程度远超过增加的程度，起到大幅度降低计算复杂度的作用；②在 BBO 算法的迁移算子中，采用轮赌选择法选择迁出栖息地，其每次选择的计算次数大于 1 并小于 N，平均计算次数为 $(1 + N) / 2$，而在 HCBBO 算法的混合交叉迁移算子中，对于迁出栖息地的选择采用榜样选择方案替换轮赌选择法，只需简单的计算步骤就能选出迁出栖息地，又降低了计算复杂度；③BBO 算法的精英保留机制每次迭代需要对种群排序两次，在 HCBBO 算法中，用贪婪选择法取代精英保留机制，可以减少一次排序过程，进一步降低了计算复杂度；④BBO 算法每次迭代都需要对 N 个栖息地计算迁入率，整个算法流程需要计算 $N \times \text{MaxDT}$ 次，在 HCBBO 算法中，保证栖息地 HSI 总是有效的前提下，将迁入率计算步骤移至算法的迭代循环外，使整个算法流程只需对栖息地迁入率计算 N 次，再次降低了计算复杂度。以上四个方面的改进大量减少了计算步骤，从而大幅度降低了算法的计算复杂度，提高了其运行速度，这从所有实验的运行时间对比中也得到体现。

6.3.6　实验总结

通过在 20 个单峰、多峰和平移基准函数上的实验，用 HCBBO 算法与先进的同类及其他类算法进行对比，对实验结果进行讨论和分析，表明了 HCBBO 算法整体上获得的结果是所有对比算法中最可接受的，证明了 HCBBO 算法寻优能力显著、稳定性强，具有较快的运行速度，验证了 HCBBO 算法较高的优化效率。

6.4　本 章 小 结

本章提出了一种混合交叉的 BBO 算法(HCBBO)，用以提升 BBO 算法的优化效率。首先，去掉了 BBO 算法的变异算子，克服原变异算子存在的不足；其次，将垂直交叉操作与水平交叉操作融合，再与自适应启发式交叉操作深度融合，形成了混合交叉操作，将混合交叉操作融入到迁移算子中，替换原直接取代式迁移操作，形成混合交叉迁移算子，弥补了变异算子的缺失，克服了原迁移算子存在的不足，平衡了探索和开采，整体上增强了算法的优化性能。此外，还从多个角度降低了算法的计算复杂度。为了验证 HCBBO 算法的优化效率，在 20 个单峰、多峰和平移基准函数上进行了大量实验，并对实验结果进行了统计性检验，证明了 HCBBO 算法较先进的同类及其他类算法具有更为显著的寻优能力、更强的稳定性、更快的运行速度和收敛速度，验证了 HCBBO 算法较高的优化效率。

参 考 文 献

[1] Zhang X M, Kang Q, Tu Q, et al. Efficient and merged biogeography-based optimization algorithm for global optimization problems. Soft Computing, 2019, 23(12): 4483-4502.

[2] Meng A, Li Z, Yin H, et al. Accelerating particle swarm optimization using crisscross search. Information Sciences, 2015, 329: 52-72.

[3] Zhang X M, Kang Q, Cheng J, et al. A novel hybrid algorithm based on biogeography-based optimization and grey wolf optimizer. Applied Soft Computing, 2018, 67: 197-214.

[4] Niu Q, Zhang L, Li K. A biogeography-based optimization algorithm with mutation strategies for model parameter estimation of solar and fuel cells. Energy Conversion & Management, 2014, 86: 1173-1185.

[5] Ma H P, Simon D. Blended biogeography-based optimization for constrained optimization. Engineering Applications of Artificial Intelligence, 2011, 24(3): 517-525.

[6] Zheng Y J, Ling H F, Xue J Y. Ecogeography-based optimization: enhancing biogeography-based optimization with ecogeographic barriers and differentiations. Computers & Operations Research, 2014, 50(10): 115-127.

[7] Chen X, Tianfield H, Du W, et al. Biogeography-based optimization with covariance matrix based migration. Applied Soft Computing, 2016, 45: 71-85.

[8] Garg V, Deep K. Performance of Laplacian biogeography-based optimization algorithm on CEC 2014 continuous optimization benchmarks and camera calibration problem. Swarm & Evolutionary Computation, 2016, 27: 132-144.

[9] Cheng R, Jin Y. A social learning particle swarm optimization algorithm for scalable optimization. Information Sciences, 2015, 291(6): 43-60.

[10] Gao W, Huang L, Liu S, et al. Artificial bee colony algorithm based on information learning. Cell Metabolism, 2015, 45(12): 2827-2839.

[11] 周晓根, 张贵军, 郝小虎, 等. 一种基于局部 Lipschitz 下界估计支撑面的差分进化算法. 计算机学报, 2016, 39(12): 2631-2651.

[12] Derrac J, García S, Molina D, et al. A practical tutorial on the use of nonparametric statistical tests as a methodology for comparing evolutionary and swarm intelligence algorithms. Swarm & Evolutionary Computation, 2011, 1(1): 3-18.

第 7 章　高效融合的 **BBO** 算法

7.1　引　　言

为了提升 BBO 算法的优化效率，本章提出了一种高效融合的 BBO 算法（Efficient and Merged BBO algorithm, EMBBO）。首先去掉了变异算子；其次对迁移算子进行改进，将启发式交叉迁移方式、直接取代式迁移方式和趋优引导迁移方式融合，形成共享操作，将共享操作融入迁移算子中，替换原直接取代式迁移操作，又将两种差分扰动操作融入到迁移算子中，与共享操作共同形成共享差分迁移算子；接着将一种新颖的单维全维交叉更新策略与共享差分迁移算子融合；最后将反向学习机制融入到算法中；此外还使用榜样选择方案取代轮赌选择法，使用贪婪选择法取代精英保留机制，采用改进的迁移概率计算方式等。为了验证 EMBBO 算法的优化效率，在 21 个单峰、多峰和平移基准函数及 CEC2017 测试集上进行了大量实验，与其他先进的算法进行了对比。

7.2　EMBBO 算法

7.2.1　共享操作

2.2.3 节分析了 BBO 算法变异算子存在的不足，为了克服这些不足，直接去掉了该变异算子，同时去掉了栖息地变异率计算步骤，使算法的计算复杂度大幅度降低，又对 BBO 算法的迁移算子进行了相关改进以弥补缺失的变异算子。

本节提出了一种共享操作，它由启发式交叉迁移方式、直接取代式迁移方式和趋优引导迁移方式融合而成，其具体描述如下。

启发式交叉迁移方式能够提供优秀的局部搜索能力，即

$$H_i\left(\text{SIV}_j\right) \leftarrow H_{\text{SI}}\left(\text{SIV}_j\right) + \left(0.5 - \text{rand}\right)\left(H_{\text{SI}}\left(\text{SIV}_j\right) - H_i\left(\text{SIV}_j\right)\right) \tag{7-1}$$

其中，$H_i\left(\text{SIV}_j\right)$ 为栖息地 H_i 的第 j 个 SIV，H_i 为迁入的栖息地，H_{SI} 为迁出栖息地，rand 为区间[0, 1]均匀分布的随机实数。

该迁移方式即启发式交叉操作，已在 5.2.3 节进行了描述，本节不再赘述。虽然 5.2.3 节和 6.2.3 节都使用了启发式交叉操作，但与本节的有所不同，本节使用的启发式交叉迁移方式去掉了启发式交叉因子 α，其目的同样是避免该参数的调节步骤，增加可操作性。

直接取代式迁移方式也可以为算法提供局部搜索能力，即

$$H_i(\mathrm{SIV}_j) \leftarrow H_{\mathrm{SI}}(\mathrm{SIV}_j) \tag{7-2}$$

该迁移方式与原迁移操作相似，已在 2.2.2 节进行了描述，本节不再赘述。

趋优引导迁移方式同样可以提供较好的局部搜索能力，即

$$\mathrm{cn} = \mathrm{ceil}(\mathrm{rand} \times D) \tag{7-3}$$

$$H_i(\mathrm{SIV}_j) \leftarrow H_{\mathrm{best}}(\mathrm{SIV}_{\mathrm{cn}}) \tag{7-4}$$

其中，D 为问题维度，ceil() 为向上取整函数，$\boldsymbol{H}_{\mathrm{best}}$ 为当前种群中 HSI 最优的栖息地。

该迁移方式实质上是趋优引导操作，已在 4.2.3 节进行了描述，本节不再赘述。

在共享操作中，启发式交叉迁移方式和直接取代式迁移方式都需要选择迁出栖息地 $\boldsymbol{H}_{\mathrm{SI}}$，本节依然采用榜样选择方案替换轮赌选择法[1]，其详细描述及原理解释请参见 4.2.1 节。

共享操作的流程如图 7-1 所示，其中，ps 为共享概率，其计算式为

$$\mathrm{ps} = t / \mathrm{MaxDT} \tag{7-5}$$

其中，t 为当前迭代次数，MaxDT 为最大迭代次数。

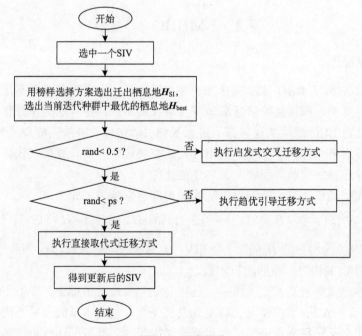

图 7-1　共享操作

在共享操作中,直接取代式迁移方式和趋优引导迁移方式都主要用于局部搜索,相对来说,后者执行更新的 SIV 是随机选取的,具有更高的种群多样性。由式 (7-5) 可知,随着迭代次数 t 的增加,共享概率 ps 的值也随之增加,在算法优化过程前期,ps 的值较小,执行趋优引导迁移方式的概率更大,在算法优化过程后期,ps 的值较大,执行直接取代式迁移方式的概率更大。这样的设置符合算法前期对种群多样性的需求以及后期避免过量的种群多样性破坏优质候选解。

将共享操作融入到迁移算子中,替换原直接取代式迁移操作,可以克服迁移算子存在的不足,大幅度增强算法的局部搜索能力。

7.2.2　差分扰动操作

受差分进化算法启发[2],本节将两种差分扰动操作融入到迁移算子中,差分进化算法的相关描述请参见 1.3.3 节。

本节使用的两种差分扰动操作分别为

$$
\begin{aligned}
H_i\left(\mathrm{SIV}_j\right) \leftarrow\, & H_i\left(\mathrm{SIV}_j\right) \\
& + \alpha\left(H_{\mathrm{m1}}\left(\mathrm{SIV}_j\right) - H_{\mathrm{m2}}\left(\mathrm{SIV}_j\right) + H_{\mathrm{m3}}\left(\mathrm{SIV}_j\right) - H_{\mathrm{m4}}\left(\mathrm{SIV}_j\right)\right)
\end{aligned}
\tag{7-6}
$$

$$
\begin{aligned}
H_i\left(\mathrm{SIV}_j\right) \leftarrow\, & H_i\left(\mathrm{SIV}_j\right) \\
& + \alpha\left(H_{\mathrm{best}}\left(\mathrm{SIV}_j\right) - H_i\left(\mathrm{SIV}_j\right) + H_{\mathrm{m1}}\left(\mathrm{SIV}_j\right) - H_{\mathrm{m2}}\left(\mathrm{SIV}_j\right)\right)
\end{aligned}
\tag{7-7}
$$

其中,H_{m1}、H_{m2}、H_{m3} 和 H_{m4} 为随机选择的四个栖息地,满足 rn1、rn2、rn3、rn4 $\in [1, N]$ 且 rn1 $\neq$ rn2 $\neq$ rn3 $\neq$ rn4 $\neq i$,α 为差分缩放因子。

差分扰动操作已在 4.2.2 节进行了描述,本节不再赘述。本节的差分缩放因子设置为 $\alpha =$ rand,这样设置是因为本节的差分扰动操作主要用于全局搜索,对扰动搜索精度要求较低,对扰动范围要求较高,且同样可以避免该参数调节步骤,增加可操作性。差分扰动操作的伪代码如算法 7-1 所示。

算法 7-1　差分扰动操作

选中一个 SIV
if rand < 0.5
　　通过式(7-6)更新选中的 SIV
else
　　通过式(7-7)更新选中的 SIV
end if

7.2.3　共享差分迁移算子

上述改进形成了共享差分迁移算子,其流程如图 7-2 所示,其中,λ_i 为栖息

地 H_i 的迁入率。

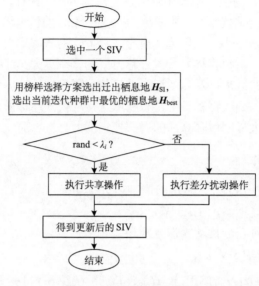

图 7-2　共享差分迁移算子

共享差分迁移算子用共享操作取代原迁移操作，是对局部搜索能力的进一步提升，又融入两种差分扰动操作，弥补了变异算子的缺失，也是对全局搜索能力的进一步提升。与原迁移算子相比，共享差分迁移算子虽然具有更多的计算和判断步骤，但没有额外的循环步骤，对计算复杂度的增加量很小，又由于去掉了整个变异算子，整体上计算复杂度是降低的。

7.2.4　单维与全维交叉更新策略

大多数群智能优化算法的群更新采用的都是全维更新方式，然而，人工蜂群算法采用的是单维更新方式[3]，关于该算法的描述请参见 1.3.6 节。

单维更新指的是，对于 $\forall X_i (X_i \in H^N)$，选择 X_i 中一个维度，即选择 X_i 对应候选解的一个特征，然后执行相应的操作 $x_i^{j\prime} = U(x_i^j)$，其中，X_i 为个体，H^N 为种群。

全维更新指的是，对于 $\forall X_i (X_i \in H^N)$，选择 X_i 的全部维度，即 X_i 对应候选解的所有特征，执行相应的操作 $X_i\prime = U(X_i)$。

单维更新方式使算法的多样性更高，其计算复杂度低于全维更新方式，有助于个体粗略地搜索整个解空间区域，但其收敛速度比全维更新方式更慢[4]。因此，单维更新方式更适合全局搜索，全维更新方式更适合局部搜索。单维更新与全维更新的对比如图 7-3 所示。目前，单维更新方式被广泛用于人工蜂群算法的改进研究[4,5]，却很少有研究将其用于其他算法。

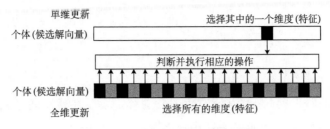

图 7-3　单维更新与全维更新对比

对于算法的全局和局部搜索能力，过度强调其一的提升反而会降低另一项的作用，现代智能优化算法研究除了增强全局和局部搜索能力外，还要考虑两者的平衡，整体上增强算法性能，因此，本节提出了一种单维全维交叉更新策略，其指的是，对于 $\forall \boldsymbol{X}_i (\boldsymbol{X}_i \in \boldsymbol{H}^N)$，在一些情况下采用单维更新 $x_i^{j\prime} = U(x_i^j)$，其他情况下采用全维更新 $\boldsymbol{X}_i' = U(\boldsymbol{X}_i)$。

将单维全维交叉策略与共享差分迁移算子融合，也就是说，当执行共享差分迁移算子中相应的操作时，一些情况下采用单维更新方式，其他情况下采用全维更新方式。单维全维交叉更新的共享差分迁移算子如图 7-4 所示，其中，pd 是引入的一个选择概率，其计算式为

$$\text{pd} = \text{pd}_{\max} - (\text{pd}_{\max} - \text{pd}_{\min}) \times t \,/\, \text{MaxDT} \tag{7-8}$$

其中，$\text{pd}_{\max}$ 和 $\text{pd}_{\min}$ 分别是 pd 取值的上界和下界。

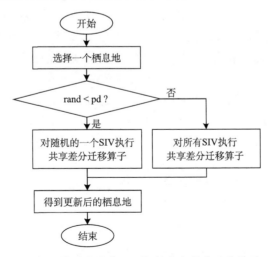

图 7-4　单维全维交叉更新的共享差分迁移算子

由式 (7-8) 可知，随着迭代次数 t 的增加，pd 的值逐渐减小，执行共享差分迁移算子时，算法优化过程前期倾向于采用单维更新方式，后期倾向于采用全维更新方式，这是因为算法优化过程前期更依赖全局搜索，而后期更依赖局部搜索。

此策略能够有效地平衡探索和开采，同时，单维更新方式的使用也降低了计算复杂度。

7.2.5　反向学习机制

反向学习机制通过求解某候选解的反向解，实现在解空间区域内大幅度跳跃，帮助陷入局部最优的候选解跳出该区域，并在后续迭代时对其他候选解产生有利影响[6]。目前，反向学习机制已在很多算法改进中得到应用[7, 8]。

反向学习机制的原理可以描述为：设 x 为区间 $[a, b]$ 中的一个随机点，其对立点 x_0、准对立点 x_p 和准反射点 x_q 计算分别为

$$x_0 = a + b - x \tag{7-9}$$

$$x_p = \text{rand}(c, x_0) \tag{7-10}$$

$$x_q = \text{rand}(c, x) \tag{7-11}$$

其中，区间 $[a, b]$ 的中点 $c = (a + b) / 2$。在平面图形中，点 x 及其对立点、准对立点和准反射点如图 7-5 所示。

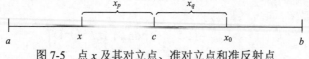

图 7-5　点 x 及其对立点、准对立点和准反射点

从图 7-5 中可以看出，x 与 x_0 关于 c 对称，x_p 随机出现在 c 与 x_0 之间，x_q 随机出现在 c 与 x 之间。假设最优点在 c 与 x_0 之间，若以 x 为起始点搜索，则离最优点相对较远，搜索效率低，当使反向学习机制，以 x_0 为起始点搜索，效率明显高于前者。若 x_p 离最优点更近，那么以 x_p 为起始点搜索，效率又进一步提升。也就是说，比较解空间区域中随机初始化的点及其对立点、准对立点和准反射点，定能找到离最优点最近的点，以该点为起始点搜索，效率是最高的。

为了避免算法陷入局部最优，将反向学习机制融入到了算法中。若当前迭代种群中最优栖息地 H_{best} 陷入了局部最优，则会误导其他栖息地进入局部最优区域。然而，H_{best} 的对立解往往在远离局部最优区域的位置。为此，用 H_{best} 的对立解替换种群中随机的一个候选解，即

$$H_{\text{m}}(\text{SIV}_j) = \text{lb}_j + (\text{ub}_j - H_{\text{best}}(\text{SIV}_j)) \tag{7-12}$$

其中，H_{m} 为随机选择的栖息地，满足 $\text{m} \in [1, N]$，N 为种群数量，lb_j 和 ub_j 分别为所求优化问题第 j 维的定义域范围的下界和上界。

本节使用的反向学习机制与 3.2 节的有所不同，后者在种群初始化阶段使用反向学习机制，对种群中所有个体执行反向学习，本节在迭代循环内使用反向学习机制，每次迭代只对 H_{best} 执行反向学习，这样设置不仅没有为算法带来过多的

计算负担，还可以避免算法优化过程后期由于过多使用反向学习机制，过量增加种群多样性而不利于局部搜索。

7.2.6　EMBBO 算法总流程

除了上述改进外，用贪婪选择法替换 BBO 算法的精英保留机制[1]，在保证栖息地 HSI 总是有效的前提下，将迁入率计算步骤移至算法的迭代循环外[9]，进一步降低了算法计算复杂度，其描述请分别参见 4.2.4 节和 4.2.5 节。EMBBO 算法总流程如图 7-6 所示。

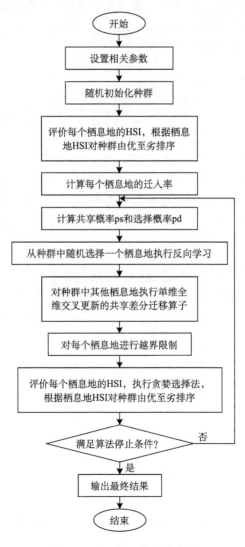

图 7-6　EMBBO 算法总流程

7.2.7　EMBBO 算法与 BBO 算法的异同点

EMBBO 算法与 BBO 算法的相同点在于它们都采用了迁移算子,通过迁入率作为执行相应操作的选择标准。它们的主要不同点分为两方面:①BBO 算法的流程主要包含两个算子,而 EMBBO 算法的流程主要包含一个算子;②在迁移算子中,BBO 算法通过直接取代式迁移操作只对迁入栖息地 SIV 执行相应的操作,而 EMBBO 算法不仅对迁入栖息地 SIV 执行共享操作,还对非迁入栖息地 SIV 执行差分扰动操作。其他方面的不同点还包括 EMBBO 算法的栖息地迁入率计算步骤在迭代循环外,不需要计算迁出率,采用贪婪选择法使每次迭代只需要对种群排序一次,而 BBO 算法的迁入率和迁出率计算步骤均在迭代循环内,采用精英保留机制使每次迭代需要对种群排序两次。

7.3　实验与分析

7.3.1　实验准备

为了验证 EMBBO 算法的优化效率,在 21 个单峰、多峰和平移基准函数及 CEC2017 测试集[10]上进行了大量实验,对比了其他先进的算法。选用的基准函数如表 7-1 所示,更多的基准函数信息请参见附录。所有实验均在操作系统为 Windows 7、CPU 为主频 3.10GHz 和内存为 4GB 的 PC 上进行,编程软件采用 MATLAB R2014a。

表 7-1　本章选用的基准函数

编号	名称	编号	名称
f_1	Sphere	f_{12}	Penalized 1
f_2	Elliptic	f_{13}	Penalized 2
f_3	SumSquare	f_{14}	Levy
f_4	Schwefel2.22	f_{15}	Himmeblau
f_5	Step	f_{16}	Michalewics
f_6	Quartic	f_{17}	Shifted Sphere
f_7	Rastrigin	f_{18}	Shifted Rosenbrock
f_8	NCRastrigin	f_{19}	Shifted Rastrigin
f_9	Griewank	f_{20}	Shifted Griewank
f_{10}	Schwefel 2.26	f_{21}	Shifted Ackley
f_{11}	Ackley		

参数方面,对于在 21 个单峰、多峰和平移基准函数上的实验,设置 EMBBO 算法的种群数量 $N = 20$,最大迁入率 $I = 1$,将基准函数分为两组,A 组包括维度 $D = 30$ 的 $f_1 \sim f_{14}$、$f_{17} \sim f_{21}$ 和维度 $D = 100$ 的 f_{15}、f_{16},B 组包括维度 $D = 100$ 的 $f_1 \sim f_{14}$、$f_{17} \sim f_{21}$ 和维度 $D = 200$ 的 f_{15}、f_{16},在 A 组基准函数上测试时,设置最大迭代次数 MaxDT = 2500,其 MNFE 约为 50000,在 B 组则设置 MaxDT = 8500,其 MNFE 约为 170000,每种算法的独立运行次数为 30,对于在 CEC2017 测试集上的实验,其具体参数设置见下文相应的小节,用实验获得平均值、标准差值及运行时间(单位为“s”)进行对比。平均值展现了优化能力,标准差值展现了稳定性,运行时间展现了运行速度。在所有的实验结果表中,加粗的为最优者。

7.3.2 EMBBO 算法主要参数讨论

在 EMBBO 算法中,概率参数 pd 的取值的不同会对算法的性能产生影响,根据式(7-8)可知,pd 的取值取决于 pd_{max} 和 pd_{min} 的取值。由于 pd 为概率参数,为了方便起见,直接设置 $pd_{max} = 1$,从而,只需要讨论 pd_{min} 的取值。

本组实验将 pd_{min} 不同取值的 EMBBO 算法在 B 组基准函数上进行测试,从中选取数据差距相对显著的 f_{12}、f_{14}、f_{17} 和 f_{19} 上的结果进行对比,如表 7-2 所示。

表 7-2 pd_{min} 不同取值的 EMBBO 算法的对比

函数	度量	dp$_{min}$				
		0.45	0.55	0.65	0.75	0.85
f_{12}	平均值	**1.5705×10^{-32}**	**1.5705×10^{-32}**	**1.5705×10^{-32}**	**1.5705×10^{-32}**	3.2034×10^{-30}
	标准差值	**5.5674×10^{-48}**	**5.5674×10^{-48}**	**5.5674×10^{-48}**	**5.5674×10^{-48}**	3.6008×10^{-30}
	运行时间	2.9135×10^{0}	2.8007×10^{0}	2.6758×10^{0}	2.5801×10^{0}	**2.4420×10^{0}**
f_{14}	平均值	**1.4998×10^{-32}**	**1.4998×10^{-32}**	**1.4998×10^{-32}**	**1.4998×10^{-32}**	1.1239×10^{-22}
	标准差值	**1.1135×10^{-47}**	**1.1135×10^{-47}**	**1.1135×10^{-47}**	**1.1135×10^{-47}**	6.1394×10^{-22}
	运行时间	2.6483×10^{0}	2.5442×10^{0}	2.4004×10^{0}	2.2860×10^{0}	**2.1782×10^{0}**
f_{17}	平均值	**-4.5000×10^{2}**	**-4.5000×10^{2}**	**-4.5000×10^{2}**	**-4.5000×10^{2}**	**-4.5000×10^{2}**
	标准差值	2.4392×10^{-13}	1.3099×10^{-13}	**8.1763×10^{-14}**	8.5754×10^{-14}	1.2754×10^{-13}
	运行时间	2.0736×10^{0}	1.9500×10^{0}	1.8056×10^{0}	1.6846×10^{0}	**1.5565×10^{0}**
f_{19}	平均值	-3.2993×10^{2}	**-3.3000×10^{2}**	**-3.3000×10^{2}**	**-3.3000×10^{2}**	**-3.3000×10^{2}**
	标准差值	2.5243×10^{-1}	1.3510×10^{-12}	2.2116×10^{-13}	2.9593×10^{-13}	**1.5260×10^{-13}**
	运行时间	2.4144×10^{0}	2.2778×10^{0}	2.1406×10^{0}	2.0010×10^{0}	**1.8696×10^{0}**

由于在计算复杂度上单维更新方式明显低于全维更新方式,故 pd_{min} 的取值越大,算法所消耗的时间越少,这一点与表 7-2 中的运行时间对比相符合。虽然 pd_{min} 取值为 0.85 时用时最少,但它在 f_{12} 和 f_{14} 上得到的结果无法令人满意。当 pd_{min}

取值为 0.45 时花费的时间过多，且在 f_{19} 上的获得的结果也是五种取值选择中最差的，故排除掉所有小于 0.45 和大于 0.85 的取值选择。对于另外三种选择，它们同时获得了最优的平均值，但 dp_{min} 取值为 0.65 时获得的标准差值在 f_{17} 和 f_{19} 上比另外两种取值选择略优，其运行时间可以接受。为了寻求算法在优化性能和运行时间之间的平衡，将 $dp_{min} = 0.65$ 作为该参数取值。

7.3.3　EMBBO 算法与其不完整变体算法的对比

本组实验用 EMBBO 算法与其不完整变体算法进行对比，这些变体算包括不使用启发式交叉迁移方式的 NHBBO 算法；不使用趋优引导迁移方式的 NGBBO 算法；不使用反向学习机制的 NOBBO 算法；只使用全维更新方式，不使用单维更新方式的 NSBBO 算法；不使用差分扰动操作的 NDBBO 算法。将六种算法在 B 组基准函数上进行测试，选取差距相对显著的结果进行对比，如表 7-3 所示。

表 7-3　EMBBO 算法与其不完整变体算法的结果对比

函数	度量	NHBBO	NGBBO	NOBBO	NSBBO	NDBBO	EMBBO
	平均值	$0.0000×10^0$	$0.0000×10^0$	$1.1122×10^{-46}$	$0.0000×10^0$	$0.0000×10^0$	$0.0000×10^0$
f_1	标准差值	$0.0000×10^0$	$0.0000×10^0$	$2.5750×10^{-46}$	$0.0000×10^0$	$0.0000×10^0$	$0.0000×10^0$
	运行时间	$1.5840×10^0$	$1.6009×10^0$	$1.6990×10^0$	$3.7548×10^0$	$1.3365×10^0$	$1.6125×10^0$
	平均值	$0.0000×10^0$	$1.6667×10^{-1}$	$0.0000×10^0$	$0.0000×10^0$	$0.0000×10^0$	$0.0000×10^0$
f_5	标准差值	$0.0000×10^0$	$4.6113×10^{-1}$	$0.0000×10^0$	$0.0000×10^0$	$0.0000×10^0$	$0.0000×10^0$
	运行时间	$1.7119×10^0$	$1.7276×10^0$	$1.7492×10^0$	$3.9413×10^0$	$1.4271×10^0$	$1.7483×10^0$
	平均值	$1.3097×10^{-10}$	$3.2768×10^2$	$1.3097×10^{-10}$	$3.7748×10^2$	$1.3097×10^{-10}$	$1.3097×10^{-10}$
f_{10}	标准差值	$0.0000×10^0$	$1.6946×10^2$	$0.0000×10^0$	$2.0675×10^3$	$0.0000×10^0$	$0.0000×10^0$
	运行时间	$2.2830×10^0$	$2.3477×10^0$	$2.3051×10^0$	$4.4827×10^0$	$2.0434×10^0$	$2.3200×10^0$
	平均值	$-7.8332×10^1$	$-7.8197×10^1$	$-7.8332×10^1$	$-7.8332×10^1$	$-7.8332×10^1$	$-7.8332×10^1$
f_{15}	标准差值	$5.0623×10^{-14}$	$2.0047×10^{-1}$	$1.4928×10^{-14}$	$1.6690×10^{-14}$	$1.6267×10^{-14}$	$2.1275×10^{-14}$
	运行时间	$4.5276×10^0$	$4.6656×10^0$	$4.6386×10^0$	$8.8642×10^0$	$4.0330×10^0$	$4.6059×10^0$
	平均值	$4.7864×10^2$	$2.3053×10^3$	$4.4264×10^2$	$1.6588×10^4$	$7.3313×10^2$	$4.3056×10^2$
f_{18}	标准差值	$3.8109×10^1$	$3.7724×10^3$	$3.6662×10^1$	$1.4577×10^4$	$1.1980×10^2$	$2.6585×10^1$
	运行时间	$1.9451×10^0$	$2.0425×10^0$	$1.9860×10^0$	$4.1605×10^0$	$1.6792×10^0$	$1.9316×10^0$
	平均值	$-3.3000×10^2$	$-3.2811×10^2$	$-3.2997×10^2$	$-1.3580×10^2$	$-3.2945×10^2$	$-3.3000×10^2$
f_{19}	标准差值	$2.1822×10^{-4}$	$1.7543×10^0$	$1.8165×10^{-1}$	$3.7872×10^1$	$6.8038×10^{-1}$	$2.2116×10^{-13}$
	运行时间	$2.2549×10^0$	$2.2625×10^0$	$2.2560×10^0$	$4.8173×10^0$	$2.0058×10^0$	$2.1406×10^0$

从表 7-3 中可以看出，在平均值和标准差值的对比上，EMBBO 算法在 f_{15} 上得到的标准差值不如其他一些变体算法，其他情况下，EMBBO 算法获得的结果

总是最优或者与一些尖体算法并列最优。NHBBO 算法在平移基准函数 f_{18} 上没有得到满意的结果。NGBBO 算法在多个基准函数上都没有得到满意的结果，只有在 f_1 上得到的结果较为理想。NOBBO 算法在 f_1、f_{18} 和 f_{19} 上得到的结果不理想。NSBBO 算法在所有平移基准函数和非基准平移函数 f_{10} 上没有得到满意的结果。NDBBO 算法在所有平移基准函数上没有得到满意的结果。在运行时间的对比上，由于全维更新方式比单维更新方式的计算复杂度高，所以只使用全维更新方式的 NSBBO 算法运行时间总是最多的，由于 NDBBO 算法不使用差分扰动操作，所以它的运行时间总是最少的。其他四种算法具有相近的算法结构，它们的计算复杂度相差不大，故它们的运行时间也很相近。

本组实验结果表明，综合考虑算法寻优能力、稳定性和运行速度的平衡，EMBBO 算法是所有算法中最可取的。也就是说，缺少任何一项改进都会影响 EMBBO 算法的性能，这些改进对于算法都是不可或缺的。

7.3.4　EMBBO 算法与同类算法的对比

本组实验用 EMBBO 算法与先进的同类算法进行对比，选取的对比算法包括 MOBBO 算法[11]和 aBBOmDE 算法[12]。选取这两种算法进行对比是因为它们都是 BBO 算法的代表性改进算法，具有很强的竞争性和可比性。

为了客观比较，EMBBO 算法的数据取自其在 A 组基准函数上测试所获得的结果，对比算法的数据分别取自它们相应的参考文献。由于不同文献中实验所用的基准函数集不同，故对于所有算法，只取它们共同测试过的基准函数上的结果对比。为了使结果对比可靠，EMBBO 算法的最大函数评价次数 MNFE 设置总是小于或近似等于其他对比算法。三种算法的结果对比如表 7-4 所示，其中，NA 为原文献未提供准确的数据。

表 7-4　EMBBO 算法与同类算法的结果对比

算法	MNFE	平均值	标准差值	MNFE	平均值	标准差值
		f_1			f_4	
MOBBO	150000	1.7000×10^{-9}	9.3000×10^{-9}	200000	2.7400×10^{-5}	1.4800×10^{-4}
aBBOmDE	150000	2.0600×10^{-56}	8.8000×10^{-56}	200000	3.9400×10^{-45}	NA
EMBBO	50000	$\mathbf{0.0000\times10^{0}}$	$\mathbf{0.0000\times10^{0}}$	50000	$\mathbf{0.0000\times10^{0}}$	$\mathbf{0.0000\times10^{0}}$
		f_5			f_7	
MOBBO	150000	$\mathbf{0.0000\times10^{0}}$	$\mathbf{0.0000\times10^{0}}$	300000	5.4500×10^{-5}	2.9900×10^{-4}
aBBOmDE	150000	$\mathbf{0.0000\times10^{0}}$	$\mathbf{0.0000\times10^{0}}$	300000	5.2700×10^{-4}	4.3000×10^{-4}
EMBBO	50000	$\mathbf{0.0000\times10^{0}}$	$\mathbf{0.0000\times10^{0}}$	50000	$\mathbf{0.0000\times10^{0}}$	$\mathbf{0.0000\times10^{0}}$

续表

算法	MNFE	平均值	标准差值	MNFE	平均值	标准差值
		f_9			f_{11}	
MOBBO	200000	5.0800×10^{-3}	1.0500×10^{-2}	150000	9.7400×10^{-8}	5.9700×10^{-9}
aBBOmDE	200000	5.5600×10^{-3}	9.4800×10^{-3}	150000	4.4400×10^{-14}	1.7900×10^{-15}
EMBBO	50000	**0.0000×10^{0}**	**0.0000×10^{0}**	50000	**2.9600×10^{-16}**	1.7000×10^{-15}
		f_{12}			f_{13}	
MOBBO	150000	3.4600×10^{-3}	1.8900×10^{-2}	150000	6.3300×10^{-13}	3.4400×10^{-12}
aBBOmDE	150000	**1.5700×10^{-32}**	**0.0000×10^{0}**	150000	**1.3500×10^{-32}**	**0.0000×10^{0}**
EMBBO	50000	**1.5700×10^{-32}**	5.5700×10^{-48}	50000	**1.3500×10^{-32}**	5.5700×10^{-48}

从表 7-4 中可以看出，EMBBO 算法在 f_1、f_4、f_7、f_9 和 f_{11} 单独获得了最优的平均值和标准差值，在 f_5、f_{12} 和 f_{13} 上与其他一些算法同时获得了最优的平均值，在 f_5 上与其他一些算法同时获得了最优的标准差值，只有在 f_{12} 和 f_{13} 上，EMBBO 算法获得的标准差值不如 aBBOmDE 算法。

本组实验结果对比表明，与先进的同类算法相比，EMBBO 算法在多数情况下获得的结果更优。总的来说，EMBBO 算法的结果是最可接受的。

7.3.5　EMBBO 算法与其他类算法的对比

本组实验用 EMBBO 算法与先进的其他类算法进行了对比，对比算法包括 MEABC 算法[5]、ACS 算法[13]、SinDE 算法[14]和 SRPSO 算法[15]。它们都具有很强的竞争性和可比性，在同类算法中又具有一定代表性。

为了公平起见，将四种对比算法的种群数量 N 和最大迭代次数 MaxDT 设置与 EMBBO 算法相同，使得它们的 MNFE 近似相等，四种对比算法的其他参数设置同其相应的参考文献。每种算法在 A 组基准函数上进行测试，其结果对比如表 7-5 和表 7-6 所示。

表 7-5　EMBBO 算法与其他类算法的结果对比

函数	度量	MEABC	ACS	SinDE	SRPSO	EMBBO
f_1	平均值	1.1057×10^{-29}	1.3295×10^{-9}	2.4354×10^{-5}	3.2596×10^{-9}	**0.0000×10^{0}**
	标准差值	1.7976×10^{-29}	1.7012×10^{-9}	1.3339×10^{-4}	5.0821×10^{-9}	**0.0000×10^{0}**
f_2	平均值	8.6618×10^{-27}	1.0946×10^{0}	4.1250×10^{-7}	2.5366×10^{-6}	**0.0000×10^{0}**
	标准差值	1.3354×10^{-26}	4.2059×10^{0}	2.1923×10^{-6}	3.1054×10^{-6}	**0.0000×10^{0}**
f_3	平均值	7.0069×10^{-29}	1.6517×10^{-7}	9.8483×10^{-4}	1.6653×10^{-9}	**0.0000×10^{0}**
	标准差值	3.8131×10^{-28}	5.3129×10^{-7}	5.3940×10^{-3}	7.1020×10^{-9}	**0.0000×10^{0}**
f_4	平均值	1.8479×10^{-16}	7.1285×10^{-5}	1.7011×10^{-14}	6.9661×10^{-6}	**0.0000×10^{0}**
	标准差值	1.3472×10^{-16}	1.0802×10^{-4}	6.9609×10^{-14}	1.5427×10^{-5}	**0.0000×10^{0}**

续表

函数	度量	MEABC	ACS	SinDE	SRPSO	EMBBO
f_5	平均值	$\mathbf{0.0000×10^0}$	$3.3333×10^{-2}$	$1.6667×10^{-1}$	$1.4000×10^0$	$\mathbf{0.0000×10^0}$
	标准差值	$\mathbf{0.0000×10^0}$	$1.8257×10^{-1}$	$7.4664×10^{-1}$	$1.3797×10^0$	$\mathbf{0.0000×10^0}$
f_6	平均值	$4.9676×10^{-2}$	$4.2927×10^{-2}$	$6.3884×10^{-3}$	$9.9367×10^{-3}$	$\mathbf{4.6741×10^{-3}}$
	标准差值	$1.2737×10^{-2}$	$1.3531×10^{-2}$	$\mathbf{2.0898×10^{-3}}$	$3.4400×10^{-3}$	$2.1020×10^{-3}$
f_7	平均值	$3.9800×10^{-1}$	$4.0523×10^1$	$9.9040×10^0$	$3.7618×10^1$	$\mathbf{0.0000×10^0}$
	标准差值	$5.6039×10^{-1}$	$1.2703×10^1$	$2.9238×10^0$	$1.9305×10^1$	$\mathbf{0.0000×10^0}$
f_8	平均值	$3.3333×10^{-2}$	$4.1845×10^1$	$1.8342×10^1$	$2.8134×10^1$	$\mathbf{0.0000×10^0}$
	标准差值	$1.8257×10^{-1}$	$1.2103×10^1$	$3.4322×10^0$	$6.2518×10^0$	$\mathbf{0.0000×10^0}$
f_9	平均值	$1.0703×10^{-3}$	$4.5134×10^{-3}$	$1.2310×10^{-3}$	$9.7397×10^{-3}$	$\mathbf{0.0000×10^0}$
	标准差值	$2.8704×10^{-3}$	$7.2513×10^{-3}$	$5.1917×10^{-3}$	$9.6639×10^{-3}$	$\mathbf{0.0000×10^0}$
f_{10}	平均值	$7.5011×10^1$	$2.6546×10^3$	$8.7390×10^1$	$2.7816×10^3$	$\mathbf{7.2760×10^{-12}}$
	标准差值	$9.0592×10^1$	$5.1974×10^2$	$9.8590×10^1$	$5.9852×10^2$	$\mathbf{0.0000×10^0}$
f_{11}	平均值	$5.4416×10^{-14}$	$1.2597×10^0$	$1.4205×10^{-9}$	$5.4721×10^{-6}$	$\mathbf{8.2897×10^{-16}}$
	标准差值	$6.8993×10^{-15}$	$5.7190×10^{-1}$	$4.5496×10^{-9}$	$4.7120×10^{-6}$	$1.5283×10^{-15}$
f_{12}	平均值	$5.2062×10^{-32}$	$1.2269×10^0$	$2.0782×10^{-2}$	$3.4556×10^{-3}$	$\mathbf{1.5705×10^{-32}}$
	标准差值	$3.3416×10^{-32}$	$2.2577×10^0$	$9.9540×10^{-2}$	$1.8927×10^{-2}$	$\mathbf{5.5674×10^{-48}}$
f_{13}	平均值	$7.3855×10^{-31}$	$3.6625×10^{-4}$	$1.2742×10^{-1}$	$2.1975×10^{-3}$	$\mathbf{1.3498×10^{-32}}$
	标准差值	$1.0210×10^{-30}$	$2.0060×10^{-3}$	$5.5652×10^{-1}$	$4.4701×10^{-3}$	$\mathbf{5.5674×10^{-48}}$
f_{14}	平均值	$2.4450×10^{-26}$	$3.3813×10^{-1}$	$8.2480×10^{-3}$	$1.3182×10^{-11}$	$\mathbf{1.4998×10^{-32}}$
	标准差值	$7.1079×10^{-26}$	$1.1565×10^0$	$4.5176×10^{-2}$	$1.8282×10^{-11}$	$\mathbf{1.1135×10^{-47}}$
f_{15}	平均值	$-7.8323×10^1$	$-6.8675×10^1$	$-7.6604×10^1$	$-6.4403×10^1$	$\mathbf{-7.8332×10^1}$
	标准差值	$5.1620×10^{-2}$	$1.4361×10^0$	$9.5047×10^{-1}$	$2.2247×10^0$	$4.4561×10^{-10}$
f_{16}	平均值	$-9.2666×10^1$	$-3.8189×10^1$	$-4.7455×10^1$	$-5.6885×10^1$	$\mathbf{-9.2884×10^1}$
	标准差值	$5.5694×10^{-1}$	$2.5357×10^0$	$2.1947×10^0$	$1.4868×10^1$	$4.9965×10^{-1}$
f_{17}	平均值	$\mathbf{-4.5000×10^2}$	$\mathbf{-4.5000×10^2}$	$\mathbf{-4.5000×10^2}$	$\mathbf{-4.5000×10^2}$	$\mathbf{-4.5000×10^2}$
	标准差值	$1.4615×10^{-8}$	$5.0778×10^{-9}$	$3.5444×10^{-10}$	$6.1829×10^{-6}$	$1.8283×10^{-14}$
f_{18}	平均值	$\mathbf{4.1554×10^2}$	$6.2170×10^2$	$1.8808×10^4$	$5.2643×10^2$	$4.1577×10^2$
	标准差值	$\mathbf{2.0908×10^1}$	$2.5958×10^2$	$1.0041×10^5$	$2.5262×10^2$	$2.1040×10^1$
f_{19}	平均值	$-3.2947×10^2$	$-2.4997×10^2$	$-3.2264×10^2$	$-2.7438×10^2$	$\mathbf{-3.3000×10^2}$
	标准差值	$5.6847×10^{-1}$	$1.9755×10^0$	$3.1169×10^0$	$2.0147×10^1$	$2.9856×10^{-14}$
f_{20}	平均值	$-1.7999×10^2$	$-1.7999×10^2$	$-1.7999×10^2$	$-1.7999×10^2$	$\mathbf{-1.8000×10^2}$
	标准差值	$1.8009×10^{-3}$	$6.7417×10^{-3}$	$3.6993×10^{-3}$	$1.1056×10^{-2}$	$7.5465×10^{-7}$
f_{21}	平均值	$\mathbf{-1.4000×10^2}$	$-1.2573×10^2$	$\mathbf{-1.4000×10^2}$	$\mathbf{-1.4000×10^2}$	$\mathbf{-1.4000×10^2}$
	标准差值	$\mathbf{7.9518×10^{-14}}$	$8.5222×10^0$	$2.3608×10^{-7}$	$1.7291×10^{-5}$	$1.0774×10^{-9}$

从表 7-5 中可以看出，在平均值的对比上，EMBBO 算法在 f_5 上与 MEABC 算法获得了相同的结果，在 f_{17} 和 f_{21} 上与其他四种算法获得了相同的结果，在 f_{18} 上获得的结果不如 MEABC 算法，其他情况下，EMBBO 算法所获得的平均值总是最优的。在标准差值的对比上，EMBBO 算法在 f_5 上与 MEABC 算法获得相同的结果，在 f_6 上获得的结果不如 SinDE 算法，在 f_{18} 和 f_{21} 上获得的结果不如 MEABC 算法，其他情况下，EMBBO 算法获得的标准差值总是最优的。

表 7-6　EMBBO 算法与其他类算法的运行时间对比

函数	MEABC	ACS	SinDE	SRPSO	EMBBO
f_1	$7.9640×10^{-1}$	$8.1130×10^{-1}$	$7.5180×10^{-1}$	$1.5142×10^{0}$	$\mathbf{3.1440×10^{-1}}$
f_2	$1.3585×10^{0}$	$1.3654×10^{0}$	$1.3398×10^{0}$	$1.5554×10^{0}$	$\mathbf{3.4650×10^{-1}}$
f_3	$1.1438×10^{0}$	$1.1053×10^{0}$	$1.0984×10^{0}$	$1.5477×10^{0}$	$\mathbf{3.3460×10^{-1}}$
f_4	$9.0870×10^{-1}$	$9.1260×10^{-1}$	$8.5450×10^{-1}$	$1.5300×10^{0}$	$\mathbf{3.2180×10^{-1}}$
f_5	$8.0880×10^{-1}$	$1.0925×10^{0}$	$7.5890×10^{-1}$	$1.3111×10^{0}$	$\mathbf{3.1320×10^{-1}}$
f_6	$1.3672×10^{0}$	$1.3522×10^{0}$	$1.3117×10^{0}$	$1.7618×10^{0}$	$\mathbf{5.2860×10^{-1}}$
f_7	$8.9850×10^{-1}$	$9.3790×10^{-1}$	$8.6390×10^{-1}$	$1.5984×10^{0}$	$\mathbf{3.2810×10^{-1}}$
f_8	$1.1039×10^{0}$	$1.1567×10^{0}$	$1.0784×10^{0}$	$1.6150×10^{0}$	$\mathbf{3.6600×10^{-1}}$
f_9	$1.6698×10^{0}$	$1.6303×10^{0}$	$1.6138×10^{0}$	$1.6197×10^{0}$	$\mathbf{3.7450×10^{-1}}$
f_{10}	$9.6190×10^{-1}$	$9.9300×10^{-1}$	$9.7240×10^{-1}$	$1.6433×10^{0}$	$\mathbf{3.7990×10^{-1}}$
f_{11}	$1.0850×10^{0}$	$1.1001×10^{0}$	$1.0107×10^{0}$	$1.5974×10^{0}$	$\mathbf{3.4490×10^{-1}}$
f_{12}	$1.4526×10^{0}$	$1.4914×10^{0}$	$1.3815×10^{0}$	$1.6738×10^{0}$	$\mathbf{4.3340×10^{-1}}$
f_{13}	$1.4241×10^{0}$	$1.4692×10^{0}$	$1.3648×10^{0}$	$1.7266×10^{0}$	$\mathbf{4.3660×10^{-1}}$
f_{14}	$1.1648×10^{0}$	$1.1668×10^{0}$	$1.1081×10^{0}$	$1.6045×10^{0}$	$\mathbf{4.0190×10^{-1}}$
f_{15}	$1.6907×10^{0}$	$1.6874×10^{0}$	$1.7144×10^{0}$	$2.6818×10^{0}$	$\mathbf{1.1429×10^{0}}$
f_{16}	$2.2580×10^{0}$	$2.2924×10^{0}$	$2.3773×10^{0}$	$3.0183×10^{0}$	$\mathbf{1.4462×10^{0}}$
f_{17}	$1.6121×10^{0}$	$1.5374×10^{0}$	$1.5757×10^{0}$	$1.6131×10^{0}$	$\mathbf{3.6110×10^{-1}}$
f_{18}	$2.1140×10^{0}$	$1.9485×10^{0}$	$1.9904×10^{0}$	$1.5975×10^{0}$	$\mathbf{3.9130×10^{-1}}$
f_{19}	$1.6915×10^{0}$	$1.6610×10^{0}$	$1.7211×10^{0}$	$1.6283×10^{0}$	$\mathbf{4.0090×10^{-1}}$
f_{20}	$2.2513×10^{0}$	$2.0612×10^{0}$	$2.1323×10^{0}$	$1.6869×10^{0}$	$\mathbf{4.4090×10^{-1}}$
f_{21}	$1.8569×10^{0}$	$1.8157×10^{0}$	$1.7975×10^{0}$	$1.6491×10^{0}$	$\mathbf{4.1130×10^{-1}}$
平均运行时间	$1.4104×10^{0}$	$1.4090×10^{0}$	$1.3723×10^{0}$	$1.7226×10^{0}$	$\mathbf{4.6760×10^{-1}}$

从表 7-6 中可以看出，EMBBO 算法在所有基准函数上的运行时间总是最少的，故其平均运行时间较其他算法也具有明显优势。

本组实验结果对比表明，与先进的其他类算法相比，EMBBO 算法的结果是五种算法中最可接受的。

7.3.6　EMBBO 算法在 CEC2017 测试集上的对比

为了进一步验证 EMBBO 算法的优化效率,在 CEC2017 测试集[10]的 $F_{16} \sim F_{30}$ 上进行了测试,对比了 MPEDE 算法[16]、PSOLF 算法[17]、CCS 算法[18]、NSABC 算法[4]和 LxBBO 算法[19],这五种对比算法均具有很强的竞争力。根据文献[10] 的推荐,统一设置六种算法的种群数量 $N = 50$,最大函数评价次数 MNFE $= D \times$ 10000,独立运行次数为 51,对比算法的其他参数设置同其相应的参考文献。

为了直观展示对比情况,采用性能曲线图表示。性能曲线是用于评估和比较 方案集合 S 在测试集 P 上性能的工具[20]。假设在 S 和 P 中分别有 n_s 个方案(算法) 和 n_p 个问题(函数), $t_{p,s}$ 表示方案 $s(s \in S)$ 在处理问题 $p(p \in P)$ 时的性能度量(感兴 趣的信息)。本节使用平均适应度差值(算法每次独立运行所得的适应值与函数的最 小值的差的平均值)作为性能度量,这是因为该值能够直接体现算法的优化性能对 比。用方案 s 在问题 p 上的性能除以 S 中最优方案在 p 上的性能作为对比标准,即

$$r_{p,s} = \frac{t_{p,s}}{\min\{t_{p,s} : s \in S\}} \tag{7-13}$$

对于方案 s,用 $\rho_s(\tau)$ 表示性能比 $r_{p,s}$ 在比例因子 $\tau \in \mathbf{R}$ 内的概率,即

$$\rho_s(\tau) = \frac{1}{n_p} \text{size}\{p \in P : r_{p,s} \leqslant \tau\} \tag{7-14}$$

如果将函数 ρ_s 作为性能比的累积分布函数,那么方案 s 的性能 $\rho_s: \mathbf{R} \to [0, 1]$ 将是一个非递减的分段常数函数,从每个断点的右边开始连续。$\rho_s(1)$ 的值表示方 案 s 优于其他方案的概率。当 τ 的值足够大时,$\rho_s(\tau)$ 则可以衡量方案 s 的鲁棒性。 根据文献[20]中的描述,为了更加直观,使用以 2 为底的对数表示性能曲线的比 例(即 $\rho_s(1)$ 对应 $\rho_s(0)$)。

六种算法在维度 $D = 10$ 和维度 $D = 30$ 的函数上的性能曲线如图 7-7 所示。

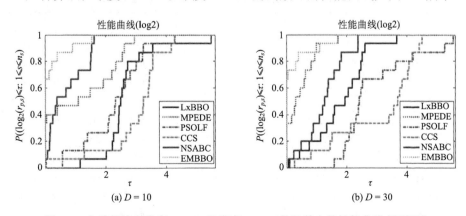

图 7-7　六种算法在维度 $D = 10$ 和维度 $D = 30$ 的函数上的性能曲线(见彩图)

　　从图 7-7 中可以看出，在维度 $D = 10$ 的函数上，当 $\tau - 0$ 时，相较于对比算法，EMBBO 算法的成功率最高，约为 70%。对于更大的 τ 值，EMBBO 算法可以处理大部分函数。在更高的维度 $D = 30$ 的函数上，当 $\tau = 0$ 时，EMBBO 算法仍然获得了更高的成功率，其在大约 70% 的函数上表现最优，对于较大的 τ 值，EMBBO 算法同样可以处理大部分函数。

　　此外，实验中还记录了六种算法在每个函数测试上的运行时间，并求得了平均运行时间，在维度 $D = 10$ 的函数上，EMBBO 算法的平均运行时间 $(6.5300 \times 10^{-1} s)$ 最少，大约分别是 LxBBO 算法 $(1.3786 \times 10^{0} s)$、MPEDE 算法 $(1.4835 \times 10^{0} s)$、PSOLF 算法 $(1.7851 \times 10^{0} s)$、CCS 算法 $(1.3305 \times 10^{0} s)$ 和 NSABC 算法 $(2.4809 \times 10^{0} s)$ 平均运行时间的 47.37%、44.02%、36.58%、49.08% 和 26.32%。在维度 $D = 30$ 的函数上可以得到类似的结果。

　　总的来说，EMBBO 算法获得了较好的优化性能和最少的平均运行时间，综合考虑优化性能和时间消耗的平衡时，EMBBO 算法具有最高的优化效率。

7.3.7　EMBBO 算法的 t 检验

　　t 检验是一种参数性统计检验，通过数学统计学的方法检验实验所得结果的可靠性，其相关介绍和规则描述请参见 4.3.5 节。

　　对 EMBBO 算法与 MEABC 算法、ACS 算法、SinDE 算法和 SRPSO 算法在表 7-5 上的对比结果进行置信水平 $\alpha = 0.05$ 的独立样本 t 检验。将 EMBBO 算法作为算法 1，其他对比算法分别作为算法 2，样本数量 n_1 和 n_2 均为 30，其 t 检验结果如表 7-7 所示，由于在一些基准函数上两种算法的标准差值均为 0，此情况下无法计算 t 值，故用 NA 表示。将 t 值转换为条件概率 p 值（双尾检验），对 $p > 0.05$ 的用 "−" 标记，对 $0.01 < p \leqslant 0.05$ 的用 "*" 标记，对 $p \leqslant 0.01$ 的用 "+" 标记。

表 7-7　EMBBO 算法与其他四种对比算法的 t 检验结果

函数	MEABC			ACS			SinDE			SRPSO		
	t 值	df	p 值	t 值	df	p 值	t 值	df	p 值	t 值	df	p 值
f_1	3.369	29	0.002 +	4.280	29	0 +	1.000	29	0.326 −	3.513	29	0.001 +
f_2	3.553	29	0.001 +	1.425	29	0.165 −	1.031	29	0.311 −	4.474	29	0 +
f_3	1.006	29	0.323 −	1.703	29	0.099 −	1.000	29	0.326 −	1.284	29	0.209 −
f_4	7.513	29	0 +	3.615	29	0.001 +	1.339	29	0.191 −	2.473	29	0.019 *
f_5	NA	NA	NA	1.000	29	0.326 −	1.223	29	0.231 −	5.558	29	0 +
f_6	18.994	31	0 +	15.230	31	0 +	2.893	58	0.005 +	6.794	53	0 +
f_7	3.890	29	0.001 +	17.473	29	0 +	18.553	29	0 +	10.673	29	0 +
f_8	1.000	29	0.326 −	18.937	29	0 +	29.271	29	0 +	24.648	29	0 +
f_9	2.042	29	0.050 *	3.409	29	0.002 +	1.299	29	0.204 −	5.520	29	0 +

续表

函数	MEABC			ACS			SinDE			SRPSO		
	t 值	df	p 值	t 值	df	p 值	t 值	df	p 值	t 值	df	p 值
f_{10}	4.535	29	0^{+}	27.975	29	0^{+}	4.855	29	0^{+}	25.456	29	0^{+}
f_{11}	41.535	32	0^{+}	12.064	29	0^{+}	1.710	29	0.098^{-}	6.361	29	0^{+}
f_{12}	5.959	29	0^{+}	2.976	29	0.006^{+}	1.144	29	0.262^{-}	1.000	29	0.326^{-}
f_{13}	3.890	29	0.001^{+}	1.000	29	0.326^{-}	1.254	29	0.220^{-}	2.693	29	0.012^{*}
f_{14}	1.884	29	0.070^{-}	1.601	29	0.120^{-}	1.000	29	0.326^{-}	3.949	29	0^{+}
f_{15}	0.997	29	0.327^{-}	36.832	29	0^{+}	9.961	29	0^{+}	34.293	29	0^{+}
f_{16}	1.597	58	0.116^{-}	115.915	31	0^{+}	110.547	32	0^{+}	13.255	29	0^{+}
f_{17}	0	29	1^{-}	0	29	1^{-}	0	29	1^{-}	0	29	1^{-}
f_{18}	−0.042	58	0.967^{-}	4.331	29	0^{+}	1.003	29	0.324^{-}	2.391	29	0.024^{*}
f_{19}	5.112	29	0^{+}	22.189	29	0^{+}	12.934	29	0^{+}	15.121	29	0^{+}
f_{20}	0.912	29	0.369^{-}	4.468	29	0^{+}	2.073	29	0.047^{*}	3.616	29	0.001^{+}
f_{21}	0	29	1^{-}	9.169	29	0^{+}	0	29	1^{-}	0	29	1^{-}

从表 7-7 中可以看出，在所有 83 次统计中，有 75 次 $t > 0$，其中，有 51 次 p 值为 "+" 或者 "*"，只有在 f_{17} 和 f_{21} 上出现了 $t = 0$ 的情况，在 f_{18} 上出现了 $t < 0$ 的情况，表明 EMBBO 算法比其他四种对比算法在多数情况下显著更优。通过 t 检验再次表明，整体上 EMBBO 算法的性能优于其他四种对比算法，验证了 7.3.5 节的实验结果讨论。

7.3.8　EMBBO 算法的计算复杂度讨论

本节对 EMBBO 算法的计算复杂度进行讨论。由于所有实验已经调整 EMBBO 算法的最大函数评价次数 MNFE 与其他对比算法相等，故影响 EMBBO 算法计算复杂度的主要因素在于算法自身流程的复杂程度。

EMBBO 算法在改进中从四个方面大量减少了复杂的计算步骤，大幅度降低了计算复杂度，以 BBO 算法为参考：①BBO 算法的变异算子每次迭代需要通过二层的嵌套循环判断是否对选中的栖息地 SIV 执行变异操作，该过程的判断次数为 $N \times D$，此外，栖息地变异率计算需要借助该栖息的物种数量概率，而物种数量概率的计算过程较为复杂，EMBBO 算法直接去掉了变异算子，虽然采用共享操作和差分扰动操作比原迁移操作一定程度上增加了一些计算和判断步骤，但没有额外增加循环步骤，反而因为算法整体上去掉了一个算子，在计算复杂度方面降低的程度远超过增加的程度；②在 BBO 算法的迁移算子中，采用轮赌选择法选择迁出栖息地，其每次选择的平均计算次数为 $(1+N)/2$，而在 EMBBO 算法的共享差分迁移算子中，对于迁出栖息地的选择采用榜样选择方案替换轮赌选择法，只需简单的计算步骤就能选出迁出栖息地；③BBO 算法的精英保留机制每次迭代需要对种群排序两次，在 EMBBO 算法中，用贪婪选择法取代精英保留机制，可以减少一次排序过程；④BBO 算法每次迭代都需要对 N 个栖息地计算迁入率，整个算法流程需要计算 $N \times MaxDT$ 次，在 EMBBO 算法中，保证栖息地 HSI 总是有效的前提下，将迁入率计算步骤移至算法的迭代循环外，使整个算法流程只需对栖息地迁入率计算 N 次。以上四个方面的改进大幅度降低了算法的计算复杂度，提高了运行速度，这一点从实验的运行时间对比中也得以体现。

7.3.9　实验总结

通过用 EMBBO 算法在 21 个单峰、多峰和平移基准函数及 CEC2017 测试集上做了大量实验，对 EMBBO 算法的主要参数进行讨论并选出合适的取值，证明了 EMBBO 算法中的几个主要的改进都是不可或缺的，用 EMBBO 算法与先进的同类及其他类算法进行结果对比，对结果进行 t 检验，表明了 EMBBO 算法寻优能力显著，稳定性强，运行速度快，验证了 EMBBO 算法较高的优化效率。

7.4　本 章 小 结

本章提出了一种高效融合的 BBO 算法(EMBBO)，用以提升 BBO 算法的优化效率。首先，去掉了 BBO 算法的变异算子，大幅度降低了计算复杂度，对其迁移算子进行改进，将原迁移操作改为共享操作。共享操作是由启发式交叉迁移方式、直接取代式迁移方式和趋优引导迁移方式融合而成，增强了算法的局部搜索能力，再次降低了计算复杂度。其次，将两种差分扰动操作融入到迁移算子中，形成共享差分迁移算子。差分扰动操作弥补了变异算子的缺失，增强了算法的全局搜索能力。接着，为了平衡算法的探索和开采，在共享差分迁移算子中融入了一种新颖的单维全维交叉更新策略。该策略的使用还可以减少一些计算步骤。最后，将反向学习机制融入到了算法中，一定程度上避免算法陷入局部最优。通过在 21 个单峰、多峰和平移基准函数及 CEC2017 测试集上进行的大量实验，与先进的同类及其他类算法进行对比，讨论了 EMBBO 算法主要参数的合适取值，证明了 EMBBO 算法中的几个主要改进都是不可或缺的，也证明了 EMBBO 算法寻优能力显著、稳定性强、运行速度快，具有较高的优化效率。

参 考 文 献

[1] Zhang X M, Kang Q, Tu Q, et al. Efficient and merged biogeography-based optimization algorithm for global optimization problems. Soft Computing, 2019, 23(12): 4483-4502.

[2] Storn R, Price K. Differential evolution - a simple and efficient heuristic for global optimization

over continuous spaces. Journal of Global Optimization, 1997, 114 (4): 341-359.

[3] Karaboga D, Basturk B. A powerful and efficient algorithm for numerical function optimization: artificial bee colony algorithm. Journal of Global Optimization, 2007, 39 (3): 459-471.

[4] Shi Y, Pun C M, Hu H, et al. An improved artificial bee colony and its application. Knowledge-Based Systems, 2016, 107: 14-31.

[5] Wang H, Wu Z, Rahnamayan S, et al. Multi-strategy ensemble artificial bee colony algorithm. Information Sciences, 2014, 279: 587-603.

[6] Tizhoosh H R. Opposition-based learning: a new scheme for machine intelligence//International Conference on Computational Intelligence for Modelling, Control & Automation, Vienna, 2005.

[7] Liu H, Xu G, Ding G, et al. Integrating opposition-based learning into the evolution equation of bare-bones particle swarm optimization. Soft Computing, 2016, 19 (10): 1-24.

[8] Ahandani M A. Opposition-based learning in the shuffled bidirectional differential evolution algorithm. Soft Computing, 2016, 26 (8): 64-85.

[9] Zhang X M, Kang Q, Cheng J, et al. A novel hybrid algorithm based on biogeography-based optimization and grey wolf optimizer. Applied Soft Computing, 2018, 67: 197-214.

[10] Awad N H, Ali M Z. Liang J J, et al. Problem definitions and evaluation criteria for the CEC 2017 special session and competition on single objective real-parameter numerical optimization. Technical Report, 2016.

[11] Li X, Yin M. Multi-operator based biogeography based optimization with mutation for global numerical optimization. Applied Mathematics and Computation, 2012, 64 (9): 2833-2844.

[12] Lohokare M R, Pattnaik S S, Panigrahi B K, et al. Accelerated biogeography-based optimization with neighborhood search for optimization. Applied Soft Computing, 2013, 13 (5): 2318-2342.

[13] Naik M, Nath M R, Wunnava A, et al. A new adaptive cuckoo search algorithm//The 2nd IEEE International Conference on Recent Trends in Information Systems, Kolkata, 2015.

[14] Draa A, Bouzoubia S, Boukhalfa I. A sinusoidal differential evolution algorithm for numerical optimisation. Applied Soft Computing, 2015, 27: 99-126.

[15] Tanweer M R, Suresh S, Sundararajan N. Self regulating particle swarm optimization algorithm. Information Sciences, 2015, 294 (10): 182-202.

[16] Wu G, Mallipeddi R, Suganthan P N, et al. Differential evolution with multi-population based ensemble of mutation strategies. Information Sciences, 2016, 329: 329-345.

[17] Jensi R, Jiji G W. An enhanced particle swarm optimization with Levy flight for global optimization. Applied Soft Computing, 2016, 43: 248-261.

[18] Wang G G, Deb S, Gandomi A H, et al. Chaotic cuckoo search. Soft Computing, 2016, 20 (9): 3349-3362.

[19] Garg V, Deep K. Performance of Laplacian biogeography-based optimization algorithm on CEC 2014 continuous optimization benchmarks and camera calibration problem. Swarm & Evolutionary Computation, 2016, 27: 132-144.

[20] Dolan E D, Moré J J. Benchmarking optimization software with performance profiles. Mathematical Programming, 2002, 91 (2): 201-213.

第8章 混合灰狼优化的 BBO 算法

8.1 引　言

为了增强 BBO 算法的普适性，本章提出了一种混合灰狼优化(GWO)的 BBO 算法(Hybrid algorithm based on BBO and GWO, HBBOG)。首先对 BBO 算法和 GWO 算法分别进行改进，对于 BBO 算法，直接去掉了其变异算子，再对迁移算子进行改进，即在迁移算子中融入差分扰动操作，又引入了多重迁移操作替换原迁移操作，从而得到改进的 BBO 算法，对于 GWO 算法，融入反向学习机制，从而得到反向 GWO 算法；其次将改进的 BBO 算法和反向 GWO 算法通过单维全维交叉更新策略进行混合；此外还进行了其他方面的改进。为了验证 HBBOG 算法的普适性，在 30 个单峰、多峰、平移和旋转基准函数及 CEC2013 和 CEC2014 测试集上进行了大量实验，与其他经典的和先进的算法进行了对比。

8.2　HBBOG 算法

8.2.1　改进的 BBO 算法

2.2.3 节分析了 BBO 算法的变异算子存在的不足，本节通过去掉变异算子的方法克服这些不足，并去掉栖息地变异率计算步骤，以降低算法计算复杂度，然而，变异算子的缺失对算法的全局搜索能力造成了很大的影响，为此，针对 BBO 算法的迁移算子进行了相关改进。

受差分进化算法启发[1]，将差分扰动操作融入到迁移算子中，弥补变异算子的缺失，强化全局搜索能力。差分进化算法的描述请参见 1.3.3 节。

差分扰动操作式为

$$
\begin{aligned}
H_i(\mathrm{SIV}_j) \leftarrow\ & H_i(\mathrm{SIV}_j) \\
& + \alpha_1\big(H_{\mathrm{best}}(\mathrm{SIV}_j) - H_i(\mathrm{SIV}_j) + H_{\mathrm{m1}}(\mathrm{SIV}_j) - H_{\mathrm{m2}}(\mathrm{SIV}_j)\big)
\end{aligned}
\tag{8-1}
$$

其中，H_i 为待更新栖息地，$H_i(\mathrm{SIV}_j)$ 为栖息地 H_i 的第 j 个 SIV，H_{m1} 和 H_{m2} 为随机选择的两个栖息地，满足 m1、m2 $\in [1, N]$ 且 m1$\neq$m2$\neq i$，H_{best} 为当前迭代时 HSI 最优的栖息地，α_1 为差分缩放因子。

差分扰动操作已在 4.2.2 节进行了描述，本节不再赘述。本节使用的差分的

缩放因子设置为 $\alpha = \mathrm{rand}$，rand 为均匀分布在区间[0, 1]的随机实数。这样设置是因为本节的差分扰动操作主要用于全局搜索，对于差分扰动的搜索精度要求相对较低，采用随机缩放因子可以避免该参数调节步骤，增加可操作性。

2.2.3 节已分析 BBO 算法迁移算子存在的不足，又由于差分扰动操作强化全局搜索能力后，还需要强化其局部搜索能力以平衡探索和开采，故在迁移算子中融入了多重迁移操作，取代原直接取代式迁移操作。多重迁移操作由基于平均选择概率的两种直接取代策略和自适应启发式交叉策略组合而成，分别为

$$cn = \mathrm{ceil}(\mathrm{rand} \times D) \tag{8-2}$$

$$H_i(\mathrm{SIV}_j) \leftarrow \begin{cases} H_{\mathrm{SI}}(\mathrm{SIV}_j), & \mathrm{rand} \leqslant 0.5 \\ H_{\mathrm{SI}}(\mathrm{SIV}_{cn}), & \text{其他} \end{cases} \tag{8-3}$$

$$\alpha_2 = 2\sqrt{(t-1)/\mathrm{MaxDT}} \tag{8-4}$$

$$H_i(\mathrm{SIV}_j) \leftarrow H_{\mathrm{SI}}(\mathrm{SIV}_j) + \alpha_2(0.5 - \mathrm{rand})\left(H_i(\mathrm{SIV}_j) - H_{\mathrm{SI}}(\mathrm{SIV}_j)\right) \tag{8-5}$$

其中，H_{SI} 为迁出栖息地，D 为问题维度，ceil() 为向上取整函数，t 为当前迭代次数，MaxDT 为最大迭代次数。

上述两种策略均需要选择迁出栖息地 H_{SI}，本节依然采用榜样选择方案取代轮赌选择法，从而克服轮赌选择法的不足并降低计算复杂度[2]，其详细描述请参见 4.2.1 节。

基于平均选择概率的两种直接取代策略分别为对应维度的直接取代策略和随机维度的直接取代策略。前者同原迁移操作，其描述请参见 2.2.2 节。后者类似于 4.2.3 节的趋优操作，两者都具有收敛能力，区别在于趋优操作通过当前最优的栖息地 H_{best} 引导，而随机维度的直接取代策略通过榜样栖息地 H_{SI} 引导，前者比后者收敛能力更强，后者比前者具有更高的种群多样性。

启发式交叉策略已在 5.2.3 节进行了描述，本节不再赘述。本节在启发式交叉策略中设置了动态调整的缩放因子 α_2，通过动态调整的缩放因子控制扰动范围，增加可操作性。由式(8-4)可知，当 t 的值增加时，α_2 的值会随之增加，当采用多重迁移操作时，在算法优化过程前期，α_2 的值较小，扰动范围较小，在算法优化过程后期，α_2 的值较大，扰动范围增大，从而达到动态调整的目的。多重迁移操作如图 8-1 所示，其中，pm 为多重迁移概率，其计算式为

$$\mathrm{pm} = \sqrt{(t-1)/\mathrm{MaxDT}} \tag{8-6}$$

由式(8-6)可知，当 t 的值增加时，pm 的值会随之增加。在算法优化过程前期，pm 的值较小，更大概率采用基于平均选择概率的两种直接取代策略，在算法优化过程后期，pm 的值较大，更大概率采用自适应启发式交叉策略，这样的

设置有利于平衡算法探索和开采。

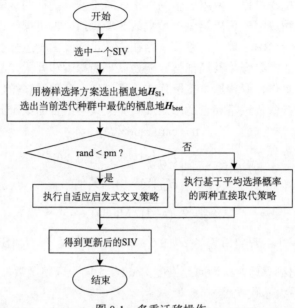

图 8-1　多重迁移操作

相较于 BBO 算法的原迁移操作，多重迁移操作采用了两种迁移策略，在解空间区域一定范围内可搜索到更多的位置，除了大幅度提升局部搜索能力外，还克服了原迁移算子可搜索位置有限的不足。

综合上述改进，可以得到改进的 BBO 算法，其核心流程伪代码如算法 8-1 所示，其中，λ_i 为栖息地 $\boldsymbol{H}_i$ 的迁入率。

算法 8-1　改进的 BBO 算法核心流程

---

for $i = 1$ to N do

　for $j = 1$ to D do

　　if rand $< \lambda_i$ then

　　　用榜样选择方案选出迁出的栖息地 $\boldsymbol{H}_{SI}$

　　　通过图 8-1 更新 $H_i(SIV_j)$

　　else

　　　通过式(8-1)更新 $H_i(SIV_j)$

　　end if

　end for

end for

8.2.2　反向 GWO 算法

GWO 算法具有优秀的局部搜索能力，但若狼群聚集的位置是局部最优点时，该算法缺乏有效避免算法陷入局部最优的操作[3]。关于 GWO 算法的描述请参见 1.3.8 节。

反向学习机制可以有效避免算法陷入局部最优[4, 5]，鉴于 GWO 算法的不足，将反向学习机制融入该算法中，形成了反向 GWO 算法，关于反向学习机制的描述请参见 7.2.5 节。

本节使用的反向学习机制为

$$X_{\text{Num}} = \mathbf{lb} + (\mathbf{ub} - X_\alpha) \tag{8-7}$$

其中，X_{Num} 为从种群中随机选择的一只灰狼的位置向量，X_α 为 α 狼的位置向量，$\mathbf{lb}$ 和 $\mathbf{ub}$ 分别为优化问题定义域的下限和上限。需要注意的是，GWO 算法对种群的更新是以向量为单位进行的，故式 (8-7) 的反向学习机制是将位置向量作为整体，直接求其反向向量。

反向 GWO 算法的每次迭代都会选取当前适应度值最优的 α 狼，对其位置求得反向向量，然后赋值给种群中随机选取的一头灰狼的位置向量，使其在解空间区域内大幅度跳跃，使陷入局部最优的灰狼有机会跳出该区域，并在下次迭代时对其他灰狼的搜索方向产生积极的影响。在反向 GWO 算法的灰狼位置向量更新公式中，对所涉及的主要参数向量调整为 $A = 2ac(r–I)$，以适应算法的改进，其中，a 的取值随着迭代次数的增加由 1 至 0 线性递减，r 为均匀在区间[0, 1]的随机向量，I 为单位向量，c 为范围参数。通过范围参数 c 来调整搜索范围，可以增强可操作性。

反向 GWO 算法中灰狼位置向量的更新公式为

$$X(t+1) = (X_1 + X_2 + X_3) / 3 \tag{8-8}$$

其中，对 X_1、X_2 和 X_3 的描述请参见 1.3.8 节。与 GWO 算法相比，反向 GWO 算法保留了优秀的局部搜索能力，一定程度上提升了全局搜索能力，平衡了探索和开采。

8.2.3　HBBOG 算法总流程

本节将改进的 BBO 算法和反向 GWO 算法通过单维全维交叉更新策略，按搜索阶段的不同进行混合，单维全维交叉更新策略的描述请参见 7.2.4 节。

首先，分别建立全维更新的改进的 BBO 算法、单维更新的改进的 BBO 算法和反向单维全维交叉更新的 GWO 算法。全维更新的改进的 BBO 算法核心流程伪代码同算法 8-1。将算法 8-1 中的 "for j = 1 to D do" 改为单维选择，即式 (8-9)，然后去掉对应的"end for"，则算法 8-1 为单维更新的改进的 BBO 算法核心操作的伪代码。反向单维全维交叉更新的 GWO 算法核心流程伪代码如算法 8-2 所示，其中，当采用单维更新时，对范围参数 c_1 的取值较大，使其更适用于全局搜索，而当采用全维更新时，对范围参数 c_2 的取值较小，使其更适用于局部搜索。需要注意的是，由于在算法 8-2 中第 8 行采用的是单维更新方式，故此时参数 a、r_1 和 r_2 的值设置为实数而非向量，也就是说，参数 A 和 C 的值也为标量。

$$j = \text{ceil}(\text{rand} \times D) \tag{8-9}$$

算法 8-2　　反向单维全维交叉更新的 GWO 核心流程

从种群中随机选择一只灰狼，其位置向量为 $\boldsymbol{X}_{\text{Num}}$，$\text{Num} = \text{ceil}(\text{rand} \times N)$

for $i = 1$ to N do

 if $i ==$ Num

  通过式(8-7)更新 $\boldsymbol{X}_{\text{Num}}$

 else

  if rand < 0.5 then　　(单维更新)

   通过式(8-9)得到随机维度 j

   通过式(8-8)更新 $\boldsymbol{X}_i$ 的第 j 维

  else　　(全维更新)

   通过式(8-8)更新 $\boldsymbol{X}_i$

  end if

 end if

end for

其次，为了最大化 HBBOG 算法的普适性，通过多次实验调整，最终将算法每次迭代的搜索阶段分为两部分。对于前一半搜索阶段采用单维更新的改进的 BBO 算法，对于后一半搜索阶段采用基于平均选择概率的反向单维全维交叉更新的 GWO 算法和全维更新的改进的 BBO 算法。这样设置是因为算法前期需要更好的全局搜索能力，单维更新方式适合于全局搜索，改进的 BBO 算法又强化了全局搜索能力。算法后期需要更好的局部搜索能力，但过分强调局部搜索容易使算法陷入局部最优且很难跳出局部最优区域，因此，对于反向 GWO 算法采用单维全维的交叉更新策略，对于改进的 BBO 算法采用全维更新方式，它们都是在局部搜索能力优秀的操作中加入对全局搜索有利的步骤，为的是更好地平衡探索和开采，同时，不同操作的使用能够使种群在局部范围内向着不同的方向搜索，使

在解空间区域中可以搜索到更多的位置，对于算法在局部寻找最优解是有利的。此外，在算法的每次迭代中执行贪婪选择法，实现对种群的优胜劣汰[2]，优化种群中的个体，又在 HSI 总是有效的前提下，将迁入率计算步骤移至算法的迭代循环外，降低计算复杂度[6]。HBBOG 算法总流程如算法 8-3 所示。

算法 8-3　HBBOG 总流程

初始化参数，随机生成种群

评价每个栖息地的 HSI

根据栖息地 HSI 由优至劣对种群排序，选出 α 狼、β 狼和 δ 狼

计算每个栖息地的迁入率

for t = 1 to MaxDT do

　if t < MaxDT / 2

　　执行单维更新的改进的 BBO 算法核心流程

　else

　　if rand < 0.5 then

　　　执行反向单维全维交叉更新的 GWO 算法核心流程

　　else

　　　执行全维更新的改进的 BBO 算法核心流程

　　end if

　end if

　对种群进行越界限制

　评价每个栖息地的 HSI

　执行贪婪选择法

　根据栖息地 HSI 由优至劣对种群排序，更新 α 狼、β 和 δ 狼

end for

输出最终结果

8.2.4　HBBOG 算法与 BBO 算法的异同点

由于 HBBOG 算法是 BBO 算法与 GWO 算法的改进混合算法，与 BBO 算法没有太多相同点。而它们主要不同点则非常明显：①BBO 算法的流程主要包含两个算子，HBBOG 算法的流程不再简单地包含算子，而是包含两种算法；②BBO 算法的迁移算子采用的是直接取代式迁移操作，只对迁入的栖息地 SIV 执行相应的操作，而在 HBBOG 算法中，其改进的 BBO 算法部分不仅对迁入的栖息地 SIV

执行多重迁移操作，还对非迁入的栖息地 SIV 执行差分扰动操作。

8.3　实验与分析

8.3.1　实验准备

为了验证 HBBOG 算法的普适性，在 30 个单峰、多峰、平移和旋转基准函数及 CEC2013[7]和 CEC2014[8]测试集上进行大量实验，并对比其他先进的算法。选用的基准函数如表 8-1 所示，更多的基准函数信息请参见本书附录。所有实验均在操作系统为 Windows 7、主频为 3.10GHz 的 CPU 和 4GB 内存的 PC 上进行，编程软件采用 MATLAB R2014a。

表 8-1　本章选用的经典基准函数

编号	名称	编号	名称
f_1	Sphere	f_{16}	Schwefel 1.2
f_2	SumSquare	f_{17}	Rosenbrock
f_3	Elliptic	f_{18}	Zakharow
f_4	Schwefel 2.22	f_{19}	Himmeblau
f_5	Schwefel 2.21	f_{20}	Shifted Sphere
f_6	Step	f_{21}	Shifted Rosenbrock
f_7	Quartic	f_{22}	Shifted Rastrigin
f_8	Rastrigin	f_{23}	Shifted Schwefel 2.21
f_9	NCRastrigin	f_{24}	Shifted Griewank
f_{10}	Griewank	f_{25}	Shifted Ackley
f_{11}	Schwefel 2.26	f_{26}	Rotated Sphere
f_{12}	Ackley	f_{27}	Rotated Elliptic
f_{13}	Penalized 1	f_{28}	Rotated Rastrigin
f_{14}	Penalized 2	f_{29}	Rotated Ackley
f_{15}	Levy	f_{30}	Rotated Griewank

参数方面，对于在 30 个单峰、多峰、平移和旋转基准函数上的实验，设置 f_1~f_{18} 和 f_{20}~f_{30} 的维度 $D = 30$，f_{19} 的维度 $D = 100$，对于 HBBOG 算法，设置其种群数量 $N = 20$，最大迁入率 $I = 1$，范围参数 $c_1 = 4$，$c_2 = 2$，最大迭代次数 MaxDT = 2500，从而得到其最大函数评价次数 MNFE 约为 50000，独立运行次数为 30。对于在 CEC2013 和 CEC2014 测试集上的实验，其具体参数设置见下文相应的小节。取实验获得的平均值、标准差值和运行时间进行对比，平均值体现了优化能力，标准差值体现了稳定性，运行时间体现了运行速度。所有的实验结果表中，加粗

的为最优者。

8.3.2　HBBOG 相关算法之间的对比

本组实验对 HBBOG 相关算法之间进行了对比，参与对比的算法包括 BBO 算法、GWO 算法、IBBO 算法(改进的 BBO 算法)、OGWO 算法(反向 GWO 算法)、SHBBOG 算法(只采用单维更新方式的 HBBOG 算法)和 AHBBOG 算法(只采用全维更新方式的 HBBOG 算法)。

公平起见，六种参与对比的算法的种群数量 N 和最大迭代次数 MaxDT 设置与 HBBOG 算法相同，使它们具有相同的最大函数评价次数，其他参数设置同 BBO 算法和 GWO 算法相应的参考文献。实验首先用 IBBO 算法对比 BBO 算法，用 OGWO 算法对比 GWO 算法，分别验证两种算法中改进的影响，然后用 HBBOG 算法对比 IBBO 算法和 OGWO 算法，验证算法混合的影响，最后用 HBBOG 算法对比 SHBBOG 算法和 AHBBOG 算法，验证单维全维交叉更新策略的影响，最终证明了本章所提出的改进都是不可或缺的。从在不同类型的函数上的测试结果中选出部分差异显著的结果进行对比，如表 8-2～表 8-5 所示。

表 8-2　BBO 算法与 IBBO 算法的结果对比

函数	BBO		IBBO	
	平均值	标准差值	平均值	标准差值
f_1	$2.4996×10^1$	$1.0859×10^1$	$\mathbf{5.4461×10^{-91}}$	$\mathbf{1.6819×10^{-90}}$
f_2	$3.4329×10^0$	$1.4557×10^0$	$\mathbf{2.8564×10^{-90}}$	$\mathbf{6.8767×10^{-90}}$
f_5	$1.4893×10^1$	$2.1045×10^0$	$\mathbf{8.5991×10^{-7}}$	$\mathbf{3.2781×10^{-6}}$
f_7	$\mathbf{1.3647×10^{-3}}$	$\mathbf{7.9206×10^{-4}}$	$3.4629×10^{-3}$	$2.2695×10^{-3}$
f_{10}	$1.2250×10^0$	$9.7734×10^{-2}$	$\mathbf{0.0000×10^0}$	$\mathbf{0.0000×10^0}$
f_{13}	$1.6715×10^{-1}$	$1.2288×10^{-1}$	$\mathbf{1.5705×10^{-32}}$	$\mathbf{5.5674×10^{-48}}$
f_{15}	$5.4058×10^{-1}$	$3.5041×10^{-1}$	$\mathbf{1.4998×10^{-32}}$	$\mathbf{1.1135×10^{-47}}$
f_{17}	$2.6554×10^2$	$1.6221×10^2$	$\mathbf{2.5910×10^0}$	$\mathbf{5.9984×10^0}$
f_{22}	$-3.2157×10^2$	$1.8394×10^0$	$\mathbf{-3.2983×10^2}$	$\mathbf{3.7714×10^{-1}}$
f_{24}	$-1.7880×10^2$	$6.8737×10^{-2}$	$\mathbf{-1.8000×10^2}$	$\mathbf{2.1353×10^{-11}}$
f_{28}	$1.9352×10^2$	$4.1716×10^1$	$\mathbf{1.6241×10^2}$	$\mathbf{3.7879×10^1}$
f_{29}	$2.1118×10^1$	$\mathbf{5.8128×10^{-2}}$	$\mathbf{2.0979×10^1}$	$7.0485×10^{-2}$

从表 8-2 中可以看出，多数情况下，IBBO 算法获得的结果要优于 BBO 算法，在 f_7 上，IBBO 算法获得的结果不如 BBO 算法，在 f_{29} 上，IBBO 算法获得的标准差值不如 BBO 算法。

表 8-3　GWO 算法与 OGWO 算法的结果对比

函数	GWO		OGWO	
	平均值	标准差值	平均值	标准差值
f_1	1.5275×10^{-130}	4.1342×10^{-130}	$\mathbf{0.0000 \times 10^0}$	$\mathbf{0.0000 \times 10^0}$
f_2	2.0075×10^{-131}	6.0239×10^{-131}	$\mathbf{0.0000 \times 10^0}$	$\mathbf{0.0000 \times 10^0}$
f_5	1.3356×10^{-31}	2.7338×10^{-31}	$\mathbf{0.0000 \times 10^0}$	$\mathbf{0.0000 \times 10^0}$
f_7	1.1120×10^{-3}	7.6128×10^{-4}	$\mathbf{4.6172 \times 10^{-4}}$	$\mathbf{5.6910 \times 10^{-4}}$
f_{10}	$\mathbf{0.0000 \times 10^0}$	$\mathbf{0.0000 \times 10^0}$	$\mathbf{0.0000 \times 10^0}$	$\mathbf{0.0000 \times 10^0}$
f_{13}	4.6138×10^{-2}	2.1483×10^{-2}	$\mathbf{1.7570 \times 10^{-6}}$	$\mathbf{5.9634 \times 10^{-7}}$
f_{15}	2.0289×10^0	9.7148×10^{-1}	$\mathbf{3.9601 \times 10^{-5}}$	$\mathbf{1.6999 \times 10^{-5}}$
f_{17}	2.6505×10^1	5.2458×10^{-1}	$\mathbf{2.4281 \times 10^1}$	$\mathbf{4.6388 \times 10^{-1}}$
f_{22}	-2.0453×10^2	3.8564×10^1	$\mathbf{-3.2741 \times 10^2}$	$\mathbf{4.5522 \times 10^0}$
f_{24}	-1.5622×10^2	2.2711×10^1	$\mathbf{-1.7948 \times 10^2}$	$\mathbf{1.1824 \times 10^{-1}}$
f_{28}	5.0165×10^1	$\mathbf{1.5941 \times 10^1}$	$\mathbf{3.9541 \times 10^1}$	1.9190×10^1
f_{29}	2.1034×10^1	$\mathbf{4.4895 \times 10^{-2}}$	$\mathbf{2.0905 \times 10^1}$	1.0205×10^{-1}

从表 8-3 中可以看出，多数情况下，OGWO 算法获得的结果要优于 GWO 算法，在 f_{10} 上获得的结果等于 GWO 算法，在 f_{28} 和 f_{29} 上，OGWO 算法获得的标准差值不如 GWO 算法。

表 8-4　HBBOG 算法与 IBBO 算法和 OGWO 算法的结果对比

函数	IBBO		OGWO		HBBOG	
	平均值	标准差值	平均值	标准差值	平均值	标准差值
f_1	5.4461×10^{-91}	1.6819×10^{-90}	$\mathbf{0.0000 \times 10^0}$	$\mathbf{0.0000 \times 10^0}$	$\mathbf{0.0000 \times 10^0}$	$\mathbf{0.0000 \times 10^0}$
f_2	2.8564×10^{-90}	6.8767×10^{-90}	$\mathbf{0.0000 \times 10^0}$	$\mathbf{0.0000 \times 10^0}$	$\mathbf{0.0000 \times 10^0}$	$\mathbf{0.0000 \times 10^0}$
f_5	8.5991×10^{-7}	3.2781×10^{-6}	$\mathbf{0.0000 \times 10^0}$	$\mathbf{0.0000 \times 10^0}$	$\mathbf{0.0000 \times 10^0}$	$\mathbf{0.0000 \times 10^0}$
f_7	3.4629×10^{-3}	2.2695×10^{-3}	$\mathbf{4.6172 \times 10^{-4}}$	$\mathbf{5.6910 \times 10^{-4}}$	1.7548×10^{-3}	1.3613×10^{-3}
f_{10}	$\mathbf{0.0000 \times 10^0}$	$\mathbf{0.0000 \times 10^0}$	$\mathbf{0.0000 \times 10^0}$	$\mathbf{0.0000 \times 10^0}$	$\mathbf{0.0000 \times 10^0}$	$\mathbf{0.0000 \times 10^0}$
f_{13}	$\mathbf{1.5705 \times 10^{-32}}$	$\mathbf{5.5674 \times 10^{-48}}$	1.7570×10^{-6}	5.9634×10^{-7}	$\mathbf{1.5705 \times 10^{-32}}$	$\mathbf{5.5674 \times 10^{-48}}$
f_{15}	$\mathbf{1.4998 \times 10^{-32}}$	$\mathbf{1.1135 \times 10^{-47}}$	3.9601×10^{-5}	1.6999×10^{-5}	$\mathbf{1.4998 \times 10^{-32}}$	$\mathbf{1.1135 \times 10^{-47}}$
f_{17}	2.5910×10^0	5.9984×10^0	2.4281×10^1	$\mathbf{4.6388 \times 10^{-1}}$	$\mathbf{4.8865 \times 10^{-1}}$	1.8693×10^0
f_{22}	-3.2983×10^2	3.7714×10^{-1}	-3.2741×10^2	4.5522×10^0	$\mathbf{-3.3000 \times 10^2}$	$\mathbf{2.2615 \times 10^{-13}}$
f_{24}	$\mathbf{-1.8000 \times 10^2}$	$\mathbf{2.1353 \times 10^{-11}}$	-1.7948×10^2	1.1824×10^{-1}	$\mathbf{-1.8000 \times 10^2}$	3.4051×10^{-9}
f_{28}	1.6241×10^2	3.7879×10^1	3.9541×10^1	$\mathbf{1.9190 \times 10^1}$	$\mathbf{1.1684 \times 10^1}$	2.5077×10^1
f_{29}	2.0979×10^1	$\mathbf{7.0485 \times 10^{-2}}$	2.0905×10^1	1.0205×10^{-1}	$\mathbf{1.3960 \times 10^1}$	1.0040×10^1

从表 8-4 中可以看出，在 f_{10}、f_{13} 和 f_{15} 上，HBBOG 算法和 IBBO 算法获得了相同的结果。在 f_{24} 上，HBBOG 算法和 IBBO 算法获得了相同的平均值，IBBO 算法的标准差值更优。在 f_{29} 上，HBBOG 算法获得的平均值优于 IBBO 算法，但其获得的标准差值不如 IBBO 算法。其他情况下，HBBOG 算法获得的结果总是优于 IBBO 算法。在 f_1、f_2、f_5 和 f_{10} 上，HBBOG 算法和 OGWO 算法获得了相同结果，在 f_{17} 和 f_{28} 上 HBBOG 算法获得的平均值优于 OGWO 算法，但其获得的标准差值不如 OGWO 算法，在 f_7 上，HBBOG 算法获得的结果不如 OGWO 算法，其他情况下，HBBOG 算法获得的结果总是优于 OGWO 算法。

表 8-5　HBBOG 算法与 SHBBOG 算法和 AHBBOG 算法的结果对比

函数	SHBBOG		AHBBOG		HBBOG	
	平均值	标准差值	平均值	标准差值	平均值	标准差值
f_1	0.0000×10^0	0.0000×10^0	0.0000×10^0	0.0000×10^0	0.0000×10^0	0.0000×10^0
f_2	0.0000×10^0	0.0000×10^0	0.0000×10^0	0.0000×10^0	0.0000×10^0	0.0000×10^0
f_5	0.0000×10^0	0.0000×10^0	0.0000×10^0	0.0000×10^0	0.0000×10^0	0.0000×10^0
f_7	1.4057×10^{-3}	1.2943×10^{-3}	1.1014×10^{-3}	4.9987×10^{-4}	1.7548×10^{-3}	1.3613×10^{-3}
f_{10}	0.0000×10^0	0.0000×10^0	0.0000×10^0	0.0000×10^0	0.0000×10^0	0.0000×10^0
f_{13}	2.1636×10^{-27}	3.6178×10^{-27}	1.5705×10^{-32}	5.5674×10^{-48}	1.5705×10^{-32}	5.5674×10^{-48}
f_{15}	7.3421×10^{-17}	3.8970×10^{-16}	1.4998×10^{-32}	1.1135×10^{-47}	1.4998×10^{-32}	1.1135×10^{-47}
f_{17}	2.1649×10^{-1}	2.9214×10^{-1}	2.5164×10^1	8.5430×10^0	4.8865×10^{-1}	1.8693×10^0
f_{22}	-3.3000×10^2	6.1750×10^{-9}	-3.2215×10^2	2.5707×10^0	-3.3000×10^2	2.2615×10^{-13}
f_{24}	-1.7999×10^2	1.3499×10^{-3}	-1.7998×10^2	1.9976×10^{-2}	-1.8000×10^2	3.4051×10^{-9}
f_{28}	2.1107×10^1	3.9178×10^1	3.4384×10^1	1.5213×10^1	1.1684×10^1	2.5077×10^1
f_{29}	2.0926×10^1	6.9860×10^{-2}	1.7440×10^1	7.9347×10^0	1.3960×10^1	1.0040×10^1

从表 8-5 中可以看出，在 f_1、f_2、f_5 和 f_{10} 上，HBBOG 算法、SHBBOG 算法和 AHBBOG 算法获得了相同的结果，在 f_{13} 和 f_{15} 上，HBBOG 算法和 AHBBOG 算法获得了相同的结果，且优于 SHBBOG 算法，在 f_{22} 上，HBBOG 算法和 SHBBOG 算法获得了相同的平均值，且优于 AHBBOG 算法，此外，HBBOG 算法获得的标准差值更优。在其他情况下，AHBBOG 算法在 f_7 上获得了最优的结果，在 f_{28} 上获得了最优的标准差值，SHBBOG 算法在 f_{17} 上获得了最优的结果，在 f_{29} 上获得了最优的标准差值，HBBOG 算法在 f_{24} 上获得了最优的结果，在 f_{28} 和 f_{29} 上获得了最优的平均值。总的来说，HBBOG 算法获得的结果总是可以接受的。

8.3.3　HBBOG 算法与同类算法的对比

本组实验用 HBBOG 算法与先进的同类算法进行对比，选取 LBBO 算法[9]作为对比算法。公平起见，对 LBBO 算法的种群数量 N 和最大迭代次数 MaxDT 设置与 HBBOG 算法相同，LBBO 算法的其他参数设置同其相应的参考文献。两种算法的结果对比如表 8-6 所示。

表 8-6 HBBOG 算法与 LBBO 算法的结果对比

函数	LBBO		HBBOG	
	平均值	标准差值	平均值	标准差值
f_1	1.1238×10^{-27}	7.9203×10^{-28}	$\mathbf{0.0000\times10^0}$	$\mathbf{0.0000\times10^0}$
f_2	8.8615×10^{-16}	4.7870×10^{-16}	$\mathbf{0.0000\times10^0}$	$\mathbf{0.0000\times10^0}$
f_3	4.2372×10^2	1.5983×10^2	$\mathbf{0.0000\times10^0}$	$\mathbf{0.0000\times10^0}$
f_4	4.1910×10^{-14}	2.0320×10^{-13}	$\mathbf{0.0000\times10^0}$	$\mathbf{0.0000\times10^0}$
f_5	8.2564×10^{-4}	9.2028×10^{-4}	$\mathbf{0.0000\times10^0}$	$\mathbf{0.0000\times10^0}$
f_6	6.3167×10^1	2.4764×10^1	$\mathbf{0.0000\times10^0}$	$\mathbf{0.0000\times10^0}$
f_7	2.9600×10^{-2}	1.3600×10^{-2}	$\mathbf{1.7548\times10^{-3}}$	$\mathbf{1.3613\times10^{-3}}$
f_8	$\mathbf{0.0000\times10^0}$	$\mathbf{0.0000\times10^0}$	$\mathbf{0.0000\times10^0}$	$\mathbf{0.0000\times10^0}$
f_9	1.3202×10^1	7.8237×10^0	$\mathbf{0.0000\times10^0}$	$\mathbf{0.0000\times10^0}$
f_{10}	1.1472×10^{-16}	1.3196×10^{-16}	$\mathbf{0.0000\times10^0}$	$\mathbf{0.0000\times10^0}$
f_{11}	7.4579×10^{-12}	5.5503×10^{-13}	$\mathbf{7.2760\times10^{-12}}$	$\mathbf{0.0000\times10^0}$
f_{12}	4.5296×10^0	1.1647×10^0	$\mathbf{2.9014\times10^{-15}}$	$\mathbf{2.7886\times10^{-15}}$
f_{13}	2.4245×10^{-1}	3.1693×10^{-1}	$\mathbf{1.5705\times10^{-32}}$	$\mathbf{5.5674\times10^{-48}}$
f_{14}	3.9288×10^0	7.5194×10^0	$\mathbf{1.3498\times10^{-32}}$	$\mathbf{5.5674\times10^{-48}}$
f_{15}	3.9266×10^{-23}	7.4523×10^{-23}	$\mathbf{1.4998\times10^{-32}}$	$\mathbf{1.1135\times10^{-47}}$
f_{16}	8.2834×10^{-14}	1.7421×10^{-13}	$\mathbf{0.0000\times10^0}$	$\mathbf{0.0000\times10^0}$
f_{17}	6.7563×10^0	$\mathbf{1.4888\times10^0}$	$\mathbf{4.8865\times10^{-1}}$	1.8693×10^0
f_{18}	3.8420×10^{-27}	3.9046×10^{-27}	$\mathbf{0.0000\times10^0}$	$\mathbf{0.0000\times10^0}$
f_{19}	$\mathbf{-7.8332\times10^1}$	$\mathbf{2.1275\times10^{-14}}$	$\mathbf{-7.8332\times10^1}$	4.1221×10^{-14}
f_{20}	$\mathbf{-4.5000\times10^2}$	$\mathbf{2.1111\times10^{-14}}$	$\mathbf{-4.5000\times10^2}$	2.7927×10^{-14}
f_{21}	8.7266×10^2	4.4826×10^2	$\mathbf{4.3076\times10^2}$	$\mathbf{2.5174\times10^1}$
f_{22}	-3.2996×10^2	2.2948×10^{-1}	$\mathbf{-3.3000\times10^2}$	$\mathbf{2.2615\times10^{-13}}$
f_{23}	$\mathbf{-4.4987\times10^2}$	$\mathbf{8.9389\times10^{-2}}$	-4.4922×10^2	1.8882×10^{-1}
f_{24}	-1.7999×10^2	8.2401×10^{-4}	$\mathbf{-1.8000\times10^2}$	$\mathbf{3.4051\times10^{-9}}$
f_{25}	-1.3558×10^2	2.1265×10^0	$\mathbf{-1.4000\times10^2}$	$\mathbf{6.6337\times10^{-12}}$
f_{26}	3.7967×10^{-16}	1.4566×10^{-16}	$\mathbf{0.0000\times10^0}$	$\mathbf{0.0000\times10^0}$
f_{27}	8.1449×10^3	6.0782×10^3	$\mathbf{3.7373\times10^{-24}}$	$\mathbf{8.9263\times10^{-24}}$
f_{28}	4.8720×10^1	$\mathbf{1.4647\times10^1}$	$\mathbf{1.1684\times10^1}$	2.5077×10^1
f_{29}	2.0000×10^1	$\mathbf{1.0992\times10^{-3}}$	$\mathbf{1.3960\times10^1}$	1.0040×10^1
f_{30}	2.0951×10^{-2}	4.5158×10^{-2}	$\mathbf{0.0000\times10^0}$	$\mathbf{0.0000\times10^0}$

从表 8-6 中可以看出，在平均值的对比中，LBBO 算法在 1 个基准函数上获得了更优的结果，在 3 个基准函数上与 HBBOG 算法获得了相同的结果，在标准差值的对比中，LBBO 算法在 6 个基准函数上获得了更优的结果，在 1 个基准函数上与 HBBOG 算法获得了相同的结果，其他情况下，HBBOG 的平均值和标准差值都是更优的。

本组实验通过 HBBOG 算法与先进的同类算法进行对比，表明在处理多种类型的基准函数时，大多数情况下，HBBOG 算法获得了的结果是更可取的。

8.3.4　HBBOG 算法与其他类算法的对比

本组实验用 HBBOG 算法与先进的其他类算法进行对比，选取的对比算法包括 SHADE 算法[10]、EPSDE 算法[11]、SinDE 算法[12]、HCLPSO 算法[13]、SRPSO 算法[14]、ELPSO 算法[15]、MEABC 算法[16]和 ACS 算法[17]。它们包含了改进的差分进化算法、改进的粒子群优化算法，改进的人工蜂群算法和改进的布谷鸟算法，具有很强的竞争性，在其同类算法中又具有一定代表性。

公平起见，八种对比算法的种群数量 N 和最大迭代次数 MaxDT 设置与 HBBOG 算法相同，使它们的最大函数评价次数 MNFE 近似相等，它们的其他参数设置同其相应的参考文献。为了使对比更加直观，引入了算法排名统计，排名标准为：在同一个基准函数上，算法获得的平均值越优则排名越高，若多个算法获得相同的平均值，则标准差值越优排名越高，若多个算法获得了相同的平均值和标准差值，则排名并列。排名统计结果分别如表 8-7～表 8-9 所示。

表 8-7　HBBOG 算法与差分进化算法的改进算法的排名统计

算法	排名统计(次数)				平均排名
	第一	第二	第三	第四	
EPSDE	0	8	14	8	3.00
SHADE	1	12	11	6	2.73
SinDE	0	10	5	15	3.17
HBBOG	29	0	1	0	1.07

从表 8-7 中可以看出，与改进的差分进化算法相比，在 30 个基准函数上，HBBOG 算法获得了 29 次排名第一，1 次排名第三，没有排名第二和排名第四的情况，SHADE 算法获得了 1 次排名第一，EPSDE 算法和 SinDE 算法没有获得过排名第一。HBBOG 算法、SHADE 算法、EPSDE 算法和 SinDE 算法的平均排名分别为 1.07、2.73、3.00 和 3.17。

表 8-8   HBBOG 算法与粒子群优化算法的改进算法的排名统计

算法	排名统计(次数)				平均排名
	第一	第二	第三	第四	
HCLPSO	1	8	8	13	3.10
SRPSO	0	18	11	1	2.43
ELPSO	0	5	12	13	3.27
HBBOG	30	0	0	0	1.00

从表 8-8 中可以看出，与改进的粒子群优化算法相比，在 30 个基准函数上，HBBOG 算法全部获得了排名第一，HCLPSO 算法获得了 1 次排名第一，SRPSO 算法和 ELPSO 算法没有获得过排名第一。HBBOG 算法、SRPSO 算法、HCLPSO 算法和 ELPSO 算法的平均排名分别为 1.00、2.43、3.10 和 3.27。

表 8-9   HBBOG 算法与人工蜂群算法和布谷鸟算法的改进算法的排名统计

算法	排名统计(次数)			平均排名
	第一	第二	第三	
MEABC	3	19	8	2.17
ACS	0	8	22	2.73
HBBOG	28	2	0	1.07

从表 8-9 中可以看出，与改进的人工蜂群算法和改进的布谷鸟算法相比，在 30 个基准函数上，HBBOG 算法获得了 28 次排名第一，2 次排名第二，没有排名第三的情况，MEABC 算法获得了 3 次排名第一，ACS 算法没有获得过排名第一。HBBOG 算法、MEABC 算法和 ACS 算法的平均排名分别为 1.07、2.17 和 2.73。

本组实验结果对比表明，与先进的其他类算法相比，总的来说，HBBOG 算法的获得结果是几种算法中最可接受的。

8.3.5　HBBOG 算法在 CEC2013 和 CEC2014 测试集上的对比

为了进一步验证 HBBOG 的普适性，用 HBBOG 算法在 CEC2013 和 CEC2014 测试集上进行实验，选取的对比算法有 BHS 算法[18]、DE/BBO 算法[19]、CMMDEBBO 算法[20]、BlBBO 算法[21]和 LxBBO 算法[22]。它们包含了混合的 BBO 算法(BHS 算法和 DE/BBO 算法)、改进的 BBO 算法(BlBBO 算法和 LxBBO 算法)以及 BBO 混合算法的进一步改进算法(CMMDEBBO 算法)，DE/BBO 算法和 BlBBO 算法是经典算法的代表，BHS 算法、LxBBO 算法和 CMMDEBBO 算法是先进算法的代表，它们都具有很强的竞争性和可比性。

首先，用 HBBOG 算法与 BHS 算法、DE/BBO 算法和 CMMDEBBO 算法在 CEC2013 测试集的维度 $D = 10$ 的函数上进行对比实验。在参数方面，设置 HBBOG 算法和 BHS 算法的种群数量 $N = 20$，最大迭代次数 MaxDT = 2500，BHS 算法的种群数量 $N = 10$，最大迭代次数 MaxDT = 5000，DE/BBO 算法和 CMMDEBBO 算法的种群数量 $N = 100$，最大迭代次数 MaxDT = 500，使四种算法的最大函数评价次数 MNFE 都等于 50000。HBBOG 算法的其他参数不变，三种对比算法的其他参数设置同其相应的参考文献，每种算法的独立运行次数是 30。四种算法的结果对比如表 8-10 所示。

表 8-10　四种算法在 CEC2013 测试集的维度 $D = 10$ 的函数上的结果对比

函数	度量	BHS	DE/BBO	CMMDEBBO	HBBOG
F_1	平均值	9.9643×10^{-11}	$\mathbf{0.0000 \times 10^0}$	$\mathbf{0.0000 \times 10^0}$	$\mathbf{0.0000 \times 10^0}$
	标准差值	2.2527×10^{-11}	$\mathbf{0.0000 \times 10^0}$	$\mathbf{0.0000 \times 10^0}$	$\mathbf{0.0000 \times 10^0}$
F_2	平均值	6.0834×10^6	1.5583×10^6	$\mathbf{5.5293 \times 10^{-8}}$	4.7409×10^5
	标准差值	3.3803×10^6	6.8701×10^5	$\mathbf{3.1126 \times 10^{-8}}$	4.1012×10^5
F_3	平均值	4.6132×10^8	5.3757×10^2	$\mathbf{9.6969 \times 10^0}$	4.9399×10^6
	标准差值	5.3473×10^8	4.6827×10^2	$\mathbf{3.2414 \times 10^1}$	1.3173×10^7
F_4	平均值	1.6422×10^4	1.3434×10^4	$\mathbf{4.1049 \times 10^{-10}}$	3.4548×10^3
	标准差值	8.8051×10^3	3.0173×10^3	$\mathbf{1.8662 \times 10^{-10}}$	2.7518×10^3
F_5	平均值	4.0558×10^{-6}	$\mathbf{0.0000 \times 10^0}$	$\mathbf{0.0000 \times 10^0}$	$\mathbf{0.0000 \times 10^0}$
	标准差值	3.2375×10^{-6}	$\mathbf{0.0000 \times 10^0}$	$\mathbf{0.0000 \times 10^0}$	$\mathbf{0.0000 \times 10^0}$
F_6	平均值	2.0329×10^1	9.5352×10^0	2.4782×10^0	$\mathbf{2.2496 \times 10^0}$
	标准差值	2.7862×10^1	1.5479×10^0	$\mathbf{3.7569 \times 10^0}$	3.8778×10^0
F_7	平均值	5.8521×10^1	1.5159×10^{-1}	$\mathbf{8.2439 \times 10^{-2}}$	1.2095×10^1
	标准差值	2.1827×10^1	7.7578×10^{-2}	$\mathbf{3.7488 \times 10^{-2}}$	1.1915×10^1
F_8	平均值	2.0408×10^1	2.0386×10^1	$\mathbf{2.0363 \times 10^1}$	2.0391×10^1
	标准差值	$\mathbf{7.4217 \times 10^{-2}}$	9.9377×10^{-2}	9.4522×10^{-2}	8.1023×10^{-2}
F_9	平均值	6.9720×10^0	5.9698×10^0	5.5743×10^0	$\mathbf{3.4531 \times 10^0}$
	标准差值	1.3460×10^0	$\mathbf{1.0382 \times 10^0}$	1.1366×10^0	1.2362×10^0
F_{10}	平均值	1.5725×10^1	4.2650×10^{-1}	2.1793×10^{-1}	$\mathbf{2.1742 \times 10^{-1}}$
	标准差值	1.0281×10^1	8.2478×10^{-2}	$\mathbf{3.8591 \times 10^{-2}}$	1.7571×10^{-1}
F_{11}	平均值	1.8163×10^{-10}	6.6317×10^{-14}	2.1791×10^{-2}	$\mathbf{3.7896 \times 10^{-15}}$
	标准差值	5.2456×10^{-11}	1.6153×10^{-13}	1.1042×10^{-1}	$\mathbf{1.4422 \times 10^{-14}}$
F_{12}	平均值	3.1341×10^1	1.9139×10^1	$\mathbf{1.8351 \times 10^1}$	1.8458×10^1
	标准差值	1.3860×10^1	3.4734×10^0	$\mathbf{3.4487 \times 10^0}$	7.4484×10^0
F_{13}	平均值	5.1557×10^1	2.1906×10^1	1.9554×10^1	$\mathbf{1.6001 \times 10^1}$
	标准差值	1.5469×10^1	$\mathbf{3.5085 \times 10^0}$	4.0502×10^0	5.8189×10^0

续表

函数	度量	BHS	DE/BBO	CMMDEBBO	HBBOG
F_{14}	平均值	**2.1560×10⁻¹**	8.8369×10⁰	6.1319×10¹	6.4073×10⁰
	标准差值	**1.2909×10⁻¹**	4.7191×10⁰	1.9944×10¹	2.2170×10¹
F_{15}	平均值	8.0568×10²	1.2676×10³	1.2518×10³	**6.2492×10²**
	标准差值	3.0149×10²	**1.4635×10²**	1.6382×10²	1.7365×10²
F_{16}	平均值	1.1704×10⁰	1.3448×10⁰	1.1678×10⁰	**6.4881×10⁻¹**
	标准差值	2.5141×10⁻¹	**1.8541×10⁻¹**	2.2323×10⁻¹	1.8917×10⁻¹
F_{17}	平均值	1.0491×10¹	1.1229×10¹	1.3603×10¹	**9.8369×10⁰**
	标准差值	2.4999×10⁻¹	**2.4931×10⁻¹**	7.4792×10⁻¹	1.6525×10⁰
F_{18}	平均值	2.8344×10¹	3.7595×10¹	3.5167×10¹	**2.6001×10⁰**
	标准差值	8.1999×10⁰	**4.9014×10⁰**	5.4854×10⁰	6.1671×10⁰
F_{19}	平均值	5.5144×10⁻¹	8.5812×10⁻¹	1.0591×10⁰	**9.3217×10⁻²**
	标准差值	3.0355×10⁻¹	1.2338×10⁻¹	1.6326×10⁻¹	**8.4520×10⁻²**
F_{20}	平均值	3.6113×10⁰	3.1281×10⁰	2.8381×10⁰	**2.7508×10⁰**
	标准差值	3.7161×10⁻¹	2.2975×10⁻¹	**1.9670×10⁻¹**	5.2948×10⁻¹
F_{21}	平均值	4.0019×10²	4.0019×10²	3.8685×10²	**2.9011×10²**
	标准差值	1.2439×10⁻¹²	**2.8908×10⁻¹³**	5.0791×10¹	1.3232×10²
F_{22}	平均值	7.2793×10¹	7.3668×10¹	1.7406×10²	**1.0634×10¹**
	标准差值	7.4746×10¹	5.5480×10¹	8.6641×10¹	**7.8571×10⁰**
F_{23}	平均值	1.0578×10³	1.3257×10³	1.2327×10³	**9.3165×10²**
	标准差值	2.9118×10²	**1.6342×10²**	1.7082×10²	2.4923×10²
F_{24}	平均值	2.2094×10²	2.0426×10²	1.9342×10²	**1.1742×10²**
	标准差值	1.8494×10¹	**4.1656×10⁰**	2.6001×10¹	1.3168×10¹
F_{25}	平均值	2.2161×10²	1.9971×10²	2.0028×10²	**1.8374×10²**
	标准差值	5.4385×10⁰	1.0761×10¹	**8.1567×10⁻¹**	4.0830×10¹
F_{26}	平均值	1.7039×10²	1.4083×10²	1.2736×10²	**1.1681×10²**
	标准差值	6.2778×10¹	2.8973×10¹	2.4801×10¹	**7.5262×10⁰**
F_{27}	平均值	5.2970×10²	3.0637×10²	**3.0017×10²**	3.5881×10²
	标准差值	7.2981×10¹	3.3329×10¹	**3.9425×10⁻²**	4.7961×10¹
F_{28}	平均值	6.0653×10²	3.0000×10²	2.8000×10²	**2.6667×10²**
	标准差值	2.4603×10²	**3.1825×10⁻¹⁰**	6.1026×10¹	7.5810×10¹

　　从表 8-10 中可以看出，对比 HBBOG 算法和 BHS 算法，几乎在所有基准函数上 HBBOG 算法获得的结果较 BHS 更优。对比 HBBOG 算法和 DE/BBO 算法，多数情况下，HBBOG 算法获得的平均值更优，DE/BBO 算法获得的标准差值更优。对比 HBBOG 算法和 CMMDEBBO 算法，两者各有胜败，相对来说，HBBOG

胖出的次数更多。对于 28 个基准函数，HBBOG 算法在其中 20 个基准函数上获得了最优的平均值(包括在 2 个基准函数上与其他算法共同获得最优的平均值)，在其中 6 个基准函数上获得了最优的标准差值(包括在 2 个基准函数是与其他算法共同获得最优的标准差值)。虽然 HBBOG 算法在一些基准函数上得到了一些不理想的结果，但整体上 HBBOG 算法获得的结果是最可取的。CMDEBBO 算法在 F_2、F_3 和 F_4 上获得的结果较其他算法优势明显，在整体上次优。DE/BBO 算法获得的平均值在大多数情况下都不理想，但是其获得的标准差值却在多数情况下较其他算法更优。BHS 算法整体上获得的结果是最不理想。

其次，用 HBBOG 算法与 BHS 算法、DE/BBO 算法、BlBBO 算法和 LxBBO 算法在 CEC2014 测试集的维度 $D = 10$ 和维度 $D = 30$ 的函数上进行对比实验。在参数设置上，设置 HBBOG 算法和 BHS 算法的种群数量 $N = 40$，DE/BBO 算法的种群数量 $N = 100$。根据文献[8]的推荐，设置 HBBOG 算法、BHS 算法和 DE/BBO 算法的最大函数评价次数 MNFE $= D \times 10000$，每种算法在每个基准函数上的独立运行次数为 51。即 HBBOG 算法和 BHS 算法在维度 $D = 10$ 的函数上设置最大迭代次数 MaxDT $= 2500$，在维度 $D = 30$ 的函数上设置最大迭代次数 MaxDT $= 7500$，DE/BBO 算法在维度 $D = 10$ 的函数上设置最大迭代次数 MaxDT $= 1000$，在维度 $D = 30$ 的函数上设置最大迭代次数 MaxDT $= 3000$。HBBOG 算法的其他参数设置不变，BHS 算法和 DE/BBO 算法的其他参数设置同其相应的参考文献。对于 BlBBO 算法和 LxBBO 算法，在文献[22]中已经在 CEC2014 测试集上进行了实验，同样使用了该测试集的推荐参数设置，即五种算法的最大函数评价次数和独立运行次数设置相同，可以公平对比，故 BlBBO 算法和 LxBBO 算法的结果直接取自文献[22]。五种算法的在维度 $D = 10$ 和维度 $D = 30$ 的函数上的排名统计分别如图 8-2 和图 8-3 所示。

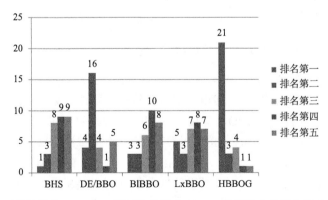

图 8-2 五种算法在 CEC2014 测试集的维度 $D = 10$ 的函数上的排名统计(见彩图)

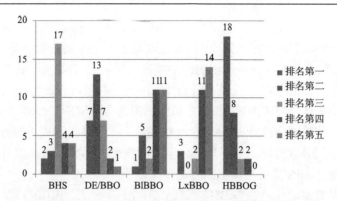

图 8-3　　五种算法在 CEC2014 测试集的维度 $D = 30$ 的函数上的排名统计(见彩图)

从图 8-2 中可以看出，在 30 个基准函数上，HBBOG 算法获得了 21 次排名第一，3 次排名第二，4 次排名第三，1 次排名第四和 1 次排名第五，BHS 算法获得了 1 次排名第一，DE/BBO 算法获得了 4 次排名第一，BlBBO 算法获得了 3 次排名第一，LxBBO 算法获得了 5 次排名第一。可以算出，HBBOG 算法的平均排名为 1.60，是五种算法中最高的，DE/BBO 算法、LxBBO 算法、BlBBO 算法和BHS 算法平均排名依次为 2.57、3.30、3.57 和 3.73。

从图 8-3 中可以看出，在 30 个基准函数上，HBBOG 算法获得了 18 次排名第一，8 次排名第二，2 次排名第三，2 次排名第四，没有排名第五的情况，BHS算法获得了 2 次排名第一，DE/BBO 算法获得了 7 次排名第一，　BlBBO 算法获得了 1 次排名第一，LxBBO 算法获得了 3 次排名第一。可以算出，HBBOG 算法、DE/BBO 算法、BHS 算法、BlBBO 算法和 LxBBO 算法的平均排名依次为 1.60、2.23、3.17、3.87 和 4.10。

本组实验通过大量 HBBOG 算法在复杂函数上的测试，对比了性能优秀的经典算法和当前最新算法，展现了 HBBOG 算法的优秀性能。

8.3.6　HBBOG 算法的 Wilcoxon 符号秩检验

非参数统计性检验方法 Wilcoxon 符号秩检验可以通过数学统计学的方法检验实验所得结果的可靠性[23]，其相关介绍及检验规则请参见 5.3.4 节。

本节用该方法检验 HBBOG 算法与 LBBO 算法、SHADE 算法、EPSDE 算法、SinDE 算法、HCLPSO 算法、SRPSO 算法、ELPSO 算法、MEABC 算法、ACS算法、BHS 算法、DE/BBO 算法、CMMDEBBO 算法、BlBBO 算法和 LxBBO 算法的性能。Wilcoxon 符号秩检验所用的软件是 IBM SPSS Statistics 19，用于检验的数据取自本章上文实验的结果。Wilcoxon 符号秩检验结果如表 8-11 所示。

表 8-11　HBBOG 算法的 Wilcoxon 符号秩检验结果

	在 30 个基准函数上的结果			
	p 值	R^+	R^-	$n/w/t/l$
HBBOG 对比 LBBO	0.001	405.5	59.5	30/26/3/1
HBBOG 对比 SHADE	0.001	427	38	30/28/1/1
HBBOG 对比 EPSDE	0.001	423	42	30/28/1/1
HBBOG 对比 SinDE	0.001	435.5	29.5	30/28/2/0
	在 30 个基准函数上的结果			
	p 值	R^+	R^-	$n/w/t/l$
HBBOG 对比 HCLPSO	0.001	450	15	30/29/1/0
HBBOG 对比 SRPSO	0.001	435.5	29.5	30/28/2/0
HBBOG 对比 ELPSO	0.001	465	0	30/30/0/0
HBBOG 对比 MEABC	0.001	387	78	30/25/4/1
HBBOG 对比 ACS	0.001	450	15	30/29/1/0
	在 CEC2013 测试集的维度 $D=10$ 的函数上的结果			
	p 值	R^+	R^-	$n/w/t/l$
HBBOG 对比 BHS	0.001	396	10	28/27/0/1
HBBOG 对比 DE/BBO	0.003	319.5	86.5	28/22/2/4
HBBOG 对比 CMMDEBBO	0.118	264.5	141.5	28/19/2/7
	在 CEC2014 测试集的维度 $D=10$ 的函数上的结果			
	p 值	R^+	R^-	$n/w/t/l$
HBBOG 对比 BHS	0.001	432	33	30/27/0/3
HBBOG 对比 DE/BBO	0.001	403.5	61.5	30/24/1/5
HBBOG 对比 BlBBO	0.001	395	70	30/24/1/5
HBBOG 对比 LxBBO	0.001	397	68	30/24/1/5
	在 CEC2014 测试集维度 $D=30$ 的函数上的结果			
	p 值	R^+	R^-	$n/w/t/l$
HBBOG 对比 BHS	0.001	451	14	30/27/0/3
HBBOG 对比 DE/BBO	0.009	353	112	30/22/1/7
HBBOG 对比 BlBBO	0.001	414	51	30/25/0/5
HBBOG 对比 LxBBO	0.001	429	36	30/26/0/4

从表 8-11 中可以看出，与 LBBO 算法、SHADE 算法、EPSDE 算法、SinDE 算法、HCLPSO 算法、SRPSO 算法、ELPSO 算法、MEABC 算法、ACS 算法、BHS 算法、DE/BBO 算法、BlBBO 算法和 LxBBO 算法相比，HBBOG 算法性能显著更优。CMMDEBBO 算法展现出强烈的竞争，但其没有胜过 HBBOG 算法。

8.3.7　实验总结

在 30 个单峰、多峰、平移和旋转基准函数及 CEC2013 和 CEC2014 测试集上进行了大量实验,用 HBBOG 算法与多个经典的和先进的同类及其他类算法进行结果对比,对结果进行 Wilcoxon 符号秩检验,证明了 HBBOG 算法中的几项重要改进都是不可或缺的,表明了 HBBOG 算法具有更为显著的寻优能力,更强的稳定性,能够处理多种类型的优化问题,验证了其较强的普适性。

8.4　本 章 小 结

本章提出了一种混合灰狼优化的 BBO 算法(HBBOG),用以增强 BBO 算法的普适性。首先,对 BBO 算法和 GWO 算法分别进行改进,对于 BBO 算法,去掉了其变异算子,克服了原变异算子存在的不足,大幅度降低了计算复杂度,再在迁移算子中融入差分扰动操作,弥补了变异算子的缺失,增强了算法的全局搜索能力,又引入了多重迁移操作替换原迁移操作,克服原迁移算子存在的不足,增强了局部搜索能力,得到改进的 BBO 算法,对于 GWO 算法,融入反向学习机制,一定程度上能够避免算法陷入局部最优,得到反向 GWO 算法;其次,将两种改进算法通过单维全维交叉更新策略进行混合,使它们优势互补,整体上平衡探索和开采;此外,还进行了小的改进,降低了计算复杂度。通过在 30 个单峰、多峰、平移和旋转基准函数及 CEC2013 和 CEC2014 测试集上进行了大量实验,对比了多个经典的和先进的同类及其他类算法,证明了 HBBOG 算法寻优能力显著、稳定性强、能够处理多种类型的优化问题,具有较强的普适性。

参 考 文 献

[1] Storn R, Price K. Differential evolution-a simple and efficient heuristic for global optimization over continuous spaces. Journal of Global Optimization, 1997, 114(4): 341-359.

[2] Zhang X M, Kang Q, Tu Q, et al. Efficient and merged biogeography-based optimization algorithm for global optimization problems. Soft Computing, 2019, 23(12): 4483-4502.

[3] Mirjalili S, Mirgalili S M, Lewis A. Grey wolf optimizer. Advances in Engineering Software, 2014, 69(3): 46-61.

[4] Tizhoosh H R. Opposition-based learning: a new scheme for machine intelligence//International Conference on Computational Intelligence for Modelling, Control & Automation, Vienna, 2005.

[5] Ahandani M A. Opposition-based learning in the shuffled bidirectional differential evolution algorithm. Soft Computing, 2012, 16(8): 1303-1337.

[6] Zhang X M, Kang Q, Cheng J, et al. A novel hybrid algorithm based on biogeography-based optimization and grey wolf optimizer. Applied Soft Computing, 2018, 67: 197-214.

[7] Liang J J, Qu B Y, Suganthan P N, et al. Problem definitions and evaluation criteria for the CEC 2013 special session and competition on single objective real-parameter numerical optimization. Technical Report, 2013.

[8] Liang J J, Qu B Y, Suganthan P N, et al. Problem definitions and evaluation criteria for the CEC 2014 special session and competition on single objective real-parameter numerical optimization. Technical Report, 2014.

[9] Simon D, Omran M G H, Clere M. Linearized biogeography-based optimization with re-initialization and local search. Information Sciences, 2014, 267: 140-157.

[10] Tanabe R, Fukunaga A. Success-history based parameter adaptation for differential evolution//IEEE Congress on Evolutionary Computation, Cancun, 2013.

[11] Mallipeddi R, Suganthan P N, Pan Q K, et al. Differential evolution algorithm with ensemble of parameters and mutation strategies. Applied Soft Computing, 2011, 11 (2): 1679-1696.

[12] Draa A, Bouzoubia S, Boukhalfa I. A sinusoidal differential evolution algorithm for numerical optimisation. Applied Soft Computing, 2015, 27: 99-126.

[13] Lynn N, Suganthan P N. Heterogeneous comprehensive learning particle swarm optimization with enhanced exploration and exploitation. Swarm & Evolutionary Computation, 2015, 24: 11-24.

[14] Tanweer M R, Suresh S, Sundararajan N. Self regulating particle swarm optimization algorithm. Information Sciences, 2015, 294 (10): 182-202.

[15] Haklı H, Uğuz H. A novel particle swarm optimization algorithm with Levy flight. Applied Soft Computing, 2014, 23 (5): 333-345.

[16] Wang H, Wu Z, Rahnamayan S, et al. Multi-strategy ensemble artificial bee colony algorithm. Information Sciences, 2014, 279: 587-603.

[17] Naik M, Nath M R, Wunnava A, et al. A new adaptive cuckoo search algorithm//The 2nd IEEE International Conference on Recent Trends in Information Systems, Kolkata, 2015.

[18] Zheng Y J, Zhang M X, Zhang B. Biogeographic harmony search for emergency air transportation. Soft Computing, 2016, 20 (3): 967-977.

[19] Gong W Y, Cai Z H, Ling C X. DE/BBO: a hybrid differential evolution with biogeography-based optimization for global numerical optimization. Soft Computing, 2010, 15 (4): 645-665.

[20] Chen X, Tianfield H, Du W, et al. Biogeography-based optimization with covariance matrix based migration. Applied Soft Computing, 2016, 45: 71-85.

[21] Ma H P, Simon D. Blended biogeography-based optimization for constrained optimization. Engineering Applications of Artificial Intelligence, 2011, 24 (3): 517-525.

[22] Garg V, Deep K. Performance of Laplacian biogeography-based optimization algorithm on CEC 2014 continuous optimization benchmarks and camera calibration problem. Swarm & Evolutionary Computation, 2016, 27: 132-144.

[23] Derrac J, García S, Molina D, et al. A practical tutorial on the use of nonparametric statistical tests as a methodology for comparing evolutionary and swarm intelligence algorithms. Swarm & Evolutionary Computation, 2011, 1 (1): 3-18.

第 9 章　混合蛙跳优化的 **BBO** 算法

9.1　引　　言

为了增强 BBO 算法的普适性,本章提出了一种混合蛙跳优化(SFLA)的 BBO 算法(Hybrid algorithm based on BBO and SFLA, HBBOS)。首先对 SFLA 和 BBO 算法的更新方法分别进行改进,对于 SFLA,将其组内每次迭代更新一只适应度最差青蛙改为更新所有青蛙,去掉随机更新,将局部更新和全局更新合并成差分扰动更新,对于 BBO 算法,取出其迁移算子,在其中融入混合交叉操作和混合扰动操作,取代原直接取代式迁移操作;其次,将改进的 BBO 算法迁移算子更新方法融入 SFLA 的分组结构框架中,与改进的 SFLA 更新方法混合,两者基于种群中个体的不同执行相应的操作,共同更新种群。为了验证 HBBOS 算法的普适性,在 10 个单峰、多峰和平移基准函数及 CEC2014 测试集上进行了大量实验,与其他先进的算法进行了对比。

9.2　HBBOS 算法

9.2.1　改进的 SFLA 更新方法

SFLA 模拟了青蛙寻找食物的过程,其将青蛙族群中的青蛙进行分组,通过青蛙的三次跳跃,不断更新每组中当前适应度最差的一只青蛙,再将所有青蛙重新组合成新的青蛙族群,再分组、三次跳跃,如此迭代,实现族群中全局信息的交互,然而,该算法也存在一些不足,其每次组内迭代只更新当前适应度最差的一只青蛙,若组内迭代次数设置较少,则导致一些青蛙位置可能得不到更新,若组内迭代次数设置较多,则增加了计算量,又由于采用了基于条件选择的三次跳跃法,过程较为繁琐,且第三次跳跃的随机更新可能使青蛙向着位置更差的方向发展,导致种群退化[1]。SLFA 的这些不足使其整体上收敛速度慢,收敛精度低,关于 SFLA 的详细描述请参见 1.3.5 节。

对于 SFLA 每次组内迭代只更新位置最差的一只青蛙存在的不足,将其改为每次组内迭代对所有青蛙都进行更新,从而可以使每只青蛙都有机会向更好的方向跳跃,避免了因为组内迭代次数设置较多或者较少带来的问题,增加了种群中获得优质解的概率。

对于 SFLA 基于条件选择的三次跳跃法存在的不足，直接去掉了随机更新，克服了随机更新可能破坏优质解的不足，又将局部更新和全局更新合并成差分扰动更新，避免了繁琐的青蛙跳跃过程，增加了种群多样性，提升了全局搜索能力。差分扰动更新为

$$X_i' \leftarrow X_i + \alpha_1 \left(X_g - X_i + X_{m1} - X_{m2} \right) \tag{9-1}$$

其中，X_i 为待执行差分扰动的青蛙的位置向量，X_{m1} 和 X_{m2} 为从组内随机选择的两只青蛙的位置向量，满足 $i \neq rn1 \neq rn2$，α_1 为差分扰动缩放因子。

差分扰动更新其实质是差分扰动操作，已在 4.2.2 节进行了描述，本节不再赘述。本节使用的差分缩放因子设置为 $\alpha_1 = \text{rand}$，rand 为均匀分布在区间[0, 1]的随机实数。这种设置不同于 4.2.2 节的指数差分缩放因子，与 5.2.1 节、7.2.2 节和 8.2.1 节的随机实数差分缩放因子相同。这样设置是因为本节的差分扰动操作主要用于全局搜索，对于差分扰动的搜索精度要求相对较低，对于扰动的范围要求相对较高。采用随机缩放因子同样可以避免该参数调节步骤，增加算法可操作性。需要说明的是，在 SFLA 中使用差分扰动操作，是以整个候选解向量为单位整体执行，所以该差分扰动操作的执行对象是候选解 X_i 的所有维度。

对于 SFLA，改进后的更新方法克服了原方法的不足，又由于每次组内迭代更新位置最差的一只青蛙改为更新所有青蛙，故无须设置组内迭代次数，也无须每次更新后对组内青蛙重新排序，降低了计算复杂度，提高了可操作性。

9.2.2 改进的迁移算子更新方法

BBO 算法的迁移算子通过栖息地之间的信息分享，为算法提供了一定的局部搜索能力，其有潜力进一步促进 SFLA 的收敛，因此，从 BBO 算法中取出迁移算子用于和 SFLA 的混合。然而，根据 2.2.3 节的分析，该迁移算子存在着一些不足。针对这些不足，在其中融入了混合交叉操作和混合扰动操作，取代原直接取代式迁移操作，得到改进的迁移算子更新方法。

混合交叉操作由垂直交叉操作和启发式交叉操作组合而成。

垂直交叉操作有利于算法的全局搜索，又对于算法的收敛有一定作用，其描述及原理解释请参见 5.2.2 节。

本节使用的垂直交叉操作如下

$$\text{cn} = \text{ceil}(\text{rand} \times D) \tag{9-2}$$

$$H_i(\text{SIV}_j) \leftarrow \alpha_2 H_{\text{SI}}(\text{SIV}_j) + (1 - \alpha_2) H_{\text{SI}}(\text{SIV}_{\text{cn}}) \tag{9-3}$$

其中，D 为维度，$\text{ceil}()$ 为向上取整函数，$H_i(\text{SIV}_j)$ 为第 i 个栖息地的第 j 个维度，H_{SI} 为迁出栖息地，α_2 为垂直交叉缩放因子。

本节使用的垂直交叉缩放因子 $\alpha_2 = \text{rand}$，该设置同 5.2.2 节、6.2.1 节和 6.2.2

节的缩放因子设置相同，这样设置可以避免该参数调节步骤并增加可操作性。对于 $\boldsymbol{H}_{\text{SI}}$ 的选择，依然采用榜样选择方案替换轮赌选择法(本章所有 $\boldsymbol{H}_{\text{SI}}$ 的选择均是如此)，榜样选择方案的使用克服了轮赌选择法的不足并降低了算法的计算复杂度[2]，其详细描述及原理解释请参见 4.2.1 节。

启发式交叉操作有利于算法的局部搜索，其描述及原理解释请参见 5.2.3 节。

本节使用的启发式交叉操作式为

$$H_i\left(\text{SIV}_j\right) \leftarrow H_{\text{SI}}\left(\text{SIV}_j\right) + \alpha_3\left(0.5 - \text{rand}\right)\left(H_{\text{SI}}\left(\text{SIV}_j\right) - H_i\left(\text{SIV}_j\right)\right) \tag{9-4}$$

其中，α_3 为启发式交叉缩放因子。

本节使用的启发式交叉缩放因子 α_3 设置为常数，该设置同 5.2.3 节的缩放因子设置不同，这是因为在 5.2.3 节中启发式交叉操作需要一定的多样性，故保留了其随机性，而本节的启发式交叉操作主要用于局部搜索，对随机参数带来的多样性需求不高，将启发式交叉缩放因子设置为常数同样可以避免该参数调节步骤并增加算法的可操作性。

混合交叉操作如图 9-1 所示，其中，pc 为交叉概率，其计算式为

$$\text{pc} = 1 - \beta\left(t / \text{MaxDT}\right) \tag{9-5}$$

其中，t 为算法当前迭代次数，MaxDT 为最大迭代次数，β 为概率参数。

由式(9-5)可知，随着迭代次数 t 的增加，pc 的值逐渐降低。在算法优化过程前期，需要从解空间中寻找最优解可能存在的区域，pc 的值较大，算法反而倾向于使用启发式交叉操作，注重局部搜索。在算法优化过程后期，需要从最优解可能存在的区域中搜索最优解，pc 的值较小，算法反而倾向于使用垂直交叉操作，注重全局搜索。这样的设置可以有效地平衡算法的探索和开采。

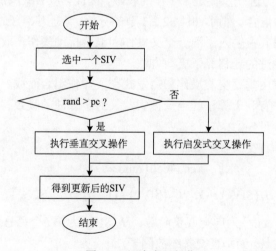

图 9-1　混合交叉操作

混合扰动操作出直接扰动操作和差分扰动操作组合而成。

对于 $\forall X_i(X_i \in H^N)$，令其直接获得个体 X_k $(X_k \in H^N,\ X_k \neq X_i)$ 的信息，使得到的结果 R 在 X_k 对应候选解所在解空间位置附近进行扰动，即直接扰动操作，其中，X_i 为个体，H^N 为种群。

本节的直接扰动操作使迁入栖息地 H_i 获得多个栖息地的加权差分信息，即

$$
\begin{aligned}
H_i\big(\mathrm{SIV}_j\big) &\leftarrow H_i\big(\mathrm{SIV}_j\big) \\
&+ \alpha_4\big(H_{\mathrm{best}}\big(\mathrm{SIV}_j\big) - H_i\big(\mathrm{SIV}_j\big) + H_{\mathrm{SI}}\big(\mathrm{SIV}_j\big) - H_i\big(\mathrm{SIV}_j\big)\big)
\end{aligned}
\tag{9-6}
$$

其中，H_{best} 为当前种群中 HSI 最优的栖息地，α_4 为直接扰动缩放因子。

从式 (9-6) 中可以看出，该操作分别将全局最优的栖息地 H_{best} 和榜样栖息地 H_{SI} 同一 SIV 直接与迁入栖息地 H_i 的对应 SIV 进行扰动运算，赋予权值后再加到 H_i 的对应 SIV 上，使迁入栖息地 SIV 分别接受 2 个更优的栖息地的扰动信息，向更优的方向收敛，大幅提升收敛速度。对于直接扰动随机缩放因子设置为 $\alpha_4 = \mathrm{rand}$，这样设置可以避免该参数调节步骤并增加算法的可操作性。

本节使用的直接扰动操作如图 9-2 所示。

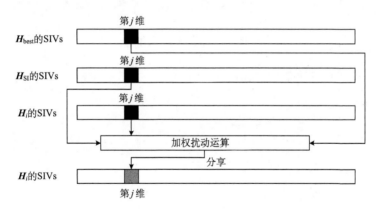

图 9-2　直接扰动操作

差分扰动操作的思想源自差分进化算法[3]，其描述请参见 1.3.3 节。本节的差分扰动操作为

$$
\begin{aligned}
H_i\big(\mathrm{SIV}_j\big) &\leftarrow H_i\big(\mathrm{SIV}_j\big) \\
&+ \alpha_5\big(H_{\mathrm{best}}\big(\mathrm{SIV}_j\big) - H_i\big(\mathrm{SIV}_j\big) + H_{\mathrm{SI}}\big(\mathrm{SIV}_j\big) - H_{\mathrm{m}}\big(\mathrm{SIV}_j\big)\big)
\end{aligned}
\tag{9-7}
$$

其中，H_{m} 为通过蛙跳算法对种群分组后，组内随机选择的一个栖息地，满足 $\mathrm{m} \neq \mathrm{SI}$，$\alpha_5$ 为差分扰动缩放因子。

差分扰动操作已在 4.2.2 节进行了描述，本节不再赘述。本节的差分的缩放

因子设置为 $\alpha_5 = 2(0.5-rand)$，其融入了启发式搜索，使差分扰动操作能够在解空间区域中搜索到多个不同方向的位置，更有利于全局搜索。

混合扰动操作如图 9-3 所示，从中可以看出，在算法的前一半迭代时采用差分扰动操作，注重全局搜索，在算法的后一半迭代时采用直接扰动操作，注重收敛速度。这样设置符合算法优化过程中对探索和开采的需求。

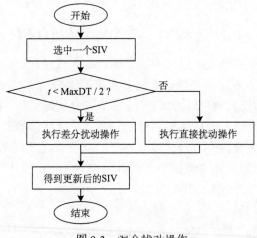

图 9-3　混合扰动操作

改进的迁移算子更新方法如图 9-4 所示。

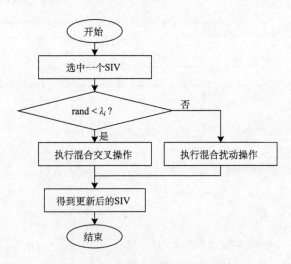

图 9-4　改进的迁移算子更新方法

改进的迁移算子更新方法克服了原直接取代式迁移操作存在迁移方式简单，搜索方向单一，在解空间区域中可搜索到的位置有限的不足，不仅增强了全局搜索能力和局部搜索能力，还致力于两者的平衡，整体上大幅度增强算法性能。

9.2.3　HBBOS 算法总流程

本节将改进的 BBO 算法迁移算子更新方法融入 SFLA 的分组结构框架中，与改进的 SFLA 更新方法按种群个体进行混合，即两者基于种群中个体的不同执行相应的操作，共同更新种群，促进了全局信息交换和组内局部搜索。对于一个随机初始化的种群，通过目标函数评价种群中每个个体的适应度，按 SFLA 分组规则进行分组，每次组内迭代，对组内适应度最优的个体采用改进的 SFLA 更新方法更新，对组内其他个体采用改进的 BBO 算法迁移算子更新方法更新。这样的设置有利于最大化算法性能，同时也保证在使用榜样选择法选择迁出栖息地时，不会出现因最优个体无榜样而不能更新的情况。此外，在算法中使用贪婪选择法对种群进行优胜劣汰[2]，又在 HSI 总是有效的前提下，将迁入率计算步骤移至算法的迭代循环外，降低计算复杂度[4]。HBBOS 总流程的伪代码如算法 9-1 所示，其中，n 为每组含有的青蛙数。

算法 9-1　HBBOS 总流程

初始化参数，随机生成种群

评价每只青蛙的适应度，按青蛙适应度由优至劣对种群排序

for t = 1 to MaxDT do

根据 SFLA 分组规则对所有青蛙分组

　for g = 1 to m do

　　for i = 1 to n do

　　　通过式(9-1)更新组内位置最优的青蛙

　　　for j = 1 to D do

　　　　根据图 9-4 更新选中的栖息地 SIV

　　　end for

　　end for

　对组内所有青蛙进行越界限制

　评价组内每个青蛙的适应度

　采用贪婪选择法更新组内所有青蛙

　将更新后的该组所有青蛙并入到总的种群中

　end for

根据青蛙适应度由优至劣对种群排序

end for

输出最终结果

9.2.4 HBBOS 算法与 BBO 算法的异同点

　　HBBOS 算法和 BBO 算法的主要相同点在于，它们都是依据栖息地的迁入率执行相关的更新操作。两种算法的主要不同点分为两个方面：①BBO 算法主要通过迁移算子和变异算子对种群中每个个体的每一个维度执行判断更新，而 HBBOS 算法由于采用了 SFLA 的分组结构，主要对组内的个体执行相应的更新操作，且每次迭代都有一个个体以整个向量为单位，直接进行全维的更新；②BBO 算法的迁移算子采用的是直接取代式迁移操作，对执行迁入的栖息地 SIV 进行更新，对不执行迁入的栖息地 SIV 则不更新，而在 HBBOS 算法中，改进的 BBO 算法迁移算子更新方法不仅对选中迁入的栖息地 SIV 进行更新，还对没有选择迁入的栖息地 SIV 进行更新，总共采用了四种不同的更新方式。

9.3　实验与分析

9.3.1　实验准备

　　为了验证 HBBOS 算法的普适性，在 10 个单峰、多峰和平移基准函数及 CEC2014[5]测试集上进行了大量实验，对比了其他先进的算法。选用的基准函数如表 9-1 所示，更多基准函数的信息请参见附录。所有实验均在操作系统为 Windows 7、CPU 为主频 3.10GHz 和内存为 4GB 的 PC 上进行的，编程语言采用 MATLAB R2014a。

表 9-1　本章选用的基准函数

编号	名称	编号	名称
f_1	Schwefel2.22	f_6	Shifted Sphere
f_2	Step	f_7	Shifted Schwefel 2.21
f_3	Penalized 1	f_8	Shifted Rosenbrock
f_4	Penalized 2	f_9	Shifted Griewank
f_5	Himmeblau	f_{10}	Shifted Ackley

　　参数方面，在 10 个单峰、多峰、平移和旋转基准函数上设置 $f_1 \sim f_4$ 和 $f_6 \sim f_{10}$ 的维度 $D = 30$，f_5 的维度 $D = 100$，设置 HBBOS 算法的种群数量 $N = 40$，最大迁入率 $I = 1$，分组数 $m = 5$，组内青蛙数 $n = N/m$，概率参数 $\beta = 0.04$，启发式缩放因子 $\alpha_3 = 2$，根据基准函数的维度设置最大迭代次数 MaxDT = 2500，其最大函数评价次数 MNFE 约为 100000，每种算法的独立运行次数为 30，在 CEC2014 测试集上的设置见下文相应的小节，用实验获得的平均值和标准差值进行对比。平均

值展现了优化能力，标准差值展现了稳定性。在所有的实验结果表中，加粗的为最优者。

9.3.2　HBBOS 算法与同类算法的对比

本组实验用 HBBOS 算法与先进的以及经典的同类算法进行对比，选取的对比算法包括 LSFLA[6]、LxBBO 算法[7]、BLPSO 算法[8]、DE/BBO 算法[9]和 BHS 算法[10]，其中，LSFLA 和 LxBBO 算法分别是近几年提出的 SFLA 和 BBO 算法的基本改进算法，性能分别优于原始 SFLA 和 BBO 算法，BLPSO 算法、DE/BBO 算法和 BHS 算法均是 BBO 算法的混合改进算法，BLPSO 算法是 BBO 算法和粒子群优化算法的混合算法、DE/BBO 算法是 BBO 算法和差分进化算法的混合算法，该算法也是具有代表性的经典算法，BHS 算法是 BBO 算法和和声搜索算法的混合算法。这些算法都具有很强的竞争性和代表性，对于同为 BBO 算法的混合改进算法 HBBOS 算法来说更具可比性。

对比算法的主要参数设置如表 9-2 所示，其他参数设置同其相应的参考文献。公平起见，对五种对比算法的最大迭代次数 MaxDT 进行调整，使它们的最大函数评价次数 MNFE 与 HBBOS 算法近似相等。

表 9-2　五种对比算法的主要参数设置

算法	参数
BLPSO	$N = 40, I = 1, E = 1, c = 1.496, w = 0.9 - 0.7t/\text{MaxDT}$
BHS	$N = 10, I = 1, E = 1, \text{HMCR} = 0.95, \text{PAR}_{max} = 0.99, \text{PAR}_{min} = 0.35, \text{BW}_{max} = 0.1, \text{BW}_{min} = 0.00001$
LSFLA	$N = 20, m = 5, n = N/m, C = 9, \text{Beta} = 0.8$
DE/BBO	$N = 100, I = 1, E = 1, mp = 1, F = \text{rndreal}(0.1, 1.0), CR = 0.9$
LxBBO	$N = 40, I = 1, E = 1, mp = 0.005, \gamma_{max} = 1, \gamma_{min} = 0.1, a = 0, b = 0.5, k = 0.95$

六种算法的结果对比如表 9-3 所示，其中，在平移函数$(f_6 \sim f_{10})$上展示的数据是取算法所得结果减去该基准函数理想最小值后的数值，使得对比更加直观。

对于表 9-3 中展示的结果，将六种算法分两个方面进行对比。首先，将 HBBOS 算法与 SFLA 和 BBO 算法的单一改进算法，即 LSFLA 和 LxBBO 算法进行对比，从中可以看出，在 10 个基准函数上，HBBOS 算法获得了 9 次最优的平均值（包括 1 次和其他算法共同获得最优的平均值）和 8 次最优的标准差值（包括 1 次和其他算法共同获得最优的标准差值）。HBBOS 算法在f_1上获得的平均值及在f_1和f_8上获得的标准差值虽然不是最优的，但也是次优的。其次，将 HBBOS 算法与 BBO 算法的混合改进算法，即 BLPSO 算法、DE/BBO 算法和 BHS 算法进行对比，从中可以看出，在 10 个基准函数上，HBBOS 算法在大多数情况下获得的平均值和标准差值都是最优或者与其他算法并列最优的，虽然 HBBOS 算法在 f_9 上获得的平均值及在 f_8 和 f_9 上获得的标准差值不是最优，但也是次优的。

表 9-3　HBBOS 算法与同类算法的结果对比

函数	度量	HBBOS	LSFLA	LxBBO	BLPSO	DE/BBO	BHS
f_1	平均值	1.3390×10^{-45}	$\mathbf{0.0000 \times 10^0}$	3.0439×10^{-3}	1.7873×10^{-9}	1.4119×10^{-3}	1.5024×10^{-4}
	标准差值	1.9224×10^{-45}	$\mathbf{0.0000 \times 10^0}$	2.8405×10^{-3}	9.1506×10^{-9}	2.5130×10^{-4}	9.4628×10^{-6}
f_2	平均值	$\mathbf{0.0000 \times 10^0}$	$\mathbf{0.0000 \times 10^0}$	6.6667×10^{-2}	1.6667×10^{-1}	$\mathbf{0.0000 \times 10^0}$	1.0000×10^0
	标准差值	$\mathbf{0.0000 \times 10^0}$	$\mathbf{0.0000 \times 10^0}$	2.5371×10^{-1}	3.7905×10^{-1}	$\mathbf{0.0000 \times 10^0}$	9.4686×10^{-1}
f_3	平均值	$\mathbf{1.5705 \times 10^{-32}}$	6.3697×10^{-2}	1.0419×10^{-2}	3.6700×10^{-1}	7.6877×10^{-5}	2.8277×10^{-4}
	标准差值	$\mathbf{5.5674 \times 10^{-48}}$	2.3663×10^{-2}	3.1618×10^{-2}	6.1548×10^{-1}	3.8489×10^{-5}	2.6431×10^{-4}
f_4	平均值	$\mathbf{1.3498 \times 10^{-32}}$	1.5168×10^0	3.3383×10^{-2}	3.2962×10^{-3}	4.9224×10^{-4}	3.3808×10^{-2}
	标准差值	$\mathbf{5.5674 \times 10^{-48}}$	2.5210×10^{-1}	4.8436×10^{-3}	5.1211×10^{-1}	2.1174×10^{-4}	1.9587×10^{-2}
f_5	平均值	-7.8332×10^1	-4.1172×10^1	-7.8329×10^1	-6.5882×10^1	-6.8466×10^1	-7.6976×10^1
	标准差值	2.2328×10^{-7}	6.2897×10^{-1}	9.1262×10^{-4}	1.4151×10^0	8.6312×10^{-1}	2.3388×10^{-1}
f_6	平均值	3.9790×10^{-14}	6.0116×10^3	2.6240×10^{-2}	2.5302×10^2	8.3330×10^{-5}	6.5896×10^{-1}
	标准差值	2.6494×10^{-14}	1.2304×10^3	8.4414×10^{-2}	3.5269×10^2	2.1542×10^{-1}	3.0914×10^{-1}
f_7	平均值	$\mathbf{5.2175 \times 10^{-1}}$	3.6541×10^1	1.0134×10^1	4.5416×10^0	5.4143×10^0	2.4166×10^0
	标准差值	$\mathbf{1.8626 \times 10^{-1}}$	5.5919×10^0	2.1518×10^0	1.6047×10^0	7.0022×10^{-1}	4.3884×10^{-1}
f_8	平均值	$\mathbf{7.9128 \times 10^1}$	1.3648×10^8	2.4079×10^3	2.3252×10^5	1.3894×10^2	1.1664×10^3
	标准差值	1.0440×10^2	5.3060×10^7	4.2722×10^2	7.0916×10^5	$\mathbf{9.7124 \times 10^1}$	1.4013×10^3
f_9	平均值	6.0702×10^{-3}	4.8280×10^1	7.0105×10^{-2}	1.2477×10^0	$\mathbf{4.9866 \times 10^{-4}}$	5.9683×10^{-1}
	标准差值	8.8602×10^{-3}	1.2149×10^1	5.5497×10^{-2}	1.5055×10^0	$\mathbf{3.3101 \times 10^{-4}}$	1.9200×10^{-1}
f_{10}	平均值	$\mathbf{4.0728 \times 10^{-12}}$	1.2818×10^1	8.7406×10^{-2}	1.9513×10^0	3.0016×10^{-1}	9.1203×10^{-2}
	标准差值	$\mathbf{1.1482 \times 10^{-11}}$	1.2793×10^0	2.1540×10^{-1}	2.2921×10^{-1}	3.3375×10^{-4}	1.0250×10^{-1}

　　本组实验结果表明，与先进的以及经典的同类算法相比，大多数情况下，HBBOS 算法获得的结果是最优的。

9.3.3　HBBOS 算法与其他类算法的对比

　　本组实验用 HBBOS 算法对比较为经典的其他类算法，选取的对比算法有 LEA 算法[11]和 OLPSO-G 算法[12]，LEA 算法是基于等级进化和拉丁方的进化算法，OLPSO-G 算法是正交学习的粒子群优化算法，它们具有一定的竞争性，在同类算法中又具有一定代表性。

　　为了客观比较，对比算法的实验结果分别取自它们相应的参考文献，取所有算法共同测试过的基准函数上的结果进行对比。为了使结果对比可靠，HBBOS 算法的最大函数评价次数 MNFE 总是小于或近似等于对比算法，三种算法的结果对比如表 9-4 所示。

表 9-4　HBBOS 算法与其他类算法的结果对比

算法	MNFE	平均值	标准差值	MNFE	平均值	标准差值
		f_1			f_3	
LEA	110031	4.2000×10^{-19}	4.2000×10^{-19}	132642	2.4000×10^{-6}	2.2000×10^{-6}
OLPSO-G	200000	9.8500×10^{-30}	1.0100×10^{-29}	200000	1.5900×10^{-32}	1.0300×10^{-33}
HBBOS	100000	**1.3400×10^{-45}**	**1.9200×10^{-45}**	100000	**1.5700×10^{-32}**	**5.5700×10^{-48}**
		f_4			f_5	
LEA	130213	1.7000×10^{-4}	1.2000×10^{-4}	243895	-7.8310×10^{1}	6.1000×10^{-3}
OLPSO-G	200000	4.3900×10^{-4}	2.2000×10^{-3}	NA	NA	NA
HBBOS	100000	**1.3500×10^{-32}**	**5.5700×10^{-48}**	100000	**-7.8332×10^{1}**	**2.2300×10^{-7}**

从表 9-4 中可以看出，不论在平均值还是标准差值的对比上，HBBOS 算法获得的结果总是最优的。只有在 f_3 上，OLPSO-G 算法获得的平均值较 HBBOS 算法相差不大，但是 OLPSO-G 算法消耗的 MNFE 更多。相较于 LEA 算法，HBBOS 算法获得的结果优势明显。本组实验结果表明，与较为经典的其他类算法相比，总的来说，HBBOS 算法获得的结果是三种算法中最可取的。

9.3.4　HBBOS 算法在 CEC2014 测试集上的对比

为了进一步验证 HBBOS 算法的普适性，在 CEC2014 测试集的维度 $D=10$、$D=30$ 和 $D=50$ 的函数上进行了测试，选取的对比算法同第一组实验。参数方面，在维度 $D=10$ 的函数上设置 HBBOS 算法的最大迭代次数 MaxDT=1250，其 MNFE 约为 50000，其他参数不变，五种对比算法的其他参数不改变，只调整它们的最大迭代次数 MaxDT，保证所有算法的最大函数评价次 MNFE 近似相等，每种算法在的独立运行次数为 30。在维度 $D=30$ 和 $D=50$ 的函数上，根据文献[5]的建议，设置每种算法的 MNFE $=10000\times D$，独立运行次数为 51。为了直观地展示对比情况，将六种算法在每个基准函数上获得的结果进行排名统计，排名标准同 8.3.4 节描述。六种算法的排名统计结果如表 9-5～表 9-7 所示。

表 9-5　六种算法在 CEC2014 测试集的维度 $D=10$ 的函数上的排名统计

算法	排名统计（次数）						平均排名
	第一	第二	第三	第四	第五	第六	
HBBOS	13	7	4	3	1	2	2.27
LSFLA	10	2	4	0	3	11	3.57
LxBBO	0	1	6	9	11	3	4.30
BLPSO	2	6	3	7	7	5	3.87
DE/BBO	3	12	9	4	2	0	2.67
BHS	2	2	4	7	6	9	4.33

表 9-6　六种算法在 CEC2014 测试集的维度 $D=30$ 的函数上的排名统计

算法	排名统计(次数)						平均排名
	第一	第二	第三	第四	第五	第六	
HBBOS	13	10	4	3	0	0	1.90
LSFLA	10	1	2	2	2	13	3.80
LxBBO	0	4	5	11	5	5	4.07
BLPSO	2	3	7	3	9	6	4.07
DE/BBO	4	10	6	6	3	1	2.90
BHS	1	2	6	5	11	5	4.27

表 9-7　六种算法在 CEC2014 测试集的维度 $D=50$ 的函数上的排名统计

算法	排名统计(次数)						平均排名
	第一	第二	第三	第四	第五	第六	
HBBOS	13	12	4	1	0	0	1.77
LSFLA	6	1	1	2	2	18	4.57
LxBBO	1	4	9	12	3	1	3.50
BLPSO	2	5	4	3	10	6	4.07
DE/BBO	5	6	5	5	7	2	3.30
BHS	3	2	7	7	8	3	3.63

从表 9-5 中可以看出，在 30 个函数测试上，HBBOS 算法总共获得了 13 次排名第一，7 次排名第二，4 次排名第三，3 次排名第四，1 次排名第五和 2 次排名第六，平均排名为 2.27，其获得排名第一的次数是所有算法中最多的，表明该算法能够处理大量不同类型的函数。DE/BBO 算法虽然只获得了 3 次排名第一，但其获得了 12 次排名第二，没有排名第六的情况，所以 DE/BBO 算法的平均排名为 2.67，仅次于 HBBOS 算法，在处理不同类型的函数时表现较好。LSFLA 的平均排名为 3.57，该算法获得了 10 次排名第一，是除 HBBOS 算法外获得排名第一次数最多的，但其获得了 11 次排名第六，是所有算法中最多的，表明该算法在处理一些函数时性能优秀，在处理其他函数时性能不佳，也就是说该算法性能不够稳定。BLPSO 算法的平均排名为 3.87，获得的各名次的次数较为平均，表明该算法性能不如其他一些算法，但是获得的结果较为稳定。LxBBO 算法的平均排名均分别为 4.30，但该算法没有获得过排名第一。BHS 算法的平均排名为 4.33，不如其他五种算法，其平均排名比 LxBBO 算法略低，但该算法获得了 2 次排名第一。

从表 9-6 和表 9-7 中可以看出，HBBOS 算法获得排名第一的次数总是最多的，其平均排名也是最高的，从而得到与表 9-5 相似的结论。

另外，实验还随机选取 8 个在维度 $D=10$ 的函数上的结果作为示例绘制收敛曲线，如图 9-5 所示。

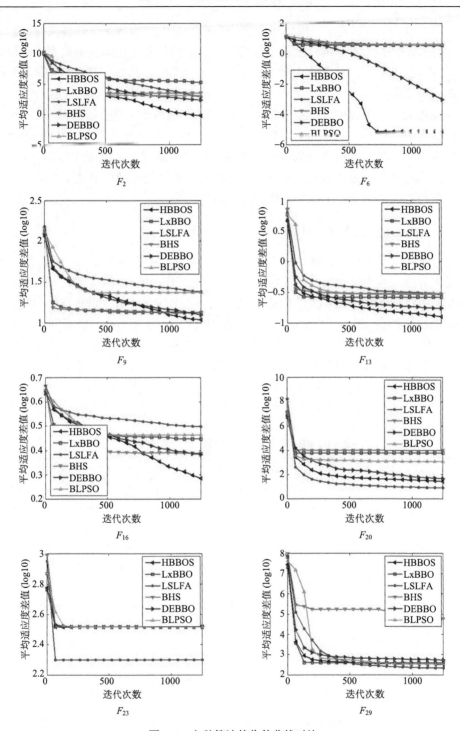

图 9-5 六种算法的收敛曲线对比

从图 9-5 中可以看出,HBBOS 算法在多数函数上的收敛速度是最快的,例如,在 F_6 上,HBBOS 算法的收敛能力优势明显,虽然其在一些基准函数上的收敛结果不如其他算法,但从整体上考虑在所有函数上的收敛情况,HBBOS 算法的结果是最可取的。

本组实验用 HBBOS 算法在 CEC2014 测试集的函数上进行了测试,对比了先进的和经典的同类算法,实验结果展现了 HBBOS 算法的优秀性能。虽然 HBBOS 算法在一些函数上得到的结果不是最优的,但是在整体上,HBBOS 算法获得的结果是六种算法中最可取的,HBBOS 算法能够较好地处理大多数不同类型的函数,从而进一步验证了 HBBOS 算法较强的普适性。

9.3.5　HBBOS 算法的 t 检验和 Wilcoxon 符号秩检验

t 检验是一种参数性统计检验,通过数学统计学的方法检验上文实验所得结果的可靠性,其相关介绍和规则描述请参见 4.3.5 节。对 HBBOS 算法与 LSFLA、LxBBO 算法、BLPSO 算法和 BHS 算法在表 9-3 上的对比结果进行置信水平 $\alpha = 0.05$ 的独立样本 t 检验。将 HBBOS 算法作为算法 1,其他对比算法分别作为算法 2,样本数量 n_1 和 n_2 均为 30,其 t 检验结果如表 9-8 所示,由于在一些基准函数上两种算法的标准差值均为 0,此情况下无法计算 t 值,故用 NA 表示。将 t 值转换为条件概率 p 值(双尾检验),对 $p > 0.05$ 的用 "–" 标记,对 $0.01 < p \leqslant 0.05$ 的用 "*" 标记,对 $p \leqslant 0.01$ 的用 "+" 标记。

表 9-8　HBBOS 算法与其他四种对比算法的 t 检验结果

函数	LSFLA			LxBBO			BLPSO			BHS		
	t 值	df	p 值	t 值	df	p 值	t 值	df	p 值	t 值	df	p 值
f_1	−3.815	29	0.001 +	5.869	29	0 +	1.070	29	0.294 −	89.961	29	0 +
f_2	NA	NA	NA	1.439	29	0.161 −	2.408	29	0.023 *	5.785	29	0 +
f_3	14.744	29	0 +	1.805	29	0.081 −	3.266	29	0.003 +	5.860	29	0 +
f_4	32.955	29	0 +	3.775	29	0.001 +	3.525	29	0.001 +	9.454	29	0 +
f_5	323.600	29	0 +	18.605	29	0 +	48.191	29	0 +	31.758	29	0 +
f_6	26.761	29	0 +	1.703	29	0.099 −	3.929	29	0 +	11.675	29	0 +
f_7	35.261	29	0 +	24.376	29	0 +	13.629	30	0 +	21.770	39	0 +
f_8	14.088	29	0 +	29.003	32	0 +	1.795	29	0.083 −	4.238	29	0 +
f_9	21.764	29	0 +	6.241	30	0 +	4.517	29	0 +	16.835	29	0 +
f_{10}	54.879	29	0 +	2.223	29	0.034 *	466.285	29	0 +	4.874	29	0 +

从表 9-8 中可以看出,在所有 39 次统计中,有 38 次 $t > 0$,其中,有 33 次 p 值为 "+" 或者 "*",只有在 f_1 上出现了 $t < 0$ 的情况,表明 HBBOS 算法比其他

四种对比算法在多数情况下显著更优。通过 t 检验再次表明，整体上 HBBOS 算法优于其他四种对比算法，验证了 9.3.2 节对 HBBOS 算法的实验结果讨论。

　　Wilcoxon 符号秩检验是一种非参数统计性检验方法[13]，其同样是通过数学统计学的方法检验上文实验所得结果的可靠性，其相关介绍及检验规则请参见第 5.3.4 节。用该方法检验 HBBOS 算法与 LSFLA、LxBBO 算法、BLPSO 算法、DE/BBO 算法和 BHS 算法的性能。检验所用的软件是 IBM SPSS Statistics 19，用于检验的数据取自六种算法在 CEC2014 测试集上的实验结果。Wilcoxon 符号秩检验结果如表 9-9 所示。

表 9-9　HBBOS 算法的 Wilcoxon 符号秩检验结果

	在 CEC2014 测试集的维度 $D = 10$ 的函数上的结果			
	p 值	R^+	R^-	$n/w/t/l$
HBBOS 对比 LSFLA	0.943	229	236	30/18/0/12
HBBOS 对比 LxBBO	0.001	397	68	30/25/0/5
HBBOS 对比 BLPSO	0.001	388	77	30/24/1/5
HBBOS 对比 DE/BBO	0.127	303	162	30/20/1/9
HBBOS 对比 BHS	0.001	390	75	30/25/0/5
	在 CEC2014 测试集的维度 $D = 30$ 的函数上的结果			
	p 值	R^+	R^-	$n/w/t/l$
HBBOS 对比 LSFLA	0.106	311	154	30/20/0/10
HBBOS 对比 LxBBO	0.001	440	25	30/26/0/4
HBBOS 对比 BLPSO	0.001	449	16	30/27/0/3
HBBOS 对比 DE/BBO	0.007	358	107	30/22/1/7
HBBOS 对比 BHS	0.001	448	17	30/27/0/3
	在 CEC2014 测试集的维度 $D = 50$ 的函数上的结果			
	p 值	R^+	R^-	$n/w/t/l$
HBBOS 对比 LSFLA	0.002	385	80	30/24/0/6
HBBOS 对比 LxBBO	0.001	453	12	30/27/0/3
HBBOS 对比 BLPSO	0.001	454	11	30/28/0/2
HBBOS 对比 DE/BBO	0.010	352	113	30/21/1/8
HBBOS 对比 BHS	0.001	425	40	30/26/0/4

　　从表 9-9 中可以看出，在维度 $D = 10$ 的函数上的结果对比上，HBBOS 算法的性能显著优于 LxBBO 算法、BLPSO 算法和 BHS 算法，置信水平 $\alpha = 0.01$，DE/BBO 算法展现出了强烈的竞争，但其性能没有胜过 HBBOS 算法，LSFLA 与 HBBOS 算法性能相当，但 HBBOS 算法在更多的函数上获得了更好的结果。在维

度 $D=30$ 的函数上的结果对比上，HBBOS 算法的性能显著优于 LxBBO 算法、BLPSO 算法、DE/BBO 算法和 BHS 算法，置信水平 $\alpha = 0.01$，LSFLA 展现出较强的竞争，但其性能没有胜过 HBBOS 算法。在维度 $D = 50$ 的函数上的结果对比上，HBBOS 算法的性能显著优于 LSFLA、LxBBO 算法、BLPSO 算法、DE/BBO 算法和 BHS 算法，置信水平 $\alpha = 0.01$。

9.3.6　实验总结

通过在 10 个单峰、多峰和平移基准函数及 CEC2014 测试集上的大量实验，用 HBBOS 算法与多个经典的和先进的同类及其他类算法进行结果对比，对结果进行 t 检验和 Wilcoxon 符号秩检验，表明了 HBBOS 算法具有更为显著的寻优能力，更强的稳定性，能够处理大量不同类型的优化问题，验证了 HBBOS 算法具有较强的普适性。

9.4　本章小结

本章提出了一种混合蛙跳优化的 BBO 算法(HBBOS)，用以增强 BBO 算法的普适性。首先，对 SFLA 和 BBO 算法的更新方法分别进行改进，对于 SFLA，将其组内每次迭代更新一只适应度最差青蛙改为更新所有青蛙，去掉随机更新，将局部更新和全局更新合并成差分扰动更新，从而克服了随机更新可能破坏优质解的不足，避免了繁琐的青蛙跳跃过程，增加了种群多样性，提升了全局搜索能力，对于 BBO 算法，取出其迁移算子，在其中融入混合交叉操作和混合扰动操作，取代原直接取代式迁移操作，克服原迁移算子存在的迁移方式简单，搜索方向单一，在解空间区域中可搜索到的位置有限的不足，强化局部搜索能力的同时又强调了全局搜索能力，平衡了算法的探索和开采；其次，将改进的 BBO 算法迁移算子更新方法融入 SFLA 的分组结构框架中，与改进的 SFLA 更新方法混合，两者基于种群中个体的不同执行相应的操作，共同更新种群，促进了全局信息交换和组内局部搜索。最终得到具有优秀普适性的混合算法。通过在 10 个单峰、多峰和平移基准函数及 CEC2014 测试集上进行了大量实验，对比了多个经典的和先进的同类及其他类算法，证明了 HBBOS 算法寻优能力显著、稳定性强、能够处理多种类型的优化问题，具有较强的普适性。

参 考 文 献

[1]　Eusuff M M, Lansey K E. Optimization of water distribution network design using the shuffled frog leaping algorithm. Journal of Water Resources Planning & Management, 2003, 129(3): 210-225.

[2] Zhang X M, Kang Q, Tu Q, et al. Efficient and merged biogeography-based optimization algorithm for global optimization problems. Soft Computing, 2019, 23 (12): 4483-4502.

[3] Storn R, Price K. Differential evolution-a simple and efficient heuristic for global optimization over continuous spaces. Journal of Global Optimization, 1997, 114 (4): 341-359.

[4] Zhang X M, Kang Q, Cheng J, et al. A novel hybrid algorithm based on biogeography-based optimization and grey wolf optimizer. Applied Soft Computing, 2018, 67: 197-214.

[5] Liang J J, Qu B Y, Suganthan P N, et al. Problem definitions and evaluation criteria for the CEC 2014 special session and competition on single objective real-parameter numerical optimization. Technical Report, 2014.

[6] Tang D, Yang J, Dong S, et al. A Lévy flight-based shuffled frog-leaping algorithm and its applications for continuous optimization problems. Applied Soft Computing, 2016, 49: 641-662.

[7] Garg V, Deep K. Performance of Laplacian biogeography-based optimization algorithm on CEC 2014 continuous optimization benchmarks and camera calibration problem. Swarm & Evolutionary Computation, 2016, 27: 132-144.

[8] Chen X, Tianfield H, Mei C, et al. Biogeography-based learning particle swarm optimization. Soft Computing, 2016: 1-23.

[9] Gong W Y, Cai Z H, Ling C X. DE/BBO: a hybrid differential evolution with biogeography-based optimization for global numerical optimization. Soft Computing, 2010, 15 (4): 645-665.

[10] Zheng Y J, Zhang M X, Zhang B. Biogeographic harmony search for emergency air transportation. Soft Computing, 2016, 20 (3): 967-977.

[11] Wang Y P, Dang C Y. An evolutionary algorithm for global optimization based on level-set evolution and Latin squares. IEEE Transactions on Evolutionary Computation, 2007, 11 (5): 579-595.

[12] Zhan Z H, Zhang J, Li Y, et al. Orthogonal learning particle swarm optimization. IEEE Transactions on Evolutionary Computation, 2011, 15 (6): 832-847.

[13] Derrac J, García S, Molina D, et al. A practical tutorial on the use of nonparametric statistical tests as a methodology for comparing evolutionary and swarm intelligence algorithms. Swarm & Evolutionary Computation, 2011, 1 (1): 3-18.

第 10 章　图像分割概述

10.1　引　　言

　　数字图像处理技术是一个跨学科的领域。随着计算机科学技术的不断发展，图像处理和分析逐渐形成了自己的科学体系，新的处理方法层出不穷，尽管其发展历史不长，但却引起各方面学者的广泛关注。首先，视觉是人类最重要的感知手段，图像又是视觉的基础，因此，数字图像成为心理学、生理学、计算机科学等诸多领域内的学者们研究视觉感知的有效工具。其次，图像处理在军事、遥感、气象等大型应用中有不断增长的需求[1]。

　　图像分割是把图像分成若干个特定的、具有独特性质的区域，并提出感兴趣目标的技术和过程，是由基本的图像处理到图像分析的关键步骤，在科学和工程领域中有重要意义。从数学角度来看，图像分割是将数字图像划分成互不相交的区域的过程，该过程也是一个把属于同一区域的像素赋予相同编号的过程。图像分割依据的分割准则是要保证相同区域的像素点属性特征具有一致性，这些特征包括灰度特征、纹理特征、彩色特征等。图像分割是图像处理中的基本技术，对于图像分析、理解和识别起着至关重要的作用，在图像处理过程中占据着非常重要的地位[2]。

　　图像分割是计算机视觉领域低层次视觉中的主要问题，也是计算机视觉研究中的一个经典难题，已成为图像理解领域关注的一个热点[3]。没有正确的分割就不可能有正确的识别。但是，进行分割仅有的依据是图像中像素的亮度及颜色，由计算机自动处理分割时，将会遇到各种困难。例如，光照不均匀、噪声的影响、图像中存在不清晰的部分以及阴影等，常常发生分割错误。因此图像分割是需要进一步研究的技术，学者们希望引入一些人为的知识导向和人工智能的方法，用于纠正某些分割中的错误，但是这又增加了解决问题的复杂性。在通信领域中，图像分割技术对可视电话等活动图像的传输很重要，需要把图像中活动部分与静止的背景分开，还要把活动部分中位移量不同的区域分开，对不同运动量的区域用不同的编码传输，以降低传输所需的码率。

　　图像分割的定义用数学中集合的概念可以描述为：假设集合 I 为整个图像区域，将该图像区域分割为 n 个子区域，相当于将 I 分成 n 个子集 $\{R_1, R_2, \cdots, R_n\}$，这些子集应满足如下条件，其中，$H$ 用来判断是否具有一致性属性特性。

(1) $\bigcup_{i=1}^{n} R_i = I$;

(2) 对于 $\forall i, j = 1, 2, \cdots, n$, 且 $i \neq j$, 都有 $G_i \cap G_j = \varnothing$;

(3) 对于 $\forall i, j = 1, 2, \cdots, n$, 且 $i \neq j$, 都有 $H(R_i \cup R_j) = \text{False}$;

(4) 对于 $\forall i, j = 1, 2, \cdots, n$, 都有 $H(R_i \cup R_j) = \text{True}$ 。

对上述条件进行解释：条件(1)指的是分割所得到的全部子区域的总和包括了图像中所有像素点，条件(2)指的是任意的两个子区域不包括同一个像素点；条件(3)指的对于分割所得的子区域，相同子区域中的像素点应具有相同的特征，不同子区域中的像素点应具有一些不同的特征；条件(4)指的在同一子区域中，任意两个像素点都是连通的[4]。

10.2　图像分割方法

10.2.1　图像分割方法概述

图像分割问题由于其重要性和困难性，从 20 世纪 70 年代起就吸引了大量学者深入研究，但是到目前为止还不存在一种通用的分割方法，也不存在一个判断图像分割是否成功的客观标准[5]。目前在该领域内常见的图像分割方法主要包括基于阈值的分割方法、基于区域的分割方法、基于边缘的分割方法以及基于特定理论的分割方法等。对于待分割的图像，根据其应用场景的不同，所采用的分割方法也不同，大部分的分割方法都是针对图像的某种特征，如亮度、纹理、形状、色彩等，尚没有一种方法适用于所有的图像，其中最常用的图像分割方法是阈值分割方法。

10.2.2　阈值分割方法

阈值分割方法是一种传统的图像分割方法，其计算量小、性能稳定、简单易实现，因而成为图像分割中最基本和应用最广泛的分割技术[6]。阈值分割方法适用于目标和背景占据不同灰度级范围的图像，通过设定不同的特征阈值，把图像的像素点分为具有不同灰度级的目标区域和背景区域。阈值分割最关键的技术是阈值的选取，灰度阈值分割方法是一种最常用的并行区域技术，是图像分割中应用数量最多的一类。若将图像按照阈值分割为目标和背景两大类，那么只需要选取一个阈值，即单阈值分割。单阈值分割实际上是输入图像 f 到输出图像 g 的变换，其表达式为

$$g(i,j) = \begin{cases} 1, & f(i,j) \geqslant T \\ 0, & f(i,j) < T \end{cases} \tag{10-1}$$

其中，T 为阈值。

当图像中有多个目标需要提取时，就要选取多个阈值组成阈值向量将每个目标分割开，即多阈值分割，其表达式为

$$g(i,j)=\begin{cases} L_0, & f(i,j) < T_1 \\ L_1, & T_1 \leqslant f(i,j) < T_2 \\ \quad\vdots \\ L_{n-1}, & T_{n-1} \leqslant f(i,j) < T_n \\ L_n, & f(i,j) \geqslant T_n \end{cases} \tag{10-2}$$

阈值分割的结果取决于阈值或阈值向量的选择，阈值或阈值向量确定后，与像素点的灰度值进行对比，从而达到分割图像的目的。常用的阈值选择方法有利用图像灰度直方图的峰谷法、最小误差法、基于过渡区法、利用像素点空间位置信息的变化阈值法、结合连通信息的阈值方法、最大相关性原则选择阈值和最大熵原则自动阈值法等。

10.2.3 区域分割方法

区域的分割方法是以直接寻找区域为基础的分割技术，基于区域提取方法有两种基本形式[7]。第一种基本形式是区域生长，即从单个像素出发，逐步合并以形成所需要的分割区域。区域生长的基本思想是将具有相似性质的像素集合起来构成区域，首先对每个需要分割的区域找一个种子像素点作为生长的起点，然后将种子像素周围与种子像素有相同或相似性质的像素合并到种子像素所在的区域中，接着将这些新像素当作新的种子像素继续进行上面的过程，直到再没有满足条件的像素可被包括进来，如此长成了一个区域。区域生长是串行区域技术，其分割过程后续步骤的处理要根据前面步骤的结果进行判断。常见的区域生长算法包括同伦的区域生长方式、对称区域生长方式和模糊连接度方法与区域生长相结合算法等。区域生长方法计算简单，对于较均匀的连通目标有较好的分割效果，但该方法需要人为选取种子，对噪声较敏感，可能导致区域内有空洞。此外，由于它是一种串行算法，当目标较大时分割速度较慢，因此在算法设计时应尽量提高运行效率。区域分割方法的另一种基本形式是分裂合并，即从全局出发，逐步切割至所需的分割区域。分裂合并可以说是区域生长的逆过程，它是从整个图像出发，不断分裂得到各个子区域，然后再把前景区域合并，得到前景目标，继而实现目标的提取。分裂合并的假设是对于一幅图像，前景区域是由一些相互连通的像素组成的，因此如果把一幅图像分裂到像素级，那么就可以判定该像素是否为前景像素。当所有像素点或者子区域完成判断以后，把前景区域或者像素合并就可以得到前景目标。在实际应用中，通常是将区域生长和区域分裂合并这两种基本形式结合使用，对某些复杂物体定义的复杂场景的分割或者对某些自然景物

的分割等类似先验知识不足的图像分割，效果较为理想。

10.2.4　边缘分割方法

边缘分割方法是通过检测包含不同区域的边缘来解决分割问题[8]。通常情况下，不同区域间的边缘上像素灰度值的变化比较剧烈，这是边缘检测方法得以实现的主要假设条件之一。边缘检测方法一般利用图像　阶导数的极大值或二阶导数的过零点信息来提供判断边缘点的基本依据。边缘检测技术通常可以分为串行边缘检测和并行边缘检测。串行边缘检测对于确定当前像素点是否属于检测边缘上的一点，取决于先前像素的验证结果。并行边缘检测对于一个像素点是否属于检测边缘上的一点，取决于当前正在检测的像素点以及与该像素点的一些相邻像素点。最简单的边缘检测方法是并行微分算子法，它利用相邻区域的像素值不连续的性质，采用一阶或二阶导数来检测边缘点。近年来还有基于曲面拟合的方法、基于边界曲线拟合的方法、基于反应-扩散方程的方法、串行边界查找、基于变形模型的方法等被提出。常用的一阶导数算子有梯度算子、Prewitt 算子和 Sobel 算子，二阶导数算子有 Laplacian 算子、Kirsch 算子和 Wallis 算子。

10.2.5　基于特定理论的分割方法

基于特定理论的分割方法有很多，例如，基于小波分析和小波变换的分割方法[9]、基于马尔可夫随机场模型的分割方法[10]、基于人工神经网络的分割方法[11]、基于聚类的分割方法[12]、基于主动轮廓模型的分割方法[13]等。

小波变换是一种数学工具，它能将时域和频域统一于一体来研究信号，具有良好的局部化性质。小波变换具有多尺度特性，能够在不同尺度上对信号进行分析，因此在图像分割方面得到了应用。二进小波变换具有检测二元函数的局部突变能力，可作为图像边缘检测工具。图像的边缘出现在图像局部灰度不连续处，对应于二进小波变换的模极大值点。通过检测小波变换模极大值点可以确定图像的边缘小波变换位于各个尺度上，而每个尺度上的小波变换都能提供一定的边缘信息，因此可进行多尺度边缘检测来得到比较理想的图像边缘。小波变换方法也可以与其他方法结合进行图像分割。

马尔可夫随机场方法是建立在马尔可夫模型和贝叶斯理论基础上的，根据统计决策和估计理论中的最优化准则确定分割问题的目标函数，求解满足这些约束条件下的最大可能分布，从而将分割问题转化为优化问题。马尔可夫随机场最重要特点是对于图像中每个点的取值由其邻域像素决定，其本质是一种基于局部区域的分割方法。如果把图像理解为定义在矩形点阵上的随机过程，则马尔可夫很好地描述了各个像素之间的空间依赖性，即一个像素可以由它周围的像素确定。事实表明，图像像素的这种空间相关性总是存在的，因此可以使用马尔可夫随机场对图像进行建模。

20 世纪 80 年代后期，在图像处理、模式识别和计算机视觉的主流领域，受到人工智能发展的影响，出现了将更高层次的推理机制用于识别系统的做法，于是出现了基于人工神经网络模型的图像分割方法。人工神经网络是由大规模神经元互联组成的高度非线性动力系统，是在认识、理解人脑组织机构和运行机制的基础上模拟其结构和智能行为的一种工程系统。基于神经网络分割的基本思想是通过训练多层感知机来得到线性决策函数，然后用决策函数对像素进行分类来达到分割的目的。近几年神经网络在图像分割中的应用按照处理数据类型大致上可以分为两类，一类是基于像素数据的神经网络算法，另一类是基于特征数据的神经网络算法也即特征空间的聚类分割方法。基于像素数据分割的神经网络算法用高维的原始图像数据作为神经网络训练样本，比起基于特征数据的算法能够提供更多的图像信息，但是各个像素是独立处理的，缺乏一定的拓扑结构而且数据量大，计算速度非常慢，不适合实时数据处理。目前有很多神经网络算法是基于像素进行图像分割的，如 Hopfield 神经网络、细胞神经网络、概率自适应神经网络等。随着技术的不断发展，第三代脉冲耦合网络的研究，为图像分割提供了新的处理模式，它能克服图像中物体灰度范围值有较大重叠的不利影响，达到较好的分割效果。

对灰度图像和彩色图像中的相似灰度或色度合并的方法称之为聚类，通过聚类将图像表示为不同区域即所谓的聚类分割方法。此方法的实质是将图像分割问题转化为模式识别的聚类分析，如 k-means、参数密度估计、非参数密度估计等方法都能用于图像分割。实际中受到普遍欢迎的是基于目标函数的模糊 C 均值算法。该算法利用初始化方法确定聚类中心、聚类数，通过不断迭代循环，调整和优化聚类中心，最终使类内方差达到最小，从而实现聚类。目前常用的还有基于支持向量机聚类、基于遗传算法聚类等以及与其他算法相结合的聚类方法。

主动轮廓模型是图像分割的一种重要方法，具有统一的开放式的描述形式，为图像分割技术的研究和创新提供了理想的框架。在实现主动轮廓模型时，可以灵活地选择约束力、初始轮廓和作用域等，以得到更佳的分割效果，所以主动轮廓模型方法受到越来越多的学者关注。该方法是在给定图像中利用曲线演化来检测目标的一类方法，基于此可以得到精确的边缘信息。其基本思想是，先定义初始曲线，然后根据图像数据得到能量函数，通过最小化能量函数来引发曲线变化，使其向目标边缘逐渐逼近，最终找到目标边缘。这种动态逼近方法所求得的边缘曲线具有封闭、光滑等优点。传统的主动轮廓模型大致分为参数主动轮廓模型和几何主动轮廓模型。参数主动轮廓模型将曲线或曲面的形变以参数化形式表达，其特点是将初始曲线置于目标区域附近，无需人为设定曲线的演化是收缩或膨胀，其优点是能够与模型直接进行交互，且模型表达紧凑，实现速度快，但是参数主动轮廓模型难以处理模型拓扑结构的变化，比如曲线的合并或分裂等，而使用水平集的几何活动轮廓方法能够解决这一问题。

10.3　阈值分割准则

10.3.1　阈值分割准则概述

当通过阈值分割方法进行图像分割时，需要选取合适的阈值或阈值向量，选取通常基于一定的准则，常用的阈值分割准则包括最大熵法(最大熵准则)[14]、最小交叉熵法(最小交叉熵准则)[15, 16]、最大类间方差法(最大类间方差准则)[17]和 Tsallis 熵法(Tsallis 熵准则)[18]等。本书主要将改进的 BBO 算法应用于图像阈值分割技术中，故下文将以阈值分割准则为重点进行介绍。

10.3.2　最大熵法

最大熵法又称 Kapur 熵法，根据其概念，假设一幅图像有 L 个灰度级(L 常取 256)，M 个像素，灰度值为 i 的像素个数为 $h(i)$，$i=0,1,2,\cdots,L-1$，则 $M = \sum_{i=0}^{L-1} h(i)$，灰度值为 i 的像素的概率密度为 $P_i = h(i)/M$，$0 \leqslant i \leqslant L-1$。

基于最大熵的阈值向量选择方法描述如下。

对于一个任意给定的阈值向量$[x_1, x_2, \cdots, x_d]$，将图像分割成 $d+1$ 个部分的概率分布所对应的熵为

$$
\begin{aligned}
H_0 &= -\sum_{i=0}^{x_1} \frac{P_i}{\omega_0} \ln\left(\frac{P_i}{\omega_0}\right), & \omega_0 &= \sum_{i=0}^{x_1} P_i \\
H_1 &= -\sum_{i=x_1+1}^{x_2} \frac{P_i}{\omega_1} \ln\left(\frac{P_i}{\omega_1}\right), & \omega_1 &= \sum_{i=x_1+1}^{x_2} P_i \\
&\quad\vdots & &\quad\vdots \\
H_d &= -\sum_{i=x_d+1}^{L-1} \frac{P_i}{\omega_d} \ln\left(\frac{P_i}{\omega_d}\right), & \omega_d &= \sum_{i=x_d+1}^{L-1} P_i
\end{aligned}
\tag{10-3}
$$

则总的最大熵计算式为

$$
f\left([x_1, x_2, \cdots, x_d]\right) = H_0 + H_1 + \cdots + H_d
\tag{10-4}
$$

最终，使式(10-4)取得最大值的阈值向量即为最优阈值向量。

10.3.3　最小交叉熵法

交叉熵用于度量两个概率分布之间的信息量差异，它分别代表分割前后图像中像素特征向量的概率分布。最小交叉熵阈值分割方法通过求最优阈值使原始图

像和分割图像之间的信息量差异最小。

基于最小交叉熵多阈值分割方法描述如下。

设一幅图像的灰度级数为 L(L 的值通常取 256),则其图像灰度取值为$[1, L]$。灰度值为 i 出现的概率为 $h(i)$,其中,$i = 1, 2, 3, \cdots, L$。对于一个任意给定的阈值向量$[x_1, x_2, \cdots, x_d]$,且$(1 < x_1 < x_2 < \cdots < x_d < L)$,将图像分割为 $d + 1$ 个部分,每一部分的交叉熵为

$$E_0 = \sum_{i=0}^{x_1-1} ih(i) \log\left(i / u(1, x_1)\right)$$

$$E_1 = \sum_{i=x_1}^{x_2-1} ih(i) \log\left(i / u(x_1, x_2)\right)$$

$$\vdots$$

$$E_d = \sum_{i=x_d}^{L} ih(i) \log\left(i / u(x_d, L)\right)$$

$$(10\text{-}5)$$

其中,d 为阈值数,$u(1, x_1)$ 和 $u(x_1, x_2)$ 分别为各区域的类内均值,有

$$u(a, b) = \sum_{i=a}^{b-1} ih(i) / \sum_{i=a}^{b-1} h(i) \tag{10-6}$$

则总的交叉熵为

$$\mathrm{CE}(x_1, x_2, \cdots, x_d) = \sum_{i=1}^{L} ih(i) \log(i) - (E_0 + E_1 + \cdots + E_d) \tag{10-7}$$

最终,使 $\mathrm{CE}(x_1, x_2, \cdots, x_d)$ 取得最小值,即满足式(10-8)所示的阈值向量为最优阈值向量。

$$(x_1', x_2', \cdots, x_d') = \arg\min\left(\mathrm{CE}[x_1, x_2, \cdots, x_d]\right) \tag{10-8}$$

10.3.4　最大类间方差法

最大类间方差法按照图像的灰度特性,以各个灰度级像素出现的概率为基础,以阈值变量为分割依据,将图像中的像素分为两类,并计算这两类之间的类间方差,使类间方差的值最大的阈值变量为最优阈值。

基于最大类间方差法的阈值向量选择方法描述如下。

对于一幅灰度级在$[0, 1, \cdots, L-1]$内变化的图像,n_i 表示灰度级为 i 的像素点的个数,则图像中灰度值为 i 的像素点的概率分布为

$$p_i = n / N, \, p_i \geqslant 0, \quad \sum_0^{L-1} p_i = 1 \tag{10-9}$$

假设阈值 t 把图像分成目标区域 A 和背景区域 B 两部分,A 中包含的像素点的灰度值在区间$[0, t]$,B 中包含的像素点在区间$[t+1, L]$,则目标区域 A 出现的概率及灰度均值表示分别为

$$\omega_A = \sum_{i=0}^{t-1} p_i \tag{10-10}$$

$$u_A = \sum\nolimits_{i=1}^{t-1} ip_i \,/\, \omega_A \tag{10-11}$$

背景区域 B 出现的概率及灰度均值表示分别为

$$\omega_B = \sum\nolimits_{i=t}^{L-1} p_i \tag{10-12}$$

$$u_B = \sum\nolimits_{i=t}^{L-1} ip_i \,/\, \omega_B \tag{10-13}$$

目标区域 A 和背景区域 B 的类间方差表达式为

$$\sigma = \omega_A \left(u_A - u_T\right)^2 + \omega_B \left(u_B - u_T\right)^2 \tag{10-14}$$

其中，整个图像像素点的灰度均值 $u_T = \sum\nolimits_{i=0}^{L-1} ip_i$ 。

将上述情况扩展为多阈值图像分割，设有 d 个阈值，把图像划分为 $d+1$ 个区域，每一部分的灰度均值表达式为

$$u_0 = \sum\nolimits_{i=0}^{t_1} ip_i \,/\, \omega_0, \qquad \omega_0 = \sum\nolimits_{i=0}^{t_1} p_i$$

$$u_1 = \sum\nolimits_{i=t_1+1}^{t_2} ip_i \,/\, \omega_1, \quad \omega_1 = \sum\nolimits_{i=t_1+1}^{t_2} p_i$$

$$\vdots \tag{10-15}$$

$$u_n = \sum\nolimits_{i=t_n+1}^{L-1} ip_i \,/\, \omega_n, \quad \omega_n = \sum\nolimits_{i=t_n+1}^{L-1} p_i$$

此时图像各部分的像素均值类间方差表达式为

$$\sigma = \omega_A \left(u_A - u_T\right)^2 + \omega_B \left(u_B - u_T\right)^2 + \cdots + \omega_n \left(u_n - u_T\right)^2 \tag{10-16}$$

最终，使式 (10-16) 取得最大值的阈值向量 $[t_1, t_2, \cdots, t_n]$ 即为最优的阈值向量。

10.3.5　Tsallis 熵法

Tsallis 熵的离散定义为

$$T = \frac{1}{q-1}\left(1 - \sum\nolimits_{i=1}^{N} p_i^q\right) \tag{10-17}$$

其中，T 为 Tsallis 熵，q 为参数。与 Kapur 熵不同，Tsallis 熵引入了一个可以调节的参数 q，通过调节 q 值使得对信息的度量更具有一般性和灵活性。

基于最大 Tsallis 熵单阈值法描述如下。

假设阈值 t 将灰度直方图分成 1 区和 2 区，设在一维直方图中存在两个类：区域 1 和区域 2，分别表示目标和背景，那么两区域的灰度概率为

$$w_1 = \sum\nolimits_{i=0}^{t} p_i \tag{10-18}$$

$$w_2 = \sum\nolimits_{i=t+1}^{L-1} p_i \tag{10-19}$$

其中，$w_1 + w_2 = 1$。而两区域的 Tsallis 熵分别为

$$T_1(t) = \frac{1}{q-1}\left[1 - \sum_{i=0}^{t}\left(\frac{p_i}{w_1}\right)^q\right] \tag{10-20}$$

$$T_2(t) = \frac{1}{q-1}\left[1 - \sum_{i=t+1}^{L-1}\left(\frac{p_i}{w_2}\right)^q\right] \tag{10-21}$$

则总的 Tsallis 熵为

$$T(t) = T_1(t) + T_2(t) + (1-q)T_1(t)T_2(t) \tag{10-22}$$

选取的最佳阈值应满足

$$t' = \arg\max\left(T(t)\right) \tag{10-23}$$

从式(10-22)中可以看出，相比于 Kapur 熵，总 Tsallis 熵具有非广延性(并非 $T_1(t)$ 与 $T_2(t)$ 之和)，因为这种特性，基于 Tsallis 熵单阈值法的分割效果更好，但也正是由于这种特性，Tsallis 熵阈值选取公式可操作性较差，很难推广到多阈值分割方法中。为了获得基于最大 Tsallis 熵多阈值分割方法，首先证明定理 10-1。

定理 10-1　设在单阈值分割中，阈值 t 将灰度直方图分成 1 区和 2 区，令

$$S(t) = \frac{1}{1-q}\left(\sum_{i=0}^{t}\left(\frac{p_i}{w_1}\right)^q \sum_{i=t+1}^{L-1}\left(\frac{p_i}{w_2}\right)^q\right)$$

则有

$$t' = \arg\max\left(T(t)\right) = \arg\max\left(S(t)\right) \tag{10-24}$$

证明：

$$
\begin{aligned}
T(t) &= T_1(t) + T_2(t) + (1-q)T_1(t)T_2(t) \\
&= \frac{1}{q-1}\left[1 - \sum_{i=0}^{t}\left(\frac{p_i}{w_1}\right)^q\right] + \frac{1}{q-1}\left[1 - \sum_{i=t+1}^{L-1}\left(\frac{p_i}{w_2}\right)^q\right] \\
&\quad + (1-q)\frac{1}{q-1}\left[1 - \sum_{i=0}^{t}\left(\frac{p_i}{w_1}\right)^q\right]\frac{1}{q-1}\left[1 - \sum_{i=t+1}^{L-1}\left(\frac{p_i}{w_2}\right)^q\right] \\
&= \frac{1}{q-1}\left(1 - \sum_{i=0}^{t}\left(\frac{p_i}{w_1}\right)^q \sum_{i=t+1}^{L-1}\left(\frac{p_i}{w_2}\right)^q\right)
\end{aligned}
$$

$$t' = \arg\max\big(T(t)\big)$$

$$= \arg\max\left\{\frac{1}{q-1}\left(1-\sum_{i=1}^{t}\left(\frac{p_i}{w_1}\right)^q\sum_{i=t+1}^{L-1}\left(\frac{p_i}{w_2}\right)^q\right)\right\}$$

$$= \arg\max\left\{-\frac{1}{q-1}\left(\sum_{i=0}^{t}\left(\frac{p_i}{w_1}\right)^q\sum_{i=t+1}^{L-1}\left(\frac{p_i}{w_2}\right)^q\right)\right\}$$

$$= \arg\max\left\{\frac{1}{1-q}\left(\sum_{i=0}^{t}\left(\frac{p_i}{w_1}\right)^q\sum_{i=t+1}^{L-1}\left(\frac{p_i}{w_2}\right)^q\right)\right\}$$

$$= \arg\max\big(S(t)\big)$$

证毕。

由此可利用定理 10-1 将 Tsallis 熵单阈值选取公式推广到多阈值分割方法中，为了叙述的方便，令 E_1 和 E_2 分别为

$$E_1 = \sum_{i=0}^{t}\left(\frac{p_i}{w_1}\right)^q \tag{10-25}$$

$$E_2 = \sum_{i=t+1}^{L-1}\left(\frac{p_i}{w_2}\right)^q \tag{10-26}$$

由定理 10-1 可知，总的 Tsallis 熵式(10-22)可以简化为

$$T(t)=\frac{1}{1-q}\left(\sum_{i=0}^{t}\left(\frac{p_i}{w_1}\right)^q\sum_{i=t+1}^{L-1}\left(\frac{p_i}{w_2}\right)^q\right)=\frac{1}{1-q}E_1E_2 \tag{10-27}$$

经过以上简化，则阈值选取公式变得简洁，即总的 Tsallis 熵为 $\prod_{i=1}^{2}E_i\big/(1-q)$，因此可以将式(10-27)推广到多阈值分割中。设 d 个阈值 $[t_1,t_2,\cdots,t_D]$ 将一维直方图分成 $d+1$ 个区域，则总的 Tsallis 熵为

$$T\big([t_1,t_2,\cdots,t_d]\big)=\frac{1}{1-q}E_1E_2\cdots E_{d+1} \tag{10-28}$$

其中

$$E_1 = \sum_{i=0}^{t_1}\left(\frac{p_i}{w_1}\right)^q, \quad w_1 = \sum_{i=0}^{t_1}p_i$$

$$E_2 = \sum_{i=t_1+1}^{t_2}\left(\frac{p_i}{w_2}\right)^q, \quad w_2 = \sum_{i=t_1+1}^{t_2}p_i$$

$$E_3 = \sum_{i=t+1}^{t_2}\left(\frac{p_i}{w_3}\right)^q, \quad w_3 = \sum_{i=t_2+1}^{t_3} p_i$$

$$\vdots$$

$$E_{d+1} = \sum_{i=t_d+1}^{L-1}\left(\frac{p_i}{w_{d+1}}\right)^q, \quad w_{d+1} = \sum_{i=t_d+1}^{L-1} p_i$$

则选取的最佳阈值向量应满足

$$[t_1,t_2,\cdots,t_d]' = \arg\max\left(T[t_1,t_2,\cdots,t_d]\right) \tag{10-29}$$

10.4　群智能优化算法在图像阈值分割上的应用

基于阈值的图像分割方法具有分割速度快、计算简单、效率高的优点，但该方法只考虑像素点灰度值本身的特征，一般不考虑空间特征，因此对图像噪声比较敏感。虽然目前出现了各种基于阈值分割的改进算法，图像分割的效果有所改善，但在阈值或阈值向量的选取上还是没有很好的解决方法。为了提升多阈值分割的效率，学者们引入优化方法来搜索合适的阈值向量。传统的优化方法能够很好地处理低维多阈值分割中阈值向量的搜索问题，但是面对高维问题时往往不能搜索到令人满意的阈值向量，从而导致图像分割效果不佳，且目前相关研究不多。此外，对于彩色图像分割，需要对诸如 R、G 和 B 三种颜色分量分别寻找合适的阈值向量并分割，带来了更高的计算复杂度。因此，当面对高维多阈值彩色图像分割的难度时，需要引入优化性能好、稳定性强且运行速度快的智能优化算法予以处理。将智能优化算法应用于选取阈值或阈值向量，能够进一步提升效率，这也是基于阈值分割的图像分割方法的发展趋势。

以基于最大熵分割准则的图像分割为例，将群智能优化算法应用于图像阈值分割，其步骤如下。

步骤 1：读取图像；

步骤 2：将式(10-4)作为目标函数，采用群智能优化算法搜索基于最大熵的最优阈值或阈值向量；

步骤 3：用搜索到的最优阈值或阈值向量对图像进行分割，输出分割后的结果图像。

群智能优化算法应用于其他分割准则的图像分割步骤与上述步骤类似，区别在于选取不同的准则作为算法的目标函数，而对于 RGB 彩色图像分割，则是按照上述步骤对 R、G 和 B 三种颜色分量分别搜索最优阈值向量并进行分割，再将分割后的三种颜色分量合并。

　　需要说明的是，图像阈值分割问题本质上是整数规划问题，或者说是离散型优化问题，即所有阈值的取值均为整数。与其他离散型优化问题不同的是，首先，图像阈值分割问题的解向量有限制，必须是一个由小到大的正整数分量组成的向量，且前后两个分量的值不能相同；其次，在阈值搜索中，由于分割图像是基于阈值向量进行，所以更强调最优解向量，而不是最优值。当采用群智能优化算法处理图像阈值分割中阈值向量的搜索问题时，可以根据问题的具体情况将所有的解向量特征值向上、向下或者四舍五入取整。第 11～14 章分别描述了四种不同的 BBO 改进算法在图像多阈值分割上的应用，在这些章节中，对于阈值的取值，均按照四舍五入的方式取整。

10.5　本 章 小 结

　　本章概述了图像分割的背景及意义，介绍了当前常用的图像分割方法，包括阈值分割方法、区域分割方法、边缘分割方法以及基于特定理论的分割方法，又重点介绍了阈值分割方法常用的分割准则，包括最大熵法、最小交叉熵法、最大类间方差法以及 Tsallis 熵法，最后以基于最大熵的图像阈值分割为例，描述了群智能优化算法在图像阈值分割上的应用步骤。

参 考 文 献

[1] Gonzalez R, Woods R E. 数字图像处理. 阮秋琦, 阮宇智译. 北京: 电子工业出版社, 2011.

[2] 周品, 李晓东. MATLAB 数字图像处理. 北京: 清华大学出版社, 2012.

[3] 许新征, 丁世飞, 史忠植, 等. 图像分割的新理论和新方法. 电子学报, 2010, 38(s1): 76-82.

[4] 王爱民, 沈兰荪. 图像分割研究综述. 测控技术, 2000, 19(5): 1-6.

[5] 罗希平, 田捷, 诸葛婴, 等. 图像分割方法综述. 模式识别与人工智能, 1999, (3): 300-312.

[6] 韩思奇, 王蕾. 图像分割的阈值法综述. 系统工程与电子技术, 2002, 24(6): 91-94.

[7] 赵泉华, 高郡, 李玉. 基于区域划分的多特征纹理图像分割. 仪器仪表学报, 2015, 36(11): 2519-2530.

[8] 向方, 王宏福. 图像边缘分割算法的优化研究与仿真. 计算机仿真, 2011, 28(8): 280-283.

[9] 刘洲峰, 徐庆伟, 李春雷. 基于小波变换的图像分割研究. 计算机应用与软件, 2009, 26(4): 62-64.

[10] 李旭超, 朱善安. 图像分割中的马尔可夫随机场方法综述. 中国图象图形学报, 2007, 12(5): 789-798.

[11] 杨治明, 王晓蓉, 陈应祖. 基于 BP 人工神经网络图像分割技术. 计算机应用, 2006, 26(s2): 145-146.

[12] 胡学刚, 严思奇. 基于 FCM 聚类的图像分割算法. 计算机工程与设计, 2018, (1): 159-164.

[13] 刘真. 基于主动轮廓模型的图像分割方法研究. 大连: 大连理工大学, 2011.

[14] 张新明, 郑延斌, 张慧云. 应用混沌多目标规划理论融合的图像分割. 小型微型计算机系

统, 2010, 31(7): 1416-1420.

[15] 张新明, 孙印杰, 张慧云. 最大熵和最小交叉熵综合的交互式图像分割. 计算机工程与应用, 2010, 46(30): 191-194.

[16] Yin P. Multilevel minimum cross entropy threshold selection based on particle swarm optimization. Applied Mathematics & Computation, 2007, 184(2): 503-513.

[17] 张新明, 孙印杰, 郑延斌. 二维直方图准分的 Otsu 图像分割及其快速实现. 电子学报, 2011, 39(8): 1778-1784.

[18] 张新明, 张贝, 涂强. 广义概率 Tsallis 熵的快速多阈值图像分割. 数据采集与处理, 2016, 31(3): 502-511.

第11章　多源迁移和自适应变异的 BBO 算法的图像分割

11.1　引　言

为了增强 BBO 算法在多阈值图像分割应用中的性能，以便更好处理多阈值分割中最佳阈值的选择问题，本章提出一种多源迁移和自适应变异的 BBO 算法 (Improved BBO algorithm with Polyphyletic migration and Self-adaptive mutation, PSBBO)。首先对迁移算子进行改进，构建了一种多源迁移操作，将该操作融入迁移算子中，与原迁移操作融合，形成多源迁移算子；其次对变异算子进行改进，构建了一种动态调整的变异操作，将该操作融入变异算子中，取代原变异操作，使执行变异的栖息地能够动态改变变异的幅度；此外还在改进中使用榜样选择方案取代轮赌选择法，使用贪婪选择法取代精英保留机制，形成了 PSBBO 算法；最后将 PSBBO 算法应用到基于最大熵的多阈值图像分割中。为了验证 PSBBO 算法在处理多阈值图像分割时搜索阈值向量的效率，在两幅图像上进行了基于最大熵的多阈值图像分割实验，对比了其他多个有竞争力的算法。

11.2　PSBBO 算法

11.2.1　多源迁移算子

多源迁移的思想是用相对较好的栖息地作为基础，通过随机选择的栖息地产生对称干扰，带来更多新的信息，借此开发未探索到的可行空间，扩大搜索范围，目前已在 BBO 算法中得到了使用[1, 2]。2.2.3 节分析了 BBO 算法迁移算子存在的不足，受到多源迁移思想的启发，针对这些不足，本节提出了一种新颖的多源迁移操作，将该操作融入迁移算子中，与原直接取代式迁移操作融合，形成多源迁移算子。多源迁移操作式为

$$H_i(\mathrm{SIV}_j) \leftarrow H_{\mathrm{SI}}(\mathrm{SIV}_j) + \mathrm{rand} \times \left(H_{\mathrm{SI}}(\mathrm{SIV}_j) - H_{\mathrm{m1}}(\mathrm{SIV}_j)\right) \tag{11-1}$$

其中，$H_i(\mathrm{SIV}_j)$ 为第 i 个栖息地的第 j 个 SIV，$\boldsymbol{H}_{\mathrm{SI}}$ 为迁出栖息地，$\boldsymbol{H}_{\mathrm{m1}}$ 为随机选择的栖息地，满足 $\mathrm{m1} \in [1, N]$ 且 $\mathrm{m1} \neq \mathrm{SI} \neq i$，rand 为在区间[0, 1]随机分布的实数。

对于本章所有 $\boldsymbol{H}_{\mathrm{SI}}$ 的选择，除了专门说明外，均采用榜样选择方案替换轮赌选择法。榜样选择方案的使用可以克服轮赌选择法的不足并降低计算复杂度[3]，

其详细描述及原理解释请参见 4.2.1 节。

由式(11-1)可知，$\mathrm{rand} \times (H_{\mathrm{SI}}(\mathrm{SIV}_j) - H_i(\mathrm{SIV}_j))$ 可以得到一个加权的对称扰动值，其扰动方向和幅度分别受 rand 所得随机值动态变化。将该扰动值加到 $H_{\mathrm{SI}}(\mathrm{SIV}_j)$ 上，实现了对 $H_{\mathrm{SI}}(\mathrm{SIV})$ 的对称扰动搜索，其搜索方向多样化且幅度不固定。由于榜样选择方案选出的迁出栖息地 H_{SI} 比迁入栖息地 H_i 所在解空间区域的位置更靠近最优解，所以多源迁移操作实质上是在最优解可能存在的区域小范围多方向局部搜索，有效地提升算法的局部搜索能力。

多源迁移操作如图 11-1 所示。该操作的原理与启发式交叉操作的原理类似，其详细描述请参见 5.2.3 节。两者的区别在于它们扰动的幅度不同，启发式交叉操作的扰动幅度受到启发式交叉缩放因子 α 的影响，对 α 有依赖性，而多源迁移操作的扰动幅度直接受到随机数 rand 的影响。

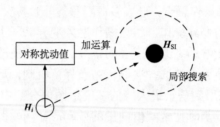

图 11-1　多源迁移操作

除了多源迁移操作外，多源迁移算子保留了原直接取代式的迁移操作，即

$$H_i\left(\mathrm{SIV}_j\right) \leftarrow H_{\mathrm{m2}}\left(\mathrm{SIV}_j\right) \tag{11-2}$$

其中，H_{m2} 为随机选择的栖息地，满足 $\mathrm{rn2} \in [1, N]$ 且 $\mathrm{rn2} \neq i$，直接取代式迁移操作的描述请参见 2.2.2 节。

多源迁移算子的伪代码如算法 11-1 所示，其中，λ_i 为栖息地 H_i 的迁入率，μ_{SI} 为栖息地 H_{SI} 的迁出率，D 为问题维度。

算法 11-1　多源迁移算子

---

    for i = 1 to N do

      for j = 1 to D do

        if rand < λ_i then

          if rand < μ_{SI} then

            用榜样选择方案选择迁出栖息地 H_{SI}

            通过式(11-1)更新 $H_i(\mathrm{SIV}_j)$

```
            else
                随机选择迁出栖息地 H_m2
                通过式(11-2)更新 H_i(SIV_j)
            end if
        end if
    end for
end for
```

多源迁移算子用相对较好的栖息地作为基础，通过随机选择的栖息地 H_{m1} 产生对称干扰，带来更多新的信息，借此开发解空间区域中未探索到的位置，扩大了搜索范围，其实质是强调了算法的全局搜索能力。如果条件 rand $< \mu_{SI}$ 没有满足，则说明选择的 H_{SI} 不够优秀，需从其他的栖息地迁入特征，此时选择栖息地 H_{m2}，其作用在于增强算法的局部搜索能力。如此设置，使算法在探索和开采之间取得适当的平衡。

11.2.2　动态调整的变异算子

2.2.3 节分析了 BBO 算法变异算子存在的不足，针对这些不足，本节提出了一种动态调整的扰动操作，将其融入变异算子中，取代原随机变异操作，形成动态调整的变异算子。动态调整的变异操作式为

$$H_i\left(\mathrm{SIV}_j\right) \leftarrow H_{\mathrm{SI}}\left(\mathrm{SIV}_j\right) \pm \left(\mathrm{rand}\,/\left(t+j\right) \times H_{\mathrm{SI}}\left(\mathrm{SIV}_j\right) + \mathrm{step}\right) \tag{11-3}$$

$$\mathrm{step} = \mathrm{round}\left(4 - \left(4-1\right) \times t\,/\,\mathrm{MaxDT}\right) \tag{11-4}$$

其中，t 为当前迭代次数，MaxDT 为最大迭代次数，round() 为四舍五入取整函数。

由式 (11-3) 可知，$\left(\mathrm{rand}\,/\left(t+j\right) \times H_{\mathrm{SI}}\left(\mathrm{SIV}_j\right) + \mathrm{step}\right)$ 可以得到一个动态调整的扰动值，其扰动幅度主要受 step 的值的影响动态变化。将该扰动值加到 $H_{\mathrm{SI}}\left(\mathrm{SIV}_j\right)$ 上，实现了在 $H_{\mathrm{SI}}\left(\mathrm{SIV}_j\right)$ 附近范围的扰动搜索。

由式 (11-4) 可知，随着迭代次数 t 的增加，step 的值逐渐降低。候选解逐渐收敛于全局最优解附近，因此，使变异幅度随迭代次数的增加逐渐减小，避免出现偏离最优解太多的变异值，加快了算法的收敛速度。动态调整的 step 值不仅保证了产生变异的变化量不为零，也起到了动态调整的作用。

动态调整的变异操作如图 11-2 所示。该操作的原理同样与启发式交叉操作的原理类似，其描述请参见 5.2.3 节。两者的不同之处在于，启发式交叉操作的扰动值是受到随机值 rand 和启发式交叉缩放因子 α 的值共同影响，而动态调整的变异操作的扰动值是动态调整的。这样的设置能够增加算法的随机性，从而增加其

种群多样性，有利于全局搜索能力的提升。

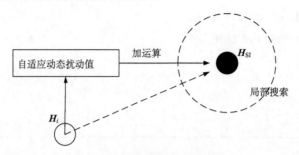

图 11-2　动态调整的变异操作

在动态调整的变异算子中，栖息地的变异率采用的是原 BBO 算法的变异率计算方式，其详细描述参见 2.2.2 节，即

$$pm = pm_{max} \times \left(1 - P_i / P_{max}\right) \tag{11-5}$$

动态调整的变异算子的伪代码如算法 11-2 所示。

算法 11-2　动态调整的变异算子

---

for i = 1 to N do

　通过式(11-5)计算变异率 pm

　for j = 1 to D do

　　if rand < pm then

　　　通过式(11-4)计算 step

　　　通过式(11-3)更新 $H_i(SIV_j)$

　　end if

　end for

end for

11.2.3　PSBBO 算法总流程

为了进一步降低计算复杂度，除了上述改进外，用贪婪选择法取代 BBO 算法的精英保留机制[3]，其详细描述请参见 4.2.4 节。

综合上述所有改进，形成了 PSBBO 算法。PSBBO 算法增强了 BBO 算法的全局搜索能力和局部搜索能力，并致力于两者的平衡，又降低计算复杂度，从整体上提升算法的优化性能，加快运行速度。PSBBO 算法的总流程描述如下。

步骤 1：设置相关参数，随机初始化种群；

步骤 2：评价每个栖息地的 HSI，根据栖息地 HSI 由优至劣对种群排序；

步骤 3：计算每个栖息地的迁入率和迁出率；

步骤 4：执行多源迁移算子；

步骤 5：执行动态调整的变异算子；

步骤 6：评价每个栖息地的 HSI，执行贪婪选择法；

步骤 7：根据栖息地 HSI 由优至劣对种群排序；

步骤 8：判断算法是否达到迭代停止条件，如果是，输出最终的结果，否则，返回至步骤 3。

11.2.4　PSBBO 算法与 BBO 算法的异同点

PSBBO 算法与 BBO 算法的相同点在于它们均采用迁移和变异两个主要算子更新种群。它们的主要不同点分为三方面：①PSBBO 算法采用贪婪选择法，每次迭代需要对种群排序一次，而 BBO 算法采用精英保留机制，每次迭代需对种群排序两次；②PSBBO 算法的多源迁移算子包含多源迁移操作和直接取代式迁移操作，而 BBO 算法的迁移算子只采用直接取代式的迁移操作；③在 PSBBO 算法的变异算子采用的是动态调整的变异操作，而 BBO 算法的变异算子采用的是随机的变异操作。

11.2.5　PSBBO 算法应用于最大熵多阈值图像分割

假设对图像进行 d 阈值分割，解向量为 $X = [x_1, x_2, \cdots, x_d]$。以最大熵法作为分割准则[4]，在解空间 0 到 255 灰度级之间采用 PSBBO 算法进行优化选择，将最大熵公式作为评价栖息地 HSI 的目标函数，每个栖息地代表一个候选阈值向量，栖息地的每个 SIV 都代表一个阈值。应用 PSBBO 算法处理基于最大熵的多阈值图像分割法步骤描述如下。

步骤 1：读取图像，设置相关参数，包括最大迭代次数 MaxDT、种群数量 N、阈值数 d 等；

步骤 2：随机生成初始化种群 H^N，即一个 $N \times d$ 的正整数矩阵；

步骤 3：将最大熵公式作为目标函数，评价每个栖息地 $H_i (i = 1, 2, \cdots, N)$ 的 HSI，根据 HSI 由优至劣对种群排序；

步骤 4：计算每个栖息地的迁入率和迁出率；

步骤 5：执行多源迁移算子；

步骤 6：执行动态调整的变异算子；

步骤 7：将最大熵公式作为目标函数再次评价每个栖息地的 HSI；

步骤 8：执行贪婪选择法并根据 HSI 由优至劣对种群排序；

步骤 9：判断是否满足算法停止条件，若是，用搜索到的最优阈值向量对图像进行分割，否则，返回至步骤 4；

步骤 10：输出分割后的图像。

11.3　实验与分析

11.3.1　实验准备

为了验证 PSBBO 算法的阈值向量搜索效果，在两幅灰度图像上进行基于最大熵的图像分割实验，选取的图像分别是 Cameraman.tif(256×256 像素）和 Lena.png（512×512 像素），它们是许多多阈值图像分割文献常采用的图像，被广泛用于图像分割实验，能够很好地测试算法分割效果[5,6]。两幅图像的原图分别如图 11-3 (a) 和图 11-4 (a)所示，它们的灰度直方图分别如图 11-3 (b) 和图 11-4 (b)所示。

实验选取用于多阈值图像分割的对比算法包括 BBO 算法[7]和 PSO 算法[8]，它们具有一定的竞争性和可比性，此外，还选用穷举搜索算法(Exh)[9]为最优阈值向量的搜索提供依据，并参与算法运行速度的对比。

为了公平起见，在参数方面，统一设置 BBO 算法、PSO 算法和 PSBBO 算法的种群数量为 $N = 50$，为了满足不同阈值选择的需要，统一设置它们的最大迭代次数 MaxDT 的值随着阈值数 d 的增加而增加，即 MaxDT $= 3 \times 2d + (d-1) \times 20$。对于 PSO 算法的其他参数，设置其学习因子 $c_1 = c_2 = 2.1$，惯性权重 $\omega = 0.6299$。对于 BBO 算法和 PSBBO 算法的其他参数，设置它们的变异率 $m=0.4$，最大迁入率 $I = 1$，最大迁出率 $E = 1$。

所有实验均在操作系统为 Windows 7、CPU 为主频 3.10GHz 和内存为 4GB 的 PC 上进行的，编程语言采用 MATLAB R2014a。

11.3.2　PSBBO 算法的多阈值图像分割对比

本组实验用 PSBBO 算法、BBO 算法、PSO 算法和穷举搜索算法分别对两幅图像进行 2 阈值至 5 阈值的阈值向量搜索，将 PSBBO 算法、BBO 算法和 PSO 算法分别独立运行 30 次，穷举算法独立运行 1 次，它们搜索到的最优阈值向量及对应的算法运行时间(单位为"s")如表 11-1 所示，其中，搜索到的最优阈值向量是指 30 次运行中得到最大熵值对应的阈值向量，运行时间指的是算法独立运行 30 次的平均时间，d 为阈值数。

从表 11-1 可以看出，所有情况下 PSBBO 算法的运行时间总是最少的，BBO 算法和 PSO 算法的运行时间对比各有胜负，整体上 BBO 算法的运行时间比 PSO 算法略短，而穷举搜索算法的运行时间总是四种算法中最长，且与其他三种算法差距明显，例如，在 5 阈值的搜索上，BBO 算法、PSO 算法和 PSBBO 算法消耗的时间分别是 2.5540×10^{-1}s、2.5520×10^{-1}s 和 2.2770×10^{-1}s，而穷举搜索算法消耗的时间是 5.9432×10^{4}s，这是由于穷举搜索算法是将所有可能得到的阈值向量逐一尝试，没有使用专门的优化过程，阈值数越多，可能得到的阈值向量数量越庞大，其较长的运行时间也是可想而知的。随着阈值数的增加，算法搜索阈值向量的难度也随之增大，需要的迭代次数更多，故四种算法在搜索更多阈值数的过程中都消耗了更多的时间，例如，PSBBO 算法在 2 阈值、3 阈值、4 阈值和 5 阈值搜索上所消耗的时间分别是 4.0100×10^{-2}s、7.9200×10^{-2}s、1.3360×10^{-1}s 和 2.2770×10^{-1}s。虽然穷举搜索算法的计算复杂度为 $O(L^d)$，运行时间最长，但它能够确保得到最准确的阈值向量，故它得到的结果可以作为标准供其他算法进行对比。BBO 算法在两幅图像的 3 阈值、4 阈值和 5 阈值搜索中都没有得到和标准一样的阈值向量，PSO 算法在 Cameraman 图像的 2 阈值搜索中没有得到和标准一样的阈值向量，只有 PSBBO 算法在所有情况下都得到了和标准一样的阈值向量，表明 PSBBO 算法能够准确地搜索到最优的阈值向量。由于 PSBBO 算法搜索到的阈值向量较 BBO 算法更准确，从而说明本章对 BBO 算法的改进是有效的。用 PSBBO 算法与 PSO 算法相比，在 PSO 算法中解向量的适应度值计算及其比较通过循环语句实现，而在 PSBBO 算法中先对解向量集中处理，再通过矩阵运算比较适应度值，此外，在 MATLAB 运行环境中矩阵的运算速度快于基于循环的单个运算，所以 PSBBO 算法的运行时间比 PSO 算法少。

表 11-1　最优阈值向量及运行时间

算法	d	Cameraman		Lena	
		最优阈值向量	运行时间	最优阈值向量	运行时间
Exh	2	127,92	3.0310×10^{-1}	79,149	3.0170×10^{-1}
	3	43,103,192	2.2371×10^{1}	59,108,159	2.2169×10^{1}
	4	43,96,145,196	1.3950×10^{3}	55,99,143,181	1.3443×10^{3}
	5	24,61,99,145,196	6.4014×10^{4}	43,79,114,149,184	5.9432×10^{4}
BBO	2	127,92	4.0300×10^{-2}	79,149	4.4100×10^{-2}
	3	42,98,191	8.3900×10^{-2}	55,105,159	8.9500×10^{-2}
	4	38,92,141,194	1.4660×10^{-1}	52,100,142,182	1.5190×10^{-1}
	5	27,63,99,146,194	2.5290×10^{-1}	51,85,117,153,188	2.5540×10^{-1}
PSO	2	128,93	5.2000×10^{-2}	79,149	5.7400×10^{-2}
	3	43,103,192	9.7600×10^{-2}	59,108,159	1.0250×10^{-1}
	4	43,96,145,196	1.5600×10^{-1}	55,99,143,181	1.5760×10^{-1}
	5	24,61,99,145,196	2.5170×10^{-1}	43,79,114,149,184	2.5520×10^{-1}
PSBBO	2	127,92	3.7300×10^{-2}	79,149	4.0100×10^{-2}
	3	43,103,192	7.7500×10^{-2}	59,108,159	7.9200×10^{-2}
	4	43,96,145,196	1.3470×10^{-1}	55,99,143,181	1.3360×10^{-1}
	5	24,61,99,145,196	2.3240×10^{-1}	43,79,114,149,184	2.2770×10^{-1}

　　BBO 算法、PSO 算法和 PSBBO 算法分别独立运行 30 次获得最大熵的平均值、最小值以及成功率(某方法寻得最优解的次数与该方法运行总次数之比,其结果为百分比数值)如表 11-2 所示,其中,最优解的次数为获得的最大熵值等于穷举算法获得的最大熵值的次数,加粗者为最优结果。

表 11-2　三种算法获得的最大熵均值、最小值和成功率对比

图像	d	算法	平均值	最小值	成功率
Cameraman	2	BBO	$1.21683×10^1$	$1.21660×10^1$	47
		PSO	$1.21687×10^1$	$1.21678×10^1$	97
		PSBBO	**$1.21688×10^1$**	**$1.21688×10^1$**	**100**
	3	BBO	$1.52236×10^1$	$1.52124×10^1$	0
		PSO	$1.52214×10^1$	$1.51529×10^1$	90
		PSBBO	**$1.52274×10^1$**	**$1.52274×10^1$**	**100**
	4	BBO	$1.83862×10^1$	$1.83646×10^1$	0
		PSO	**$1.83955×10^1$**	**$1.83955×10^1$**	**100**
		PSBBO	**$1.83955×10^1$**	**$1.83955×10^1$**	**100**
	5	BBO	$2.11099×10^1$	$2.10602×10^1$	0
		PSO	$2.11251×10^1$	$2.10470×10^1$	80
		PSBBO	**$2.11466×10^1$**	**$2.11466×10^1$**	**100**
Lena	2	BBO	$1.26987×10^1$	$1.26970×10^1$	35
		PSO	**$1.26990×10^1$**	**$1.26990×10^1$**	**100**
		PSBBO	**$1.26990×10^1$**	**$1.26990×10^1$**	**100**
	3	BBO	$1.57627×10^1$	$1.57558×10^1$	0
		PSO	**$1.57658×10^1$**	**$1.57658×10^1$**	**100**
		PSBBO	**$1.57658×10^1$**	**$1.57658×10^1$**	**100**
	4	BBO	$1.85720×10^1$	$1.85304×10^1$	0
		PSO	**$1.85875×10^1$**	**$1.85875×10^1$**	**100**
		PSBBO	**$1.85875×10^1$**	**$1.85875×10^1$**	**100**
	5	BBO	$2.12147×10^1$	$2.11927×10^1$	0
		PSO	$2.12404×10^1$	$2.12400×10^1$	96.66
		PSBBO	**$2.12405×10^1$**	**$2.12405×10^1$**	**100**

　　从表 11-2 的成功率可以看出,在 Cameraman 图像上,不论是 2 阈值、3 阈值、4 阈值还是 5 阈值搜索,PSBBO 算法总是能够搜索到最优的阈值向量,其成功率达到 100%。PSO 算法在一些情况下也能够搜索到最优的阈值向量,并且在 4 阈值搜索上成功率达到 100%,但在其他情况下没有达到 100%,即 PSO 算法不是每次都能搜索到最优阈值向量。相比之下 BBO 算法的成功率最低,只有在 2 阈值

搜索中有过成功，但成功率率仅为47%。在 Lena 图像上，PSBBO 算法和 PSO 算法对 2 阈值、3 阈值和 4 阈值搜索上成功率都达到100%，在 5 阈值搜索上，PSBBO 算法的成功率依然是 100%，而 PSO 算法的成功率约为 96.66%。BBO 算法的成功率依然不高，只有在 2 阈值搜索上有 35%的成功率。以上结果对比说明，BBO 算法的性能性明显不如 PSBBO 算法，PSO 算法在低维多阈值搜索中性能较好，但在阈值数较多的情况下，其搜索能力下降，不如 PSBBO 算法，PSBBO 算法搜索成功率高，性能好，是三种算法中最可取的。从表 11-2 中三种算法的均值和最小值对比中也可以得到相似的结论。

　　采用 PSBBO 算法搜索到的阈值向量分别对两幅图像进行分割，其分割结果分别如图 11-3(c)～(f)和图 11-4(c)～(f)所示。

11.3.3　实验总结

　　通过将 PSBBO 算法在两幅图像上进行基于最大熵的多阈值图像分割实验，对比了其他多个有竞争力的算法，对结果对比进行讨论，表明 PSBBO 算法应用于基于最大熵的多阈值图像分割，寻找最优阈值向量的速度远远快于穷举算法，且快于 BBO 算法和 PSO 算法，稳定性好，能够得到较好的分割效果，从而也说明了本章对 BBO 算法的改进是有效的。

(a) 原始图像　　　　　　(b) 灰度直方图　　　　　　(c) 2阈值分割

(d) 3阈值分割　　　　　　(e) 4阈值分割　　　　　　(f) 5阈值分割

图 11-3　Cameraman 的原始图像及 PSBBO 算法对该图像的多阈值分割结果

(a) 原始图像　　　　　　　　(b) 灰度直方图　　　　　　　　(c) 2阈值分割

(d) 3阈值分割　　　　　　　　(e) 4阈值分割　　　　　　　　(f) 5阈值分割

图 11-4　Lena 的原始图像及 PSBBO 算法对该图像的多阈值分割结果

11.4　本 章 小 结

本章提出了一种多源迁移和自适应变异的 BBO 算法(PSBBO)。首先,对 BBO 算法的迁移算子进行改进,将多源迁移操作融入迁移算子中,与原迁移操作融合,形成多源迁移算子,其可以更好地从解空间区域中生成新的特征值,有效地提高种群的多样性,从而提升全局搜索能力。其次,对 BBO 算法的变异算子进行改进,将动态调整的变异操作融入变异算子中,取代原变异操作,使执行变异的栖息地能够动态改变变异的幅度,提高了算法的运算效率和收敛能力。此外,还使用榜样选择方案取代轮赌选择法,使用贪婪选择法取代精英保留机制,采用改进的迁移概率计算方式等,从多个角度降低了计算复杂度。最后,将 PSBBO 算法应用到基于最大熵的多阈值图像分割中。通过在两幅图像上进行基于最大熵的多阈值图像分割实验,对比了其他多个有竞争力的算法,表明 PSBBO 算法寻找最优阈值向量的速度较快,能够得到较好的分割效果,表明本章的改进是有效的。

参 考 文 献

[1]　Xiong G, Shi D, Duan X. Enhancing the performance of biogeography-based optimization using polyphyletic migration operator and orthogonal learning. Computers & Operations Research,

2014, 41: 125-139,

[2] 张新明, 尹欣欣, 冯梦清, 等. 改进的生物地理学算法及其在图像分割中的应用. 电光与控制, 2015, 22(12): 24-28, 58.

[3] Zhang X M, Kang Q, Tu Q, et al. Efficient and merged biogeography-based optimization algorithm for global optimization problems. Soft Computing, 2019, 23(12): 4483-4502.

[4] 张新明, 郑延斌, 张慧云. 应用混沌多目标规划理论融合的图像分割. 小型微型计算机系统, 2010, 31(7): 1416-1420.

[5] 彭启伟, 岁吐, 冯敏, 等. 改进二维 Otsu 法和果蝇算法结合的图像分割方法. 计算机应用, 2017, 37(s2): 193-197.

[6] 魏晶茹, 马瑜, 夏瑞, 等. 基于分数阶粒子群的 Otsu 图像分割算法. 计算机工程与设计, 2017, 38(12): 3284-3290.

[7] Simon D. Biogeography-based optimization. IEEE Transactions on Evolutionary Computation, 2008, 12(6): 702-713.

[8] Eberhart R, Kennedy J. A new optimizer using particle swarm theory//Proceedings of the Sixth International Symposium on Micro Machine and Human Science, Nagoya, 1995.

[9] 罗纯, 潘长缘. 穷举法寻找正交平衡区组设计. 应用概率统计, 2011, 27(1): 1-13.

第12章 动态迁移和椒盐变异的BBO算法的图像分割

12.1 引 言

针对大范围的高维多阈值图像分割中存在的阈值搜索困难问题，本章提出了一种动态迁移和椒盐变异的 BBO 算法(Improved BBO algorithm with dynamic migration and Salt & pepper mutation, DSBBO)。首先对迁移算子进行改进，构建一种基于动态扰动的迁移操作，将该操作融入迁移算子中，与原迁移操作融合，形成动态迁移算子；其次对变异算子进行改进，建立了一种新颖的变异操作，即椒盐变异操作，将该操作融入变异算子中，取代原变异操作，形成椒盐变异算子；此外还采用了改进的迁移概率计算方式，形成了 DSBBO 算法；最后，将 DSBBO 算法应用到基于最小交叉熵的高维多阈值图像分割中。为了验证 DSBBO 算法在处理多阈值图像分割时搜索阈值向量的效率，在大量图像上进行了基于最小交叉熵的多阈值图像分割实验，并对比了其他多个有竞争力的算法。

12.2 DSBBO 算法

12.2.1 动态迁移算子

2.2.3 节分析了 BBO 算法迁移算子存在的不足，BBO 算法通过迁移算子进行不同栖息地间的信息共享，提供了一定的开采能力，但其对 HSI 较低的栖息地概率性地执行迁移操作，仅对选中执行迁入的栖息地 SIV 执行迁移操作，用 HSI 较高的栖息地的 SIV 进行替换，对未被选中执行迁入的栖息地 SIV 保持原值不变，经过迁移操作的栖息地得到较优栖息地的 SIV，在一定程度上可以提高其 HSI 值，但提高的程度较为有限。针对这些问题，应增强 BBO 算法的全局搜索能力，避免其陷入局部最优，故本节提出了一种动态迁移操作，将该操作融入 BBO 算法的迁移算子中，与原直接取代式迁移操作融合，形成动态迁移算子。

动态迁移操作本质上也是借鉴了差分进化算法的差分变异策略[1]，关于差分进化算法的详细描述请参见 1.3.3 节。动态迁移算子主要针对未被选中执行迁入的栖息地 SIV 执行动态迁移操作，该操作式为

$$H_i\left(\mathrm{SIV}_j\right) \leftarrow H_i\left(\mathrm{SIV}_j\right) + \alpha\left(H_{\mathrm{m1}}\left(\mathrm{SIV}_j\right) - H_{\mathrm{m2}}\left(\mathrm{SIV}_j\right)\right) \tag{12-1}$$

$$\alpha = \text{round}\left(\alpha_{\max} - (\alpha_{\max} - \alpha_{\min}) \times t / \text{MaxDT}\right) \tag{12-2}$$

其中，$H_i(\text{SIV}_j)$ 为第 i 个栖息地的第 j 个 SIV，H_{rn1} 和 H_{rn2} 为随机选择的栖息地，满足 rn1 和 rn2 $\in [1, N]$ 且 rn1 $\neq$ rn2 $\neq i$，α 为动态迁移缩放因子，$\alpha_{\max}$ 和 $\alpha_{\min}$ 为 α 取值的上界和下界，round() 为四舍五入取整函数。

　　动态迁移操作的原理与差分扰动操作的原理类似，已在 4.2.2 节进行了描述，本节不再赘述。然而，本节使用的动态迁移操作与 4.2.2 节、5.2.1 节、7.2.2 节、8.2.1 节、9.2.1 节和 9.2.2 节的差分扰动操作均有所不同，动态迁移操作是基于两个不同栖息地的 SIV 进行差分计算，而其他的差分扰动操作一般是基于四个不同栖息地的 SIV 进行差分计算，前者提供差分信息的栖息地较后者更少，这样设置是因为迁移算子本身为算法提供了一定的局部搜索能力，对动态迁移操作过量增加种群多样性反而会造成全局搜索能力过高，探索和开采不平衡。

　　由式(12-2)可知，动态迁移缩放因子 α 的值随着迭代次数的增加而逐渐减小，从而使扰动的幅度也随着迭代次数的增加而逐渐减小，进一步使算法向全局最优收敛，实现动态调整的目的。

　　动态迁移算子还保留了原直接取代式迁移操作，但对迁出栖息地的选择不再依据迁出率，而采用了随机选择，即

$$H_i(\text{SIV}_j) \leftarrow H_{\text{rn3}}(\text{SIV}_j) \tag{12-3}$$

其中，H_{rn3} 为随机选择的栖息地，满足 rn3 $\in [1, N]$ 且 rn3 $\neq i$，直接取代式迁移操作的描述请参见 2.2.2 节。

　　动态迁移算子的伪代码如算法 12-1 所示，其中，N 为种群数量，D 为问题维度，λ_i 为栖息地 H_i 的迁入率。

算法 12-1　动态迁移算子

　　通过式(12-2)计算 α

　　for $i = 1$ to N do

　　　for $j = 1$ to D do

　　　　if rand $< \lambda_i$ then

　　　　　随机选择迁出栖息地 H_{rn3}

　　　　　通过式(12-3)更新 $H_i(\text{SIV}_j)$

　　　　else

　　　　　通过式(12-1)更新 $H_i(\text{SIV}_j)$

　　　　end if

　　　end for

　　end for

通过动态迁移算子对没有执行迁入的栖息地 SIV 添加一个扰动因子，可以克服原迁移操作存在的不足，增加了种群多样性，并使栖息地随迭代次数的增加逐渐收敛于全局最优。

12.2.2　椒盐变异算子

2.2.3 节分析了 BBO 算法变异算子存在的不足，BBO 算法通过变异算子来模拟栖息地环境突变引起的物种数量变化，增加栖息地物种的多样性，可以提高算法的探索能力，然而这种模拟随机突变的变异算子无法控制其变异幅度，尤其在算法后期有可能会破坏较好的候选解，影响算法的收敛速度。针对这些问题，本节提出了一种椒盐变异操作，将该操作融入 BBO 算法的变异算子中，取代原变异操作，形成椒盐变异算子。

椒盐扰动的概念来自数字图像处理中的"椒盐噪声"，它能够产生一个高电平噪声干扰和一个低电平噪声干扰，由于图像分割中阈值变化的最小单位为一个灰度级，所以椒盐扰动变量的取值通常为 1 或–1。椒盐变异操作式为

$$H_i(\text{SIV}_j) \leftarrow H_i(\text{SIV}_j) + \delta \tag{12-4}$$

其中，δ 为椒盐扰动变量。

从式(12-4)中可以看出，椒盐扰动操作实质是在 BBO 算法迁移操作的基础上将迁出栖息地改为迁入栖息地自身，又增加了一个椒盐扰动变量，通过对选中执行变异的栖息地 SIV 执行椒盐扰动，使其在小范围内浮动，提高算法的局部搜索能力。栖息地执行了动态迁移算子，会逐渐向全局最优解趋近，再执行椒盐变异操作进行小范围浮动，能够提高搜索精度。

在椒盐变异算子中，对于栖息地的变异概率同样采用线性下降方法进行计算，使每次迭代所有栖息地都采用相同的变异概率，其表达式为

$$\text{pm} = \text{pm}_{max} - (\text{pm}_{max} - \text{pm}_{min}) \times t / \text{MaxDT} \tag{12-5}$$

其中，pm 为变异概率，t 为当前迭代次数，MaxDT 为最大迭代次数，pm_{max} 和 pm_{min} 分别为 pm 取值的上界和下界。线性下降方法计算变异概率已在 4.2.3 节进行了描述，本节不再赘述。

由式(12-5)可知，pm 的取值范围为 pm_{max} 到 pm_{min}，此范围经由大量对比实验确定，能够提高算法优化效果，发生变异的概率随着迭代次数的增加逐渐减小，候选解逐渐收敛于全局最优，这种计算变异概率方式替换了原算法中的复杂计算方式，降低了计算复杂度。

为了进一步降低计算复杂度，仅当算法迭代次数超过总迭代次数的一半时，才开始执行椒盐变异算子，且只对种群中后一半栖息地执行。此时种群中栖息地已经执行了多次动态迁移算子，算法逐渐向全局最优解收敛，再通过椒盐变异算

子加快收敛速度，又由于种群中前一半栖息地具有较优的 HSI，对后一半栖息地执行避免破坏较优的候选解。

椒盐变异算子的伪代码如算法 12-2 所示。

算法 12-2　椒盐变异算子

```
for i = N / 2 to N do
    通过式(12-5)计算变异率 pm
    for j = 1 to D do
        if rand < pm then
            通过式(12-4)更新 H_i(SIV_j)
        end if
    end for
end for
```

12.2.3　DSBBO 算法总流程

除了上述改进外，在保证 HSI 总是有效的情况下将栖息地迁入率计算步骤移至种群迭代循环外[2]，进一步降低了算法的计算复杂度，其详细描述请参见 4.2.5 节。

上述所有改进融合形成了 DSBBO 算法。DSBBO 算法增加了 BBO 算法的全局搜索能力和局部搜索能力，又降低了计算复杂度，从整体上提升算法的优化性能，加快运行速度。DSBBO 算法的总流程描述如下。

步骤 1：设置相关参数，随机初始化种群；

步骤 2：评价每个栖息地的 HSI，根据栖息地 HSI 由优至劣对种群排序；

步骤 3：计算每个栖息地的迁入率；

步骤 4：保留精英栖息地；

步骤 5：执行动态迁移算子；

步骤 6：若算法当前迭代次数超过 MaxDT / 2，执行椒盐变异算子，否则，转到步骤 7；

步骤 7：评价每个栖息地更新后的 HSI 并用精英栖息地取代较差的栖息地；

步骤 8：根据 HSI 由优至劣对种群排序；

步骤 9：判断算法是否达到迭代停止条件，如果是，输出最终结果，否则，返回至步骤 4。

12.2.4　DSBBO 算法与 BBO 算法的异同点

DSBBO 算法与 BBO 算法的相同点是都采用了迁移算子和变异算子。它们的主要不同点分为三个方面：①DSBBO 算法的栖息地迁入率计算步骤在迭代循环外，不需要计算迁出率，而 BBO 算法的迁入率和迁出率计算步骤均在迭代循环内；②DSBBO 算法的动态迁移算子包含直接取代式迁移操作和动态迁移操作，而 BBO 算法的迁移算子只采用直接取代式的迁移操作；③DSBBO 算法使用的是椒盐变异操作，通过线性下降方法计算栖息地变异率，而 BBO 算法使用的是随机变异操作，通过复杂的步骤计算栖息地变异概率。

12.2.5　DSBBO 算法应用于最小交叉熵多阈值图像分割

假设对一幅图像进行 d 阈值分割，则解向量 $x = [x_1, x_2, \cdots, x_d]$，其分量取值为正整数并且满足 $1 < x_1 < x_2 < \cdots < x_d < L$。以最小交叉熵法则作为分割准则[3, 4]，在解空间 L 个灰度级之间采用 DSBBO 算法进行优化选择，将最小交叉熵公式作为评价栖息地 HSI 的目标函数，栖息地代表候选阈值向量，栖息地每个 SIV 都代表一个阈值。应用 DSBBO 算法进行图像分割法步骤描述如下。

步骤 1：读取图像，设置相关参数，包括最大迭代次数 MaxDT、种群数量 N、阈值数 d 等；

步骤 2：随机生成初始化种群 H^N，即一个 $N \times d$ 的正整数矩阵；

步骤 3：将最小交叉熵公式作为目标函数，评价每个栖息地 H_i $(i = 1, 2, \cdots, N)$ 的 HSI，根据 HSI 由优至劣对种群排序；

步骤 4：计算每个栖息地的迁入率和迁出率；

步骤 5：执行动态迁移算子；

步骤 6：执行椒盐变异算子；

步骤 7：将最小交叉熵公式作为目标函数再次评价每个栖息地的 HSI，根据 HSI 由优至劣对种群排序；

步骤 8：判断是否满足算法停止条件，若是，用搜索到的最优阈值向量对图像进行分割，否则，返回至步骤 5；

步骤 9：输出分割后的图像。

12.3　实验与分析

12.3.1　实验准备

为了验证 DSBBO 算法的阈值向量搜索效率，在大量图像上进行了基于最小交叉熵的分割实验，作为示例说明，选取两幅图像，它们分别是 House.png（256×256 像素）和 Flame.png（134×222 像素），这两幅图像都是实际采集图像，前者为现实生活中的房屋图像，后者为发电厂锅炉燃烧的火焰图像，用它们作为例图，能够很好地显示算法分割效果。两幅图像的原图分别如图 12-1(a) 和图 12-2(a) 所示。

实验选取用于多阈值图像分割的对比算法包括 BBO 算法[5]、BBO-M[6]算法、FFA[7, 8]和 CSA[9]，BBO-M 算法是 Niu 等于 2014 年提出的 BBO 改进算法，FFA 和 CSA 分别是近年来提出的改进萤火虫算法和改进布谷鸟算法，这三种算法已经在它们相应的参考文献中被证明具有比遗传算法、粒子群优化算法等传统优化算法更好的优化性能。

为了公平起见，在参数方面，统一设置每种算法的种群数量 $N = 20$，最大迭代次数设置相同，为了满足不同阈值数选择的需要，使最大迭代次数 MaxDT 随着阈值数 d 的增加而增加，以便达到自动调整的目的，即 MaxDT $= 2d^2 + 20(d-1) + 12$。FFA 和 CSA 的其他参数设置同其相应的参考文献。对于 BBO 算法、BBO-M 算法和 DSBBO 算法的共有参数，统一设置最大迁入率 $I = 1$，精英保留数 keep $= 2$，对于 BBO 算法和 BBO-M 算法的共有参数，统一设置最大迁出率 $E = 1$，最大变异率 $pm_{max} = 0.05$（该参数与 DSBBO 算法的 pm_{max} 不是同一参数），对 DSBBO 算法独有的参数，设置 $\alpha_{max} = 1$，$\alpha_{min} = 0.01$，$pm_{max} = 0.6$，$pm_{min} = 0.05$。

所有实验均在操作系统为 Windows 7、CPU 为主频 3.10GHz 和内存为 4GB 的 PC 上进行的，编程语言采用 MATLAB R2014a。

12.3.2　DSBBO 算法的多阈值图像分割对比

本组实验首先用 DSBBO 算法、BBO 算法、BBO-M 算法、FFA 和 CSA 分别在大量的图像上进行多阈值分割实验，并对结果进行对比，本章以两幅图像作为示例说明。为了凸显算法的优化能力，本节仅提供五种算法在 6 阈值至 9 阈值的高维阈值向量搜索结果，其次验证 DSBBO 算法中动态迁移缩放因子 α 对算法性能的影响。由于目前的图像分割实验尚没有一个统一的阈值向量评价标准，为了使对比可靠，用五种算法在所有阈值向量搜索实验中均独立运行 50 次，将获得的结果中最优的最小交叉熵及其对应的阈值向量作为评价标准，如表 12-1 所示，其中，d 为阈值数。

五种算法在两幅图像上获得的最小交叉熵的平均值、标准差值、最大值、最小值和成功次数（在算法的 50 次独立运行中，用每次获得的结果与表 12-1 的标准进行对比，若相同，则成功次数加 1）的对比分别如表 12-2 和表 12-3 所示，其中，加粗的为最优者。

表 12-1　最优最小交叉熵及对应的阈值向量

图像	d	最优阈值向量	熵
House	6	56,81,104,127,158,195	1.57740×10^{-1}
	7	50,68,85,105,128,158,195	1.23940×10^{-1}
	8	49,67,84,102,115,132,160,195	9.73400×10^{-2}
	9	42,58,72,86,102,115,132,160,195	7.93100×10^{-2}
Flame	6	19,34,58,102,161,217	2.90850×10^{-1}
	7	18,30,46,70,110,164,218	2.28760×10^{-1}
	8	17,28,42,64,99,143,185,225	1.79030×10^{-1}
	9	16,25,35,49,71,103,144,185,225	1.46580×10^{-1}

表 12-2　五种算法对 House 图像阈值搜索的结果对比

d	算法	标准差值	平均值	最大值	最小值	成功次数
6	BBO	5.79180×10^{-3}	1.60800×10^{-1}	1.98610×10^{-1}	1.57770×10^{-1}	0
	BBO-M	1.97890×10^{-2}	1.61610×10^{-1}	2.29210×10^{-1}	$\mathbf{1.57740 \times 10^{-1}}$	46
	FFA	2.53190×10^{-2}	1.77710×10^{-1}	2.65580×10^{-1}	1.57770×10^{-1}	0
	CSA	2.32580×10^{-5}	$\mathbf{1.57740 \times 10^{-1}}$	1.57900×10^{-1}	$\mathbf{1.57740 \times 10^{-1}}$	47
	DSBBO	$\mathbf{0.00000 \times 10^{0}}$	$\mathbf{1.57740 \times 10^{-1}}$	$\mathbf{1.57740 \times 10^{1}}$	$\mathbf{1.57740 \times 10^{-1}}$	$\mathbf{50}$
7	BBO	2.23100×10^{-3}	1.26940×10^{-1}	1.33550×10^{-1}	1.24110×10^{-1}	0
	BBO-M	7.14540×10^{-3}	1.27130×10^{-1}	1.50190×10^{-1}	$\mathbf{1.23970 \times 10^{-1}}$	30
	FFA	1.46690×10^{-2}	1.48630×10^{-1}	1.78810×10^{-1}	1.26110×10^{-1}	0
	CSA	7.39560×10^{-4}	1.24120×10^{-1}	1.28760×10^{-1}	$\mathbf{1.23970 \times 10^{-1}}$	35
	DSBBO	$\mathbf{0.00000 \times 10^{0}}$	$\mathbf{1.23970 \times 10^{-1}}$	$\mathbf{1.23970 \times 10^{-1}}$	$\mathbf{1.23970 \times 10^{-1}}$	$\mathbf{50}$
8	BBO	2.69550×10^{-3}	9.99200×10^{-2}	1.05340×10^{-1}	9.75700×10^{-2}	0
	BBO-M	8.13660×10^{-3}	1.02610×10^{-1}	1.21280×10^{-1}	9.73400×10^{-2}	31
	FFA	1.12540×10^{-2}	1.25020×10^{-1}	1.63410×10^{-1}	9.87400×10^{-2}	0
	CSA	8.20170×10^{-5}	9.73700×10^{-2}	9.78500×10^{-2}	9.73400×10^{-2}	39
	DSBBO	$\mathbf{0.00000 \times 10^{0}}$	$\mathbf{9.73400 \times 10^{-2}}$	$\mathbf{9.73400 \times 10^{-2}}$	$\mathbf{9.73400 \times 10^{-2}}$	$\mathbf{50}$
9	BBO	1.66280×10^{-3}	8.06400×10^{-2}	8.62700×10^{-2}	7.93700×10^{-2}	0
	BBO-M	5.33990×10^{-3}	8.34100×10^{-2}	9.69600×10^{-2}	$\mathbf{7.93100 \times 10^{-2}}$	24
	FFA	9.72980×10^{-3}	1.07430×10^{-1}	1.38910×10^{-1}	9.26200×10^{-2}	
	CSA	2.65790×10^{-3}	8.01200×10^{-2}	8.99900×10^{-2}	$\mathbf{7.93100 \times 10^{-2}}$	19
	DSBBO	$\mathbf{0.00000 \times 10^{0}}$	$\mathbf{7.93100 \times 10^{-2}}$	$\mathbf{7.93100 \times 10^{-2}}$	$\mathbf{7.93100 \times 10^{-2}}$	$\mathbf{50}$

　　从表 12-2 中可以看出，DSBBO 算法在图像的 6 阈值至 9 阈值搜索中总是能获得最优的阈值向量，而且 DSBBO 算法得到的最小交叉熵的最大值、平均值和标准差值总是五种算法中最优的，CSA 和 BBO-M 算法在 6 阈值至 9 阈值搜索中

也能够取得最优的阈值向量，但是在获得的最小交叉熵的最大值、平均值和标准差值上它们都劣于 DSBBO 算法。BBO 算法和 FFA 虽然在一些情况下得到的最小交叉熵值接近最优值，但与其他算法获得的结果相比较差。由此可知，DSBBO 算法在基于最小交叉熵的高维多阈值搜索中，能够搜索到较好的阈值向量，其性能优于 BBO 算法，这是因为 DSBBO 算法通过动态扰动迁移算子增加种群的多样性，从而增强了算法的全局搜索能力，动态扰动迁移算子还有利于算法的快速收敛，DSBBO 算法又通过椒盐变异算子提高了算法局部搜索能力，使探索和开采得到一定的平衡。

表 12-3　　五种算法对 Flame 图像阈值搜索的结果对比

d	方法	标准差值	平均值	最大值	最小值	成功次数
	BBO	$1.49990×10^{-2}$	$3.02290×10^{-1}$	$3.68660×10^{-1}$	$2.91330×10^{-1}$	0
	BBO-M	$5.61720×10^{-3}$	$2.92060×10^{-1}$	$3.19770×10^{-1}$	$\mathbf{2.90850×10^{-1}}$	46
6	FFA	$2.53880×10^{-2}$	$3.15660×10^{-1}$	$3.65230×10^{-1}$	$\mathbf{2.90850×10^{-1}}$	1
	CSA	$1.56120×10^{-5}$	$2.90860×10^{-1}$	$2.90960×10^{-1}$	$\mathbf{2.90850×10^{-1}}$	43
	DSBBO	$\mathbf{0.00000×10^{0}}$	$\mathbf{2.90850×10^{-1}}$	$\mathbf{2.90850×10^{-1}}$	$\mathbf{2.90850×10^{-1}}$	**50**
	BBO	$5.24100×10^{-3}$	$2.36050×10^{-1}$	$2.49340×10^{-1}$	$2.30130×10^{-1}$	0
	BBO-M	$2.64810×10^{-3}$	$2.30620×10^{-1}$	$2.34460×10^{-1}$	$\mathbf{2.28760×10^{-1}}$	28
7	FFA	$7.70910×10^{-3}$	$2.40200×10^{-1}$	$2.64510×10^{-1}$	$2.30460×10^{-1}$	0
	CSA	$1.36490×10^{-3}$	$2.29160×10^{-1}$	$\mathbf{2.34430×10^{-1}}$	$\mathbf{2.28760×10^{-1}}$	35
	DSBBO	$\mathbf{1.36010×10^{-3}}$	$\mathbf{2.29100×10^{-1}}$	$\mathbf{2.34430×10^{-1}}$	$\mathbf{2.28760×10^{-1}}$	**47**
	BBO	$7.01790×10^{-3}$	$1.84230×10^{-1}$	$2.11500×10^{-1}$	$1.79170×10^{-1}$	0
	BBO-M	$2.08770×10^{-3}$	$1.79590×10^{-1}$	$1.89880×10^{-1}$	$\mathbf{1.79030×10^{-1}}$	13
8	FFA	$1.23950×10^{-2}$	$1.97880×10^{-1}$	$2.25290×10^{-1}$	$1.79220×10^{-1}$	0
	CSA	$2.82100×10^{-4}$	$1.79100×10^{-1}$	$1.81040×10^{-1}$	$\mathbf{1.79030×10^{-1}}$	15
	DSBBO	$\mathbf{1.79050×10^{-5}}$	$\mathbf{1.79030×10^{-1}}$	$\mathbf{1.79070×10^{-1}}$	$\mathbf{1.79030×10^{-1}}$	**41**
	BBO	$5.36350×10^{-3}$	$1.54060×10^{-1}$	$1.64020×10^{-1}$	$1.46660×10^{-1}$	0
	BBO-M	$5.08910×10^{-3}$	$1.50900×10^{-1}$	$1.60270×10^{-1}$	$\mathbf{1.46580×10^{-1}}$	18
9	FFA	$5.63270×10^{-3}$	$1.63650×10^{-1}$	$1.79060×10^{-1}$	$1.52030×10^{-1}$	0
	CSA	$2.69440×10^{-3}$	$1.47480×10^{-1}$	$1.56790×10^{-1}$	$\mathbf{1.46580×10^{-1}}$	24
	DSBBO	$\mathbf{1.37880×10^{-3}}$	$\mathbf{1.46770×10^{-1}}$	$\mathbf{1.56330×10^{-1}}$	$\mathbf{1.46580×10^{-1}}$	**49**

　　从表 12-3 中可以看出，DSBBO 算法在图像的 6 阈值至 9 阈值搜索中同样总是能获得最优的阈值向量，而且 DSBBO 算法得到的最小交叉熵的最大值、平均值和标准差值总是五种算法中最优的，整体上可以得到与表 12-2 相似的结论。

　　观察五种算法的成功次数，对于 House 图像，DSBBO 算法在所有情况下寻得最优阈值向量的成功率都为 100%，这是其他算法都没有达到的。对于 Flame 图像，

DSBBO 算法在 6 阈值搜索中达到了成功率 100%，在 7 阈值、8 阈值和 9 阈值搜索的成功率分别为 94%、82%和 98%。其他四种算法的成功率都明显低于 DSBBO 算法。此外，DSBBO 算法的成功率在没有达到 100%的情况下，与其他四种算法相比，其获得的最好与最差交叉熵值之间的差距小，说明其稳定性较好。

本组实验还记录了五种算法在阈值搜索过程的运行时间(单位为"s")，其对比如表 12-4 所示，其中，FEVs 为目标函数评价次数。

表 12-4　五种算法的运行时间对比

d/FEVs	图像	BBO	BBO-M	FFA	CSA	DSBBO
6/3700	House	6.8400×10^{-2}	6.8400×10^{-2}	2.8440×10^{-1}	5.7900×10^{-2}	$\mathbf{5.4500\times10^{-2}}$
	Flame	6.8000×10^{-2}	6.8500×10^{-2}	2.9090×10^{-1}	6.6400×10^{-2}	$\mathbf{5.4900\times10^{-2}}$
7/4620	House	9.7100×10^{-2}	8.7700×10^{-2}	3.9050×10^{-1}	7.3300×10^{-2}	$\mathbf{7.0000\times10^{-2}}$
	Flame	8.7100×10^{-2}	8.8000×10^{-2}	3.6810×10^{-1}	7.4200×10^{-2}	$\mathbf{7.0400\times10^{-2}}$
8/5620	House	1.1190×10^{-1}	1.1010×10^{-1}	4.5680×10^{-1}	9.0700×10^{-2}	$\mathbf{8.6500\times10^{-2}}$
	Flame	1.0920×10^{-1}	1.1100×10^{-1}	4.5740×10^{-1}	9.0600×10^{-2}	$\mathbf{8.6600\times10^{-2}}$
9/6700	House	1.3850×10^{-1}	1.3490×10^{-1}	5.4880×10^{-1}	1.1150×10^{-1}	$\mathbf{1.0500\times10^{-1}}$
	Flame	1.3490×10^{-1}	1.3410×10^{-1}	5.5200×10^{-1}	1.0750×10^{-1}	$\mathbf{1.0420\times10^{-1}}$
平均运行时间		1.0190×10^{-1}	1.0030×10^{-1}	4.1860×10^{-1}	8.4000×10^{-2}	$\mathbf{7.9000\times10^{-2}}$

从表 12-4 中可以看出，DSBBO 算法的运行时间总是所有算法中最少的，其次是 CSA，再次是 BBO-M 算法，BBO 算法的耗时比 BBO-M 算法略少，FFA 的耗时最多。DSBBO 算法的平均运行时间(7.9000×10^{-2}s)分别是 BBO 算法(1.0190×10^{-1}s)、BBO-M 算法(1.0030×10^{-1}s)、FFA(4.1860×10^{-1}s)和 CSA(8.4000×10^{-1}s)的 77.5%、78.8%、18.9%和 94%。DSBBO 算法的运行时间比 BBO 算法少是因为 DSBBO 算法不需要计算栖息地的迁出率，将迁入率计算步骤移至迭代循环外，又采用了线性下降方法计算变异概率。而与 FFA 相比，DSBBO 算法运行时间优势明显，这是由于 FFA 在每一代都要计算萤火虫之间的欧氏距离，而这种计算需要大量的时间。虽然 CSA、BBO 算法和 BBO-M 算法的耗时与 DSBBO 算法相差不大，但在处理大量的图像分割中，尤其是在大数据时代，DSBBO 算法耗时少的优势将更加明显。

将表 12-4 与表 12-2 和表 12-3 结合起来分析，五种算法的结果对比表明，在同样的 FEVs 下，DSBBO 能够搜索到最优的阈值向量，且成功率高，说明 DSBBO 算法具有较好的优化性能。

采用 DSBBO 算法搜索到的阈值向量对两幅图像进行分割，分割结果如图 12-1(b)～(e)和图 12-2(b)～(e)所示。为了凸显分割的结果，本节采用假彩色表示，不同的颜色代表不同的分割区域。可以看出，高维多阈值分割方法能将图像更多的细节区域，例如，图 12-2 展现的火焰分割结果，准确的图像分割对于进一步提取锅炉燃烧工况参数和后续的状态识别具有重要意义。

(a) House 原图　　　(b) 6 阈值结果　　　(c) 7 阈值结果　　　(d) 8 阈值结果　　　(e) 9 阈值结果

图 12-1　House 图像及其多阈值分割结果（见彩图）

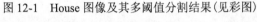
  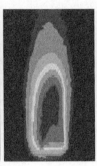 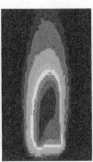 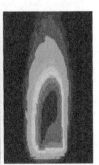

(a) Flame 原图　　　(b) 6 阈值结果　　　(c) 7 阈值结果　　　(d) 8 阈值结果　　　(e) 9 阈值结果

图 12-2　Flame 图像及其多阈值分割结果（见彩图）

DSBBO 算法中参数的不同取值可能会影响算法的性能。DSBBO 算法中的大多数参数在现有文献中已做讨论，而其动态迁移缩放因子 α 尚未讨论。对 α 不同取值的 DSBBO 算法进行实验验证该参数对算法优化性能的影响，分别设置参数为 $\alpha = 0.1$、$\alpha = 0.3$、$\alpha = 0.5$ 和 $\alpha = 0.7$，并与 α 的动态调整（Dynamical Modulation, DM）方案进行比较。选取 House 图像作为实验例图，在其他参数不变的情况下，将 α 不同取值的 DSBBO 算法分别独立运行 50 次，得到 6 阈值至 9 阈值搜索的最大值、平均值、标准差值、最小值和算法的成功次数，其结果对比如表 12-5 所示。

从表 12-5 中可以看出，在 6 阈值搜索中，在 $\alpha = 0.3$ 和 $\alpha = 0.5$ 以及 α 的动态调整的情况下获得的优化效果最好，成功率都为 100%，而在其他阈值搜索中，不管从获取的最大值、最小值、平均值、标准差值还是成功次数，α 的动态调整获得的效果总是最好的。例如，在 7 阈值、8 阈值和 9 阈值搜索中，DSBBO 算法在 α 为动态调整方案的情况下获得的成功次数都为 50 次，其成功率达到 100%，大幅度优于当 $\alpha = 0.1$、$\alpha = 0.3$、$\alpha = 0.5$ 和 $\alpha = 0.7$ 时的 DSBBO 算法获得的结果，

当 $\alpha = 0.7$ 时，DSBBO 算法的优化效果最差。以上结果对比说明，采用动态调整的动态迁移缩放因子方案可行，在未来的研究中建议使用动态调整方案。

表 12-5　参数 α 对 House 图像阈值搜索结果的影响

d	α_d	标准差值	平均值	最大值	最小值	成功次数
	0.1	1.1509×10^{-2}	1.5998×10^{-1}	2.2909×10^{-1}	$\mathbf{1.5774\times10^{-1}}$	48
	0.3	$\mathbf{0.0000\times10^{0}}$	$\mathbf{1.5774\times10^{-1}}$	$\mathbf{1.5774\times10^{-1}}$	$\mathbf{1.5774\times10^{-1}}$	**50**
6	0.5	$\mathbf{0.0000\times10^{0}}$	$\mathbf{1.5774\times10^{-1}}$	$\mathbf{1.5774\times10^{-1}}$	$\mathbf{1.5774\times10^{-1}}$	**50**
	0.7	7.3572×10^{-6}	$\mathbf{1.5774\times10^{-1}}$	$\mathbf{1.5774\times10^{-1}}$	$\mathbf{1.5774\times10^{-1}}$	43
	DM	$\mathbf{0.0000\times10^{0}}$	$\mathbf{1.5774\times10^{-1}}$	$\mathbf{1.5774\times10^{-1}}$	$\mathbf{1.5774\times10^{-1}}$	**50**
	0.1	9.4182×10^{-3}	1.2931×10^{-1}	1.5019×10^{-1}	$\mathbf{1.2397\times10^{-1}}$	30
	0.3	6.3428×10^{-3}	1.2650×10^{-1}	1.5019×10^{-1}	$\mathbf{1.2397\times10^{-1}}$	37
7	0.5	4.1549×10^{-3}	1.2622×10^{-1}	1.5019×10^{-1}	$\mathbf{1.2397\times10^{-1}}$	28
	0.7	1.5673×10^{-3}	1.2457×10^{-1}	1.2878×10^{-1}	$\mathbf{1.2397\times10^{-1}}$	18
	DM	$\mathbf{0.0000\times10^{0}}$	$\mathbf{1.2397\times10^{-1}}$	$\mathbf{1.2397\times10^{-1}}$	$\mathbf{1.2397\times10^{-1}}$	**50**
	0.1	9.5998×10^{-3}	1.0531×10^{-1}	1.2128×10^{-1}	$\mathbf{9.7340\times10^{-2}}$	28
	0.3	9.5977×10^{-3}	1.0412×10^{-1}	1.2128×10^{-1}	$\mathbf{9.7340\times10^{-2}}$	33
8	0.5	8.3033×10^{-3}	1.0117×10^{-1}	1.2131×10^{-1}	$\mathbf{9.7340\times10^{-2}}$	35
	0.7	4.6419×10^{-5}	9.7400×10^{-2}	9.7510×10^{-2}	$\mathbf{9.7340\times10^{-2}}$	13
	DM	$\mathbf{0.0000\times10^{0}}$	$\mathbf{9.7340\times10^{-2}}$	$\mathbf{9.7340\times10^{-2}}$	$\mathbf{9.7340\times10^{-2}}$	**50**
	0.1	7.1570×10^{-3}	8.7030×10^{-2}	1.1312×10^{-1}	$\mathbf{7.9310\times10^{-2}}$	19
	0.3	5.5682×10^{-3}	8.4310×10^{-2}	9.4040×10^{-2}	$\mathbf{7.9310\times10^{-2}}$	27
9	0.5	5.3256×10^{-3}	8.4630×10^{-2}	8.9930×10^{-2}	$\mathbf{7.9310\times10^{-2}}$	7
	0.7	3.4811×10^{-3}	8.1070×10^{-2}	9.0230×10^{-2}	$\mathbf{7.9310\times10^{-2}}$	1
	DM	$\mathbf{0.0000\times10^{0}}$	$\mathbf{7.9310\times10^{-2}}$	$\mathbf{7.9310\times10^{-2}}$	$\mathbf{7.9310\times10^{-2}}$	**50**

12.3.3　实验总结

　　通过将 DSBBO 算法在两幅图像上进行基于最小交叉熵的多阈值图像分割实验，对比了其他多个有竞争力的算法，对结果对比进行讨论，表明 DSBBO 算法应用于基于最小交叉熵的多阈值图像分割，寻找最优阈值向量的能力优于 BBO 算法、BBO-M 算法、FFA 和 CSA，其可以快速收敛到全局最优，搜索成功率高，稳定性好，能够得到较好的分割效果，对于 DSBBO 算法中的主要参数，即动态扰动缩放因子的取值，建议使用动态调整方案，以上结果也说明了本章对 BBO 算法的改进是有效的。

12.4　本章小结

本章提出了一种动态迁移和椒盐变异的 BBO 算法(DSBBO)，首先，对 BBO 算法的迁移算子进行改进，构建一种基于动态扰动的迁移操作，将该操作融入迁移算子中，与原迁移操作融合，形成动态迁移算了，动态迁移算子克服了原迁移算子存在的迁移方式简单，搜索方向单一，在解空间区域中可搜索到的位置有限的不足，增加了种群多样性，从而提升了全局搜索能力。其次，对 BBO 算法的变异算子进行改进，建立了一种新颖的变异操作，即椒盐变异操作，将该操作融入变异算子中，取代原变异操作，形成椒盐变异算子，椒盐变异算子克服了原变异算子存在的算法后期可能破坏优质候选解的不足，提升了局部搜索能力和收敛速度，此外，还采用了改进的迁移概率计算方式，从而降低了算法的计算复杂度，形成了 DSBBO 算法。最后，将 DSBBO 算法应用到基于最小交叉熵的高维多阈值图像分割中。通过在两幅示例图像上进行基于最小交叉熵的多阈值图像分割实验，对比了其他多个有竞争力的算法，对结果对比进行讨论，表明 DSBBO 算法应用于基于最小交叉熵的多阈值图像分割，可以快速收敛到全局最优，搜索成功率高，稳定性好，能够得到较好的分割效果，又建议其主要参数动态扰动缩放因子的取值使用动态调整方案，同时也说明了本章对 BBO 算法的改进是有效的。

参 考 文 献

[1] Storn R, Price K. Differential evolution - a simple and efficient heuristic for global optimization over continuous spaces. Journal of Global Optimization, 1997, 114(4): 341-359.

[2] Zhang X M, Kang Q, Cheng J, et al. A novel hybrid algorithm based on biogeography-based optimization and grey wolf optimizer. Applied Soft Computing, 2018, 67: 197-214.

[3] 张新明, 孙印杰, 张慧云. 最大熵和最小交叉熵综合的交互式图像分割. 计算机工程与应用, 2010, 46(30): 191-194.

[4] Yin P. Multilevel minimum cross entropy threshold selection based on particle swarm optimization. Applied Mathematics & Computation, 2007, 184(2): 503-513.

[5] Simon D. Biogeography-based optimization. IEEE Transactions on Evolutionary Computation, 2008, 12(6): 702-713.

[6] Niu Q, Zhang L, Li K. A biogeography-based optimization algorithm with mutation strategies for model parameter estimation of solar and fuel cells. Energy Conversion and Management, 2014, 86: 1173-1185.

[7] Horng M H, Liou R J. Multilevel minimum cross entropy threshold selection based on the firefly algorithm. Expert Systems with Applications, 2011, 38(12): 14805-14811.

[8] 陈恺, 陈芳, 戴敏, 等. 基于萤火虫算法的二维熵多阈值快速图像分割. 光学精密工程,

2014, 22 (2)：517-523.

[9]　Bhandari A K, Singh V K, Kumar A, et al. Cuckoo search algorithm and wind driven optimization based study of satellite image segmentation for multilevel thresholding using Kapur's entropy. Expert Systems with Applications, 2014, 41 (7)：3538-3560.

第13章　混合迁移的 BBO 算法的图像分割

13.1　引　言

　　针对高维多阈值分割由于维数增加带来的优化难度加大以及 BBO 算法效率不高的问题，本章提出了一种混合迁移的 BBO 算法 (Hybrid Migration BBO algorithm, HMBBO)。首先直接去掉了变异算子；其次对迁移算子进行改进，先是构建微扰动启发式交叉操作，并将该操作融入迁移算子，取代原直接取代式迁移操作，再在迁移算子中引入差分扰动操作，与微扰动启发式操作深度融合，形成混合迁移算子；此外还在改进中使用榜样选择方案取代轮赌选择法，使用贪婪选择法取代精英保留机制，采用改进的迁移概率计算方式等，最终形成 HMBBO 算法，上述改进大幅度降低了 BBO 算法的计算复杂度，增强了其优化性能，从而提升了其优化效率；最后将 HMBBO 算法应用到基于最大类间方差的高维多阈值图像分割中。为了验证 HMBBO 算法在处理多阈值图像分割时搜索阈值向量的效率，在两幅图像上进行了基于最大类间方差的多阈值图像分割实验作为示例说明，并在此说明中对比了其他多个有竞争力的算法。

13.2　HMBBO 算法

13.2.1　微扰动启发式交叉操作

　　2.2.3 节分析了 BBO 算法变异算子存在的不足，为了克服这些不足，在 HMBBO 算法中，直接去掉了该变异算子，同时去掉了栖息地变异率计算步骤，使得算法的计算复杂度大幅度降低，然而，变异算子的缺失对算法的全局搜索能力造成较大的不利影响，为此，针对 BBO 算法的迁移算子进行了相关改进。

　　2.2.3 节分析了 BBO 算法迁移算子存在的不足，针对这些不足，本节构建了一种微扰动启发式交叉操作，并将该操作融入迁移算子中，替换原直接取代式迁移操作。

　　启发式交叉操作可以为算法提供优秀的局部搜索能力，已在 5.2.3 节进行了描述，本节不再赘述。本节使用的微扰动启发式交叉操作是在启发式交叉操作的基础上添加一个微扰动因子，即

$$H_i\left(\mathrm{SIV}_j\right) \leftarrow H_{\mathrm{SI}}\left(\mathrm{SIV}_j\right) + \mathrm{rand} \times \left(H_{\mathrm{SI}}\left(\mathrm{SIV}_j\right) - H_i\left(\mathrm{SIV}_j\right)\right) + \delta \qquad (13\text{-}1)$$

$$\delta = \text{round}(1 - 2 \times \text{rand}) \tag{13-2}$$

其中，$H_i(\text{SIV}_j)$ 为第 i 个栖息地的第 j 个 SIV，rand 为均匀分布在区间[0, 1]的随机实数，δ 为微扰动因子，round() 为四舍五入取整函数。

对于迁出栖息地 $\boldsymbol{H}_{\text{SI}}$ 的选择，同样采用榜样选择方案替换轮赌选择法。榜样选择方案的使用可以克服轮赌选择法存在的不足，并降低算法的计算复杂度[1]，其详细描述及原理解释请参见 4.2.1 节。

从式(13-1)中可以看出，由于 $\boldsymbol{H}_{\text{SI}}$ 是通过榜样选择方案选出的栖息地，故该操作保留了 HSI 较优的栖息地向 HSI 较差的栖息地共享优质特征的结构，而且在解空间中增加了可搜索的位置。

从式(13-2)中可以看出，δ 可能的取值为 0、–1 和 1 三种情况。当 δ 的取值为 0 时，该操作不做微扰动，仅启发式交叉操作起作用，当 δ 的取值为 1 或–1 时，该操作执行了启发式交叉操作后又进行正方向或负方向的微扰动，之所以对微扰动值取整是因为多阈值图像分割中阈值变化的最小单位为 1 个灰度级。通过增加微扰动，可以搜索到更高精度的解，加快算法收敛速度，此外，该操作没有需要调节的参数，提高了算法的可操作性。

13.2.2 混合迁移算子

由于前文提出的改进直接去掉了 BBO 算法的变异算子，使算法的全局搜索能力有所缺失，因此，在 BBO 算法的迁移算子中引入了差分扰动操作，与微扰动启发式交叉操作深度融合。差分扰动操作是受差分进化算法启发而提出的[2]，可以为算法提供优秀的全局搜索能力，关于差分进化算法的详细描述请参见 1.3.3 节。

本节使用的差分扰动操式为

$$
\begin{aligned}
H_i\big(\text{SIV}_j\big) \leftarrow\ & H_i\big(\text{SIV}_j\big) \\
& + \alpha\Big(H_{\text{best}}\big(\text{SIV}_j\big) - H_i\big(\text{SIV}_j\big) + H_{\text{m1}}\big(\text{SIV}_j\big) - H_{\text{m2}}\big(\text{SIV}_j\big)\Big)
\end{aligned}
\tag{13-3}
$$

其中，$\boldsymbol{H}_{\text{best}}$ 为当前种群中的最优栖息地，$\boldsymbol{H}_{\text{m1}}$ 和 $\boldsymbol{H}_{\text{m2}}$ 为随机选择的两个栖息地，满足 rn1、rn2 $\in [1, N]$ 且 rn1 $\neq$ rn2 $\neq i$，α 为差分缩放因子。

差分扰动操作已在 4.2.2 节进行了描述，本节不再赘述。本节使用的差分缩放因子设置为 $\alpha = \text{rand}$，这种设置不同于 4.2.2 节的指数差分缩放因子，不同于 9.2.2 节的启发式差分缩放因子，也不同于 12.2.1 节的动态迁移缩放因子，与 5.2.1、7.2.2 节、8.2.1 节和 9.2.1 节的随机实数差分缩放因子相同。这样设置是因为本节的差分扰动操作主要有利于全局搜索，对于差分扰动的搜索精度要求相对较低，对于扰动的范围要求相对较高。采用随机缩放因子同样可以避免该参数调节步骤，增加算法可操作性。

混合迁移算子的伪代码如算法 13-1 所示，其中，N 为种群数量，D 为问题维度，λ_i 为栖息地 $\boldsymbol{H}_i$ 的迁入率。

算法 13-1　混合迁移算子

for $i = 1$ to N

　for $j = 1$ to D do

　　if rand $< \lambda_i$ then

　　　用榜样选择方案选出迁出栖息地 $\boldsymbol{H}_{\mathrm{SI}}$

　　　通过式(13-2)计算 δ

　　　通过式(13-1)更新 $H_i(\mathrm{SIV}_j)$

　　else

　　　通过式(13-3)更新 $H_i(\mathrm{SIV}_j)$

　　end if

　end for

end for

从算法 13-1 中可以看出，混合迁移算子对于选中执行迁入的栖息地 SIV 执行微扰动启发式交叉操作，对于未被选中执行迁入的栖息地 SIV 执行差分扰动操作，这种混合执行的方法具备良好的全局搜索能力和局部搜索能力，就算法整体而言简化了计算过程。

13.2.3　HMBBO 算法总流程

除了上述改进外，将 BBO 算法的精英保留机制换成了贪婪选择法[1]，在保证栖息地 HSI 总是有效的前提下，移动迁入率计算步骤至算法的迭代循环外[3]，通过这两项改进，进一步了降低了算法计算复杂度，其详细描述请分别参见 4.2.4 节和 4.2.5 节。HMBBO 算法的总流程描述如下。

步骤 1：设置相关参数，随机初始化种群；

步骤 2：评价每个栖息地的 HSI，根据栖息地 HSI 由优至劣对种群排序；

步骤 3：计算每个栖息地的迁入率；

步骤 4：执行混合迁移算子；

步骤 5：对每个栖息地进行越界限制；

步骤 6：评价每个栖息地的 HSI，执行贪婪选择；

步骤 7：根据栖息地 HSI 由优至劣对种群排序；

步骤 8：判断算法是否达到迭代停止条件，如果是，输出最终结果，否则，返回至步骤 4。

13.2.4　HMBBO 算法与 BBO 算法的异同点

HMBBO 算法与 BBO 算法的相同点主要在于它们都采用了迁移算子,通过迁入率判断是否执行相应的操作。两种算法的主要不同点分为两个方面:①BBO 算法的流程中主要包含两个算子,即迁移算子和变异算子,而 HMBBO 算法的流程中主要包含一个算子,即混合迁移算子;②在迁移算子中,BBO 算法只对选中执行迁入的栖息地 SIV 执行直接取代式迁移操作,对没有选中执行迁入的栖息地 SIV 不执行操作,而 HMBBO 算法对选中执行迁入的栖息地 SIV 执行微扰动启发式交叉操作,对没有选中执行迁入的栖息地 SIV 执行差分扰动操作。

13.2.5　HMBBO 算法应用于最大类间方差多阈值图像分割

假设对一幅图像进行 d 阈值分割,则解向量 $x = [x_1, x_2, \cdots, x_d]$,其分量取值为正整数并且满足 $1 < x_1 < x_2 < \cdots < x_d < L$。以最大类间方差分割准则[4],在解空间 L 个灰度级之间采用 HMBBO 算法进行优化选择,满足最大类间方差公式的值最大的一组解向量即为最优阈值向量。将最大类间方差公式作为评价栖息地 HSI 的目标函数,栖息地代表候选阈值向量,栖息地每个 SIV 都代表一个阈值。应用 HMBBO 算法处理基于最大类间方差的多阈值图像分割法步骤描述如下。

步骤 1:读取图像,设置相关参数,包括最大迭代次数 MaxDT、种群数量 N、阈值数 d 等;

步骤 2:随机生成初始化种群 H^N,即一个 $N \times d$ 的正整数矩阵;

步骤 3:将最大类间方差公式作为目标函数,评价每个栖息地 $H_i (i = 1, 2, \cdots, N)$ 的 HSI,根据 HSI 由优至劣对种群排序;

步骤 4:计算每个栖息地的迁入率;

步骤 5:执行混合迁移算子;

步骤 6:将最大类间方差公式作为目标函数再次评价每个栖息地的 HSI,执行贪婪选择法;

步骤 7:根据 HSI 由优至劣对种群排序;

步骤 8:判断是否满足算法停止条件,若是,用搜索到的最优阈值向量对图像进行分割,否则,返回至步骤 5;

步骤 9:输出分割后的图像。

13.3　实验与分析

13.3.1　实验准备

为了验证 HMBBO 算法的阈值向量搜索效率，在大量的灰度图像上进行了基于最大类间方差准则的分割实验，并选取 Cameraman.png（256×256 像素）和 Lena.jpg（512×512 像素）作为示例进行说明，这两幅图像都是经典的例图，能够很好地测试算法分割效果并被广泛用于图像分割实验[5, 6]。两幅图像的原图分别如图 13-1（a）和图 13-1（b）所示。

(a) Cameraman 图像　　　　　　　　　　(b) Lena 图像

图 13-1　Cameraman 和 Lena 的原图像

实验选取用于多阈值图像分割的对比算法包括 BBO 算法[7]、EBO 算法[8]、BDE 算法[4] 和 MKTO 算法[9]，EBO 算法是改进的 BBO 算法，BDE 算法是改进的差分进化算法，MKTO 算法是近年提出的一种分子动理论优化算法，它们都具有较强的竞争性和可比性。

为了公平起见，参数方面，统一设置五种算法的种群数量 $N = 30$，为它们设置相同的最大迭代次数 MaxDT，由于不同阈值数分割图像的复杂度不同，故使 MaxDT 的值随着阈值 d 的增加而增加，即 $\mathrm{MaxDT} = 2d^2 + 20(d-1) + 12$，如此可以达到自动调整的目的。BBO 算法、EBO 算法、BDE 算法和 MKTO 算法的其他参数设置与其相应的参考文献相同，HMBBO 算法的其他参数仅需要设置最大迁入率，其值为 $I = 1$。

所有实验均在操作系统为 Windows 7、CPU 为主频 3.10GHz 和内存为 4GB 的 PC 上进行的，编程语言采用 MATLAB R2014a。

13.3.2　HMBBO 算法的多阈值图像分割对比

　　本组实验用 HMBBO 算法、BBO 算法、EBO 算法、BDE 算法和 MKTO 算法分别对两幅图像进行多阈值分割实验,为了凸显算法性能,只讨论图像的 6 阈值到 9 阈值的高维多阈值搜索结果,不再讨论 2 阈值到 5 阈值的低维多阈值情况。由于目前的图像分割实验尚没有统一的阈值向量评价标准,故五种算法在所有阈值向量搜索实验中均独立运行 30 次,将获得的结果中最优的最大类间方差值及其对应的阈值向量作为标准,如表 13-1 所示,其中,d 为阈值数。

表 13-1　最优的最大类间方差值及对应的阈值向量

图像	d	最优阈值向量	熵
Cameraman	6	34,80,119,146,169,200	3.83193×10^3
	7	33,77,113,136,155,172,202	3.84588×10^3
	8	26,56,89,117,138,156,172,202	3.85472×10^3
	9	25,51,81,107,125,142,158,173,202	3.86074×10^3
Lena	6	51,75,99,123,147,177	2.19108×10^3
	7	51,74,96,116,134,155,182	2.20306×10^3
	8	50,73,95,115,132,149,170,192	2.21167×10^3
	9	49,69,87,103,118,133,150,171,192	2.21778×10^3

　　五种算法在 Cameraman 图像和 Lena 图像上获得的获得最大类间方差的平均值、标准差值、最大值、最小值及成功次数(在算法的 30 次独立运行中,用每次获得的结果与表 13-1 的标准进行对比,若相同,则成功次数加 1)结果对比分别如表 13-2 和表 13-3 所示,其中,加粗的为最优者。

表 13-2　五种算法对 Cameraman 图像的多阈值搜索结果对比

d	算法	标准差值	平均值	最大值	最小值	成功次数
6	BBO	1.96050×10^0	3.82999×10^3	3.83185×10^3	3.82478×10^3	0
	EBO	1.35120×10^0	3.83191×10^3	$\mathbf{3.83193 \times 10^3}$	3.83183×10^3	21
	BDE	1.78000×10^{-2}	3.83192×10^3	$\mathbf{3.83193 \times 10^3}$	3.83187×10^3	22
	MKTO	3.62430×10^0	3.83127×10^3	$\mathbf{3.83193 \times 10^3}$	3.81208×10^3	28
	HMBBO	$\mathbf{0.00000 \times 10^0}$	$\mathbf{3.83193 \times 10^3}$	$\mathbf{3.83193 \times 10^3}$	$\mathbf{3.83193 \times 10^3}$	$\mathbf{30}$
7	BBO	1.17130×10^0	3.84485×10^3	3.84576×10^3	3.84205×10^3	0
	EBO	9.24000×10^{-2}	3.84582×10^3	$\mathbf{3.84588 \times 10^3}$	3.84557×10^3	10
	BDE	5.41000×10^{-2}	3.84585×10^3	$\mathbf{3.84588 \times 10^3}$	3.84561×10^3	15
	MKTO	1.25000×10^{-2}	3.84587×10^3	$\mathbf{3.84588 \times 10^3}$	3.84581×10^3	14
	HMBBO	$\mathbf{0.00000 \times 10^0}$	$\mathbf{3.84588 \times 10^3}$	$\mathbf{3.84588 \times 10^3}$	$\mathbf{3.84588 \times 10^3}$	$\mathbf{30}$

续表

d	算法	标准差值	平均值	最大值	最小值	成功次数
	BBO	7.98700×10^{-1}	3.85380×10^{3}	3.85469×10^{3}	3.85115×10^{3}	0
	EBO	2.19200×10^{-1}	3.85461×10^{3}	$\mathbf{3.85472 \times 10^{3}}$	3.85392×10^{3}	12
8	BDE	1.77400×10^{-1}	3.85463×10^{3}	$\mathbf{3.85472 \times 10^{3}}$	3.85382×10^{3}	7
	MKTO	1.37000×10^{-2}	3.85472×10^{3}	$\mathbf{3.85472 \times 10^{3}}$	$3,85466 \times 10^{3}$	14
	HMBBO	$\mathbf{3.00000 \times 10^{-12}}$	$\mathbf{3.85472 \times 10^{3}}$	$\mathbf{3.85472 \times 10^{3}}$	$\mathbf{3.85472 \times 10^{3}}$	**30**
	BBO	6.51800×10^{-1}	3.86002×10^{3}	3.86071×10^{3}	3.85854×10^{3}	0
	EBO	3.83500×10^{-1}	3.86050×10^{3}	$\mathbf{3.86074 \times 10^{3}}$	3.85970×10^{3}	8
9	BDE	2.23400×10^{-1}	3.86066×10^{3}	$\mathbf{3.86074 \times 10^{3}}$	3.85953×10^{3}	12
	MKTO	2.58970×10^{0}	3.85933×10^{3}	$\mathbf{3.86074 \times 10^{3}}$	3.85464×10^{3}	14
	HMBBO	$\mathbf{0.00000 \times 10^{0}}$	$\mathbf{3.86074 \times 10^{3}}$	$\mathbf{3.86074 \times 10^{3}}$	$\mathbf{3.86074 \times 10^{3}}$	**30**

表 13-3　五种算法对 Lena 图像的多阈值搜索结果对比

d	算法	标准差值	平均值	最大值	最小值	成功次数
	BBO	1.71100×10^{0}	2.18884×10^{3}	2.19077×10^{3}	2.18541×10^{3}	0
	EBO	1.27000×10^{0}	2.19026×10^{3}	$\mathbf{2.19108 \times 10^{3}}$	2.18706×10^{3}	8
6	BDE	4.58000×10^{-2}	2.19105×10^{3}	$\mathbf{2.19108 \times 10^{3}}$	2.19087×10^{3}	18
	MKTO	5.21150×10^{0}	2.18937×10^{3}	$\mathbf{2.19108 \times 10^{3}}$	2.17399×10^{3}	24
	HMBBO	$\mathbf{0.00000 \times 10^{0}}$	$\mathbf{2.19108 \times 10^{3}}$	$\mathbf{2.19108 \times 10^{3}}$	$\mathbf{2.19108 \times 10^{3}}$	**30**
	BBO	1.26040×10^{0}	2.20161×10^{3}	2.20294×10^{3}	2.19716×10^{3}	0
	EBO	4.51500×10^{-1}	2.20266×10^{3}	$\mathbf{2.20306 \times 10^{3}}$	2.20197×10^{3}	8
7	BDE	5.79000×10^{-2}	2.20304×10^{3}	$\mathbf{2.20306 \times 10^{3}}$	2.20278×10^{3}	9
	MKTO	3.65340×10^{0}	2.20186×10^{3}	$\mathbf{2.20306 \times 10^{3}}$	2.19108×10^{3}	12
	HMBBO	$\mathbf{0.00000 \times 10^{0}}$	$\mathbf{2.20306 \times 10^{3}}$	$\mathbf{2.20306 \times 10^{3}}$	$\mathbf{2.20306 \times 10^{3}}$	**30**
	BBO	1.03470×10^{0}	2.21033×10^{3}	2.21162×10^{3}	2.20840×10^{3}	0
	EBO	3.68300×10^{-1}	2.21148×10^{3}	$\mathbf{2.21167 \times 10^{3}}$	2.21042×10^{3}	14
8	BDE	2.64100×10^{-1}	2.21160×10^{3}	$\mathbf{2.21167 \times 10^{3}}$	2.21021×10^{3}	18
	MKTO	4.44140×10^{0}	2.21002×10^{3}	$\mathbf{2.21167 \times 10^{3}}$	2.19109×10^{3}	15
	HMBBO	$\mathbf{2.00000 \times 10^{-12}}$	$\mathbf{2.21167 \times 10^{3}}$	$\mathbf{2.21167 \times 10^{3}}$	$\mathbf{2.21167 \times 10^{3}}$	**30**
	BBO	5.48300×10^{-1}	2.21709×10^{3}	2.21767×10^{3}	2.21562×10^{3}	0
	EBO	7.41000×10^{-1}	2.21747×10^{3}	$\mathbf{2.21778 \times 10^{3}}$	2.21449×10^{3}	7
9	BDE	7.39800×10^{-1}	2.21758×10^{3}	$\mathbf{2.21778 \times 10^{3}}$	2.21375×10^{3}	13
	MKTO	2.62280×10^{0}	2.21635×10^{3}	$\mathbf{2.21778 \times 10^{3}}$	2.21165×10^{3}	11
	HMBBO	$\mathbf{2.00000 \times 10^{-12}}$	$\mathbf{2.21778 \times 10^{3}}$	$\mathbf{2.21778 \times 10^{3}}$	$\mathbf{2.21778 \times 10^{3}}$	**30**

从表 13-2 和表 13-3 中可以看出，HMBBO 算法获得了最好的优化性能，不管是在 Cameraman 图像还是在 Lena 图像上都能搜索到最优阈值向量，在 6 阈值、7 阈值、8 阈值和 9 阈值这四种阈值向量搜索的成功次数都为 30，即成功率为 100%，大幅度领先于其他四种对比算法。这是由于 HMBBO 算法采用差分扰动操作增加了种群的多样性，提高了算法全局搜索能力，又采用微扰动启发式交叉操作，增强了局部搜索能力和收敛速度。搜索性能次优的是 MKTO 算法，然后是 BDE 算法，相比之下 BBO 算法在阈值向量搜索方面表现不佳。以上结果对比表明，本章对 BBO 算法提出改进是有效的。

实验还记录了五种算法在阈值向量搜索过程的运行时间（单位为"s"），其对比如表 13-4 所示，其中，FEVs 为目标函数评价次数。

表 13-4　五种算法的运行时间对比

d/FEVs	图像	BBO	EBO	BDE	MKTO	HMBBO
6/5500	Cameraman	$2.2890×10^{-1}$	$3.3920×10^{-1}$	$1.4250×10^{-1}$	$2.2160×10^{-1}$	$\mathbf{1.1440×10^{-1}}$
	Lena	$2.2340×10^{-1}$	$3.3850×10^{-1}$	$1.4260×10^{-1}$	$2.0540×10^{-1}$	$\mathbf{1.1520×10^{-1}}$
7/6930	Cameraman	$2.9540×10^{-1}$	$4.4450×10^{-1}$	$1.8230×10^{-1}$	$2.5880×10^{-1}$	$\mathbf{1.4820×10^{-1}}$
	Lena	$2.9490×10^{-1}$	$4.4300×10^{-1}$	$1.9570×10^{-1}$	$2.5890×10^{-1}$	$\mathbf{1.4760×10^{-1}}$
8/8430	Cameraman	$3.8280×10^{-1}$	$5.5960×10^{-1}$	$2.2600×10^{-1}$	$3.1360×10^{-1}$	$\mathbf{1.8250×10^{-1}}$
	Lena	$3.7640×10^{-1}$	$5.5810×10^{-1}$	$2.2640×10^{-1}$	$3.2010×10^{-1}$	$\mathbf{1.8600×10^{-1}}$
9/10050	Cameraman	$4.6660×10^{-1}$	$6.8160×10^{-1}$	$2.7370×10^{-1}$	$4.3230×10^{-1}$	$\mathbf{2.2450×10^{-1}}$
	Lena	$4.6600×10^{-1}$	$6.8620×10^{-1}$	$2.7590×10^{-1}$	$3.9100×10^{-1}$	$\mathbf{2.2510×10^{-1}}$
平均运行时间		$3.4180×10^{-1}$	$5.0630×10^{-1}$	$2.0810×10^{-1}$	$3.0020×10^{-1}$	$\mathbf{1.6790×10^{-1}}$

从表 13-4 中可以看出，与 BBO 算法相比，HMBBO 算法的运行时间少，约为 BBO 算法的一半，这是由于 HMBBO 算法去掉了变异算子，又去掉了栖息地变异率计算步骤，采用的榜样选择方案和贪婪选择法，将迁入率计算步骤移至迭代循环外，这一系列的改进大幅度降低了算法的计算复杂度。相较于其他算法，HMBBO 算法的运行时间依然是最少的，其平均运行时间（$1.6790×10^{-1}$s）大约是 EBO 算法（$5.0630×10^{-1}$s）的 25%，除了 HMBBO 算法外，BDE 算法运行时间最少，然后是 MKTO 算法。EBO 算法之所以耗费的时间最多，是因为该算法中使用了两次赌轮选择法等计算。

将表 13-4 与表 13-2 和表 13-3 结合起来分析，在同样的 FEVs 情况下，HMBBO 算法能够搜索到最优的阈值向量，具有较高的成功率，也就是说，在基于最大类间方差准则的图像分割中，HMBBO 算法是五种算法中最可取的。

此外，实验选取 Cameraman 图像作为示例，绘制了五种算法的 8 阈值和 9 阈值搜索过程的收敛曲线图，分别如图 13-2(a)和图 13-2(b)所示，从图中可以看出，HMBBO 算法的收敛速度是五种算法中最快的。

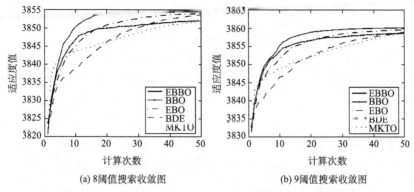

(a) 8 阈值搜索收敛图　　　　　　(b) 9 阈值搜索收敛图

图 13-2　五种优化算法在 Cameraman 图像上的收敛曲线图

　　为了提高视觉效果，本节采用假彩色表示分割结果，不同的颜色代表不同的分割区域，从分割结果图中可以看出，高维多阈值分割方法能将图像更多的细节区域分割出来。采用 HMBBO 算法搜索到的阈值向量对 Cameraman 图像和 Lena 图像进行分割，取部分分割结果分别如图 13-3 和图 13-4 所示。

(a) 2 阈值分割结果　　　　　　　(b) 9 阈值分割结果

图 13-3　Cameraman 图像的多阈值分割结果（见彩图）

(a) 6 阈值分割结果　　　　　　　(b) 9 阈值分割结果

图 13-4　Lena 图像的多阈值分割结果（见彩图）

t 检验是一种参数性统计检验，通过数学统计学的方法检验上文实验所得结果的可靠性，其相关介绍和规则描述请参见 4.3.5 节。

为了验证实验结果的可靠性，本节对 HMBBO 算法与 BBO 算法、EBO 算法、BDE 算法和 MKTO 算法在表 13-2 和表 13-3 的实验结果进行独立样本 t 检验。从数理统计 t 分布表中可知，当 $t > 0$ 时，表明算法 1 性能优于算法 2；当 $t = 0$ 时，表明算法 1 与算法 2 的性能相等；当 $t = 1.645$ 时，表明算法 1 性能优于算法 2 且具有 95% 的置信度；当 $t = 2.060$ 时，表明算法 1 性能优于算法 2 且具有 98% 的置信度。HMBBO 算法与 BBO 算法、EBO 算法、BDE 算法和 MKTO 算法的 t 检验结果如表 13-5 所示。

表 13-5　HMBBO 算法的 t 检验结果

d	图像	BBO	EBO	BDE	MKTO
6	Cameraman	7.0108	2.7401	3.0588	1.2918
	Lena	9.2531	4.5143	3.1959	2.3203
7	Cameraman	6.1963	4.2243	3.3460	2.7719
	Lena	8.1802	6.3961	2.6990	2.3262
8	Cameraman	8.1733	3.3742	3.4439	3.3549
	Lena	9.1363	3.5557	1.8019	2.6309
9	Cameraman	7.7762	4.4473	2.5480	3.8562
	Lena	8.9475	3.0155	1.9164	3.8650

从表 13-5 中可以看出，HMBBO 算法对其他四种优化算法的 t 检验结果总是高于 1.645，表明所有实验结果至少具有 95% 的置信度，且大部分情况下的 t 检验结果值都高于 2.060，表明这些实验结果的置信水平达到 98%。

13.3.3　实验总结

通过将 HMBBO 算法在两幅图像上进行基于最大类间方差的多阈值图像分割实验，对比了其他多个有竞争力的算法，对结果对比进行讨论，表明 HMBBO 算法应用于基于最大类间方差的多阈值图像分割，寻找最优阈值向量的能力优于 BBO 算法、EBO 算法、BDE 算法和 MKTO 算法，其可以快速收敛到全局最优，搜索成功率高，稳定性强，运行速度快，能够得到较好的分割效果，具有较高的优化效率，以上结果也说明了本章对 BBO 算法的改进是有效的。

13.4　本 章 小 结

本章提出了一种混合迁移的 BBO 算法（HMBBO），首先，直接去掉 BBO 算法的变异算子，从而克服原变异算子存在的可能破坏了优质的栖息地，造成种群退化的不足，大幅度降低了算法的计算复杂度。其次，构建微扰动启发式交叉操作，融入 BBO 算法的迁移算子中，取代原直接取代式迁移操作，在迁移算子中引入差分扰动操作，与微扰动启发式操作深度融合，形成混合迁移算子。两种操作的融合能够弥补变异算子的缺失，克服了原迁移算子存在的迁移方式简单，搜索方向单一，在解空间区域中可搜索到的位置有限的不足，平衡了探索和开采，整体上增强了优化性能。此外，还在改进中使用榜样选择方案取代轮赌选择法，使用贪婪选择法取代精英保留机制，采用改进的迁移概率计算方式等，从多个角度降低计算复杂度，最终形成 HMBBO 算法。上述改进大幅度降低了 BBO 算法的计算复杂度，增强了其优化性能，从而提升了其优化效率。最后将 HMBBO 算法应用到基于最大类间方差的高维多阈值图像分割中。通过在两幅图像上的实验，对比了其他多个有竞争力的算法，表明 HMBBO 算法应用于基于最大类间方差的多阈值图像分割，搜索成功率高、稳定性好、运行速度快，能够得到较好的分割效果，同时也说明了本章对 BBO 算法的改进是有效的。

参 考 文 献

[1] Zhang X M, Kang Q, Tu Q, et al. Efficient and merged biogeography-based optimization algorithm for global optimization problems. Soft Computing, 2019, 23(12): 4483-4502.

[2] Storn R, Price K. Differential evolution - a simple and efficient heuristic for global optimization over continuous spaces. Journal of Global Optimization, 1997, 114(4): 341-359.

[3] Zhang X M, Kang Q, Cheng J, et al. A novel hybrid algorithm based on biogeography-based optimization and grey wolf optimizer. Applied Soft Computing, 2018, 67: 197-214.

[4] 张新明, 孙印杰, 郑延斌. 二维直方图准分的 Otsu 图像分割及其快速实现. 电子学报, 2011, 39(8): 1778-1784.

[5] 彭启伟, 罗旺, 冯敏, 等. 改进二维 Otsu 法和果蝇算法结合的图像分割方法. 计算机应用, 2017, 37(s2): 193-197.

[6] 魏晶茹, 马瑜, 夏瑞, 等. 基于分数阶粒子群的 Otsu 图像分割算法. 计算机工程与设计, 2017, 38(12): 3284-3290.

[7] Simon D. Biogeography-based optimization. IEEE Transactions on Evolutionary Computation, 2008, 12(6): 702-713.

[8] Zheng Y J, Ling H F, Xue J Y. Ecogeography-based optimization: enhancing biogeography-based optimization with ecogeographic barriers and differentiations. Computers & Operations Research, 2014, 50(10): 115-127.

[9] Fan C, Ouyang H, Zhang Y, et al. Optimal multilevel thresholding using molecular kinetic theory optimization algorithm. Applied Mathematics & Computation, 2014, 239: 391-408.

第14章 混合细菌觅食优化的 BBO 算法的图像分割

14.1 引　言

针对高维多阈值彩色图像进行分割时存在阈值向量搜索困难的问题，本章提出了一种混合细菌觅食优化 (BFO) 的 BBO 算法 (Hybrid algorithm based on BBO and BFO, HBBOB)。首先对 BBO 算法和 BFO 算法分别进行改进，对于 BBO 算法，去掉变异算子，改进迁移算子，在其中融入差分扰动操作，又引入了直接扰动操作取代原迁移操作，从而得到扰动迁移算子，对于 BFO 算法，取出其趋化算子，将趋化步长固化为 1；其次，将"1"步长趋化算子融入改进的 BBO 算法中，与扰动迁移算子混合，两者顺序执行相应的操作，共同更新种群；此外还进行了其他方面的改进，最终得到具有优秀普适性的混合算法 HBBOB；最后将 HBBOB 算法应用到基于 Kapur 熵的高维多阈值彩色图像分割中。为了验证 HBBOB 算法在处理多阈值图像分割时搜索阈值向量的效率，在四幅彩色图像上进行了基于 Kapur 熵的高维多阈值彩色图像分割实验，对比了其他有竞争力的算法。

14.2　HBBOB 算法

14.2.1　扰动迁移算子

2.2.3 节分析了 BBO 算法变异算子存在的不足，故直接去掉该变异算子及栖息地变异率计算步骤，降低了算法计算复杂度，然而，变异算子的缺失影响了算法的全局搜索能力，为此，对 BBO 算法的迁移算子进行了相关改进。

受差分进化算法启发[1]，将差分扰动操作融入迁移算子中，弥补变异算子的缺失，强化全局搜索能力。差分进化算法的描述请参见 1.3.3 节。

本节的差分扰动操作式为

$$H_i\left(\mathrm{SIV}_j\right) \leftarrow H_i\left(\mathrm{SIV}_j\right) + \alpha_1\left(H_{m1}\left(\mathrm{SIV}_j\right) - H_{m2}\left(\mathrm{SIV}_j\right)\right) \tag{14-1}$$

其中，H_i 为待更新的栖息地，$H_i(\mathrm{SIV}_j)$ 为栖息地 H_i 的第 j 个 SIV，H_{m1} 和 H_{m2} 为随机选择的两个栖息地，满足 rn1、rn2 $\in [1, N]$ 且 rn1 $\neq$ rn2 $\neq i$，α 为差分缩放因子。

差分扰动操作已在 4.2.2 节进行了描述，本节不再赘述。本节的差分的缩放因子设置为 $\alpha_1 = \mathrm{rand}$，rand 是均匀分布在区间 $[0, 1]$ 的随机实数。这种设置不同于 4.2.2 节的指数差分缩放因子，也不同于 9.2.2 节和 12.2.1 节的缩放因子，与 5.2.1

节、7.2.2 节、8.2.1 节、9.2.1 节和 13.2.2 节的缩放因子相同。这样设置是因为本节的差分扰动操作主要用于全局搜索，对于差分扰动的搜索精度要求相对较低，对于扰动的范围要求相对较高。采用随机缩放因子同样可以避免该参数调节步骤，增加可操作性。需要注意的是，本节使用的差分扰动操作是基于两个不同栖息地的 SIV 进行差分计算，而以往章节的差分扰动操作一般是基于四个不同栖息地的 SIV，前者提供差分信息的栖息地较后者更少，这样设置是因为迁移算子本身为算法提供了一定的局部搜索能力，对本节的差分扰动操作过量增加种群多样性反而会造成全局搜索能力过高，探索和开采不平衡。

2.2.3 节分析了 BBO 算法迁移算子存在的不足，又由于差分扰动操作强化全局搜索能力后，需要强化其局部搜索能力以便平衡，故又对迁移算子进一步改进，在其中引入直接扰动操作，取代原直接取代式迁移操作，即

$$H_i\left(\mathrm{SIV}_j\right) \leftarrow H_{\mathrm{SI}}\left(\mathrm{SIV}_j\right) + \alpha_2 \mathrm{sign}\left(1 - 2\mathrm{rand}\right) \tag{14-2}$$

其中，H_{SI} 为迁出栖息地，$\mathrm{sign}()$ 为向上取整函数，α_2 为直接扰动缩放因子。

对于直接扰动缩放因子设置为 $\alpha_2 = \mathrm{round}\left(\mathrm{rand}^{1/2}\right)$，$\mathrm{round}()$ 为四舍五入取整函数。根据 α_2 的计算公式可知，该参数的取值为 0 或 1。当 α_2 取值为 0 时，$\alpha_2 \mathrm{sign}\left(1-2\mathrm{rand}\right) = 0$，式 (14-2) 等同于原 BBO 算法直接取代式的迁移操作；当 α_2 取值为 1 时，式 (14-2) 相当于对迁出栖息地 H_{SI} 的 SIV 加上一个扰动值，扰动的幅度为 1，扰动的方向受 $\mathrm{sign}(1-2\mathrm{rand})$ 的结果影响，然后将扰动值赋给待更新栖息地 H_i 对应的 SIV，使 H_i 在 H_{SI} 附近扰动式局部搜索。从该计算公式还可以看出，α_2 的取值为 1 比取值为 0 的概率高，也就是说，该操作更倾向于执行扰动式局部搜索。由式 (14-2) 可以看出，$\mathrm{sign}(1-2\mathrm{rand})$ 能够得到-1、0 或 1，其中，得到-1 表示向负方向扰动，得到 0 表示不扰动，得到 1 表示向正方向扰动。三种不同的结果使扰动可以向着不同的方向进行。对于迁出栖息地 H_{SI} 的选择，则采用了 BBO 算法原有的轮赌选择法。

直接扰动操作如图 14-1 所示。

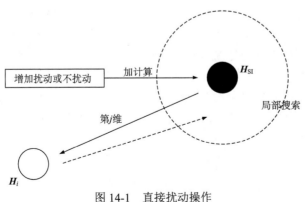

图 14-1　直接扰动操作

综合上述改进，得到扰动迁移算法，其伪代码如算法 14-1 所示，其中，N 为种群数量，D 为问题维度，λ_i 为栖息地 $\boldsymbol{H}_i$ 的迁入率。

算法 14-1　扰动迁移算子

for i = 1 to N do

　　for j = 1 to D do

　　　　if rand < λ_i then

　　　　　　用轮赌选择法选出迁出的栖息地 $\boldsymbol{H}_{\mathrm{SI}}$

　　　　　　通过式(14-1)更新 $H_i(\mathrm{SIV}_j)$

　　　　else

　　　　　　通过式(14-2)更新 $H_i(\mathrm{SIV}_j)$

　　　　end if

　　end for

end for

根据 BBO 算法中栖息地迁入率与其 HSI 的关系可知，HSI 越优的栖息地，其迁入率越低，HSI 越差的栖息地，其迁入率越高。由算法 14-1 可以看出，对于 HSI 越优的栖息地，更倾向于通过差分扰动操作更新其 SIV，而对于 HSI 越劣的栖息地，有更高的概率通过直接扰动操作更新其 SIV。这样的设置是因为 HSI 较劣的栖息地，需要从优秀的栖息地中获得信息来快速提高自身质量，而 HSI 较优的栖息地已很难从更优的栖息地中获得信息，应该通过差分扰动操作搜索其他区域。

14.2.2　"1 步长"趋化算子

BFO 算法模拟了大肠杆菌在人体内部觅食的三种基本行为，即趋化、复制和驱散[2]。种群中的细菌通过上述三种行为，在解空间中逐渐搜索，最终可以达到寻找最优解的目的。关于细菌觅食优化算法的详细描述请参见 1.3.4 节。

细菌的趋化行为指的是细菌会应激性地朝着营养丰富的区域聚集，该过程包含细菌的两种基本运动，即翻转和游动。翻转指细菌转向任意一个新运动方向，并沿着这个方向前进单位步长。游动指当细菌完成一次翻转后，若目前所在位置的营养分布函数值较之前更优，则沿该方向继续前进若干步长，直至它的营养分布函数值不再改善，或达到预定的前进步数为止。

BFO 算法的趋化算子为算法提供了优秀的局部搜索能力，其通过反复的翻转和游动，有机会搜索到局部解空间区域内的最优位置，然而，由于优化问题的多样性，对趋化步长设置很不方便，故本节将趋化步长固化为 1，从而避免该参数的调节步骤，也使得算法更符合图像阈值向量搜索的需求。

"1 步长"趋化算子的原理如图 14-2 所示。

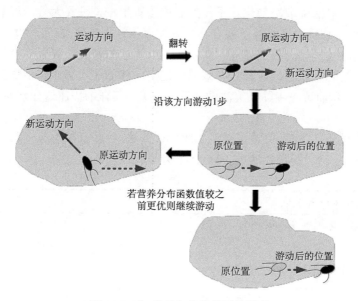

图 14-2　"1 步长"趋化算子的原理

"1 步长"趋化算子的伪代码如算法 14-2 所示，其中，f_{new} 为细菌当前位置的营养分布值(适应度值)，f_{old} 为该细菌原位置的营养分布值(适应度值)，Nc 为最大趋化步数，Ns 为最大游动步数，$\theta(i,j)$ 为第 i 个细菌的第 j 次趋化。

算法 14-2　"1 步长"趋化算子

---

for i = 1 to N do

　for j = 1 to Nc do

　　保存原位置营养分步值 f_{old}，$\theta(i,j)$ 向随机方向翻转并沿该方向游动 1 步长，设置 k = 1

　　评价新位置营养分布值 f_{new}

　　if f_{new} > f_{old} 且 k <= Ns then

　　　$\theta(i,j)$ 继续沿该方向游动 1 步长，k = k + 1

　　　保存原位置营养分布值 f_{old}，评价新位置营养分布值 f_{new}

　　end if

　end for

end for

14.2.3 HBBOB 算法总流程

本节提出的混合方法并不是将两种算法直接混合，而是实现算子间的融合。它是从 BFO 算法中取出趋化算子，然后将该算子步长设置为 1，再融入改进的 BBO 算法中，与扰动迁移算子混合，两者顺序执行相应的操作，共同更新种群。此外，还进行了其他方面的改进，即将 BBO 算法的精英保留机制换成了贪婪选择法[3]，在保证栖息地 HSI 总是有效的前提下，移动迁入率计算步骤至算法的迭代循环外[4]，从而进一步降低算法的计算复杂度，其详细描述请分别参见 4.2.4 节和 4.2.5 节。

综合上述所有改进，最终形成了 HBBOB 算法，其总流程的伪代码如算法 14-3 所示，其中，t 为当前迭代次数，MaxDT 为最大迭代次数。

算法 14-3　HBBOB 算法总流程

初始化参数，随机生成种群

评价每个栖息地的 HSI

根据栖息地 HSI 由优至劣对种群排序

计算每个栖息地的迁入率和迁出率

for t = 1 to MaxDT do

 执行扰动迁移算子

 对种群执行越界限制

 执行"1"步长趋化算子

 评价每个栖息地的 HSI

 执行贪婪选择法

 根据栖息地 HSI 由优至劣对种群排序

end for

输出最终结果

14.2.4 HBBOB 算法与 BBO 算法的异同点

本节对 HBBOB 算法和 BBO 算法的异同点进行讨论。两种算法的相同点在于它们的流程中都包含了两个主要算子，且它们都拥有迁移算子，它们的迁移算子都是依据栖息地的迁入率和迁出率执行相应的操作。两种算法的主要不同点分为三个方面：①BBO 算法的流程中包含的两个主要算子分别是迁移算子和变异算子，HBBOB 算法的流程中包含的两个主要算子分别是扰动迁移算子和"1 步长"

趋化算子；②BBO 算法的迁移算子对选中执行迁入的栖息地 SIV 执行直接取代式迁移操作，对没有选中执行迁入的栖息地 SIV 不执行操作，HBBOB 算法的扰动迁移算子对选中执行迁入的栖息地 SIV 执行直接扰动操作，对没有选中执行迁入的栖息地 SIV 执行差分扰动操作；③BBO 算法每次迭代需要对种群排序两次，对所有栖息地的 HSI 评价一次，而 HBBOB 算法每次迭代需要对种群排序一次，对所有栖息地的 HSI 评价至少一次，具体评价次数出于游动步数的不确定而动态变化。

14.2.5　HBBOB 算法应用于 Kapur 熵多阈值彩色图像分割

当对一幅图像进行 d 阈值分割($d > 1$)时，其阈值向量为 $\boldsymbol{x} = [x_1, x_2, \cdots, x_d]$，其中，每一个阈值取值均为正整数且满足 $0 < x_1 < x_2 < \cdots < x_d < L - 1$。当以 Kapur 熵作为分割准则，在解空间 L 个灰度级间进行阈值向量选择时，能够取得最大 Kapur 熵值的阈值向量即为最优阈值向量。

采用 HBBOB 算法处理阈值向量选择问题，设置 Kapur 熵公式作为评价栖息地 HSI 的目标函数，每个候选阈值向量都相当于算法中一个栖息地的 SIVs，阈值向量中的每一个阈值都相当于其对应栖息地的一个 SIV。对于 RGB 彩色图像的分割，需要对 R、G 和 B 三种颜色分量分别进行最优阈值向量选取，再根据选取的阈值向量分别分割三种颜色分量，并将分割结果合并，形成最终的图像分割结果。应用 HBBOB 算法处理基于 Kapur 熵的高维多阈值彩色图像分割法步骤描述如下。

步骤 1：读取彩色图像，选择 R 颜色分量，设置相关参数，包括最大迭代次数 MaxDT、种群数量 N、阈值数 d 等；

步骤 2：随机生成初始化种群 $\boldsymbol{H}^N$，即一个 $N \times d$ 的正整数矩阵；

步骤 3：将 Kapur 熵公式作为目标函数，评价每个栖息地 $\boldsymbol{H}_i$ ($i = 1, 2, \cdots, N$) 的 HSI，根据栖息地 HSI 由优至劣对种群排序；

步骤 4：计算每个栖息地的迁入率和迁出率；

步骤 5：执行扰动迁移算子；

步骤 6：执行"1 步长"趋化算子；

步骤 7：将 Kapur 熵公式作为目标函数再次评价每个栖息地的 HSI；

步骤 8：执行贪婪选择法并根据 HSI 由优至劣对种群排序；

步骤 9：判断是否满足算法停止条件，若是，保留搜索到的最优阈值向量，否则，返回至步骤 5；

步骤 10：用同样的步骤分别搜索 G 颜色分量和 B 颜色分量的最优阈值向量；

步骤 11：用搜索到的最优阈值向量分别对 R、G 和 B 三种颜色分量进行分割，输出分割后的图像。

14.3　实验与分析

14.3.1　实验准备

为了验证 HBBOB 算法的阈值向量搜索效率，首先对 HBBOB 算法的主要参数进行讨论，然后在四幅彩色图像上进行基于 Kapur 熵的多阈值向量搜索实验。实验所使用的四幅彩色图像均取自开源的 Berkeley 图像数据库，其链接为 http://www.eecs.berkeley.edu/Research/Projects/CS/vision/grouping/index2.html，该数据库在图像分割领域被广泛使用。四幅彩色图像的名称分别为 157055.jpg，145086.jpg、189003.jpg 和 24077.jpg，它们的原图分别如图 14-3(a)、图 14-4(a)、图 14-5(a) 和图 14-6(a) 所示。选取这四幅彩色图像进行实验是因为它们都是经典的例图，常被用于多阈值图像分割实验。四幅彩色图像都具有鲜明的特点，包含了复杂的人物、事物和背景信息，它们相应颜色分量的直方图有着明显差异。四幅彩色图像的特点增加了阈值向量搜索的困难，给算法的优化效率带来了巨大的挑战。四幅彩色图像的 R、G 和 B 三种颜色分量直方图分别如图 14-3(b)～(d)、图 14-4(b)～(d)、图 14-5(b)～(d) 和图 14-6(b)～(d) 所示。

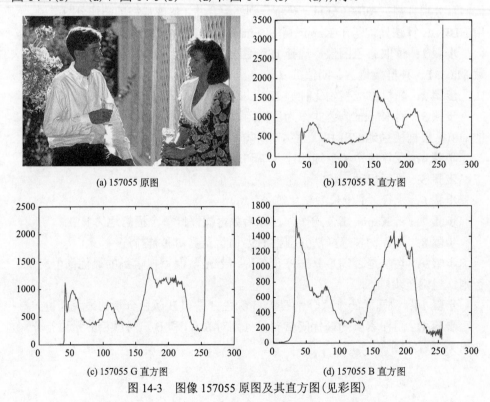

图 14-3　图像 157055 原图及其直方图（见彩图）

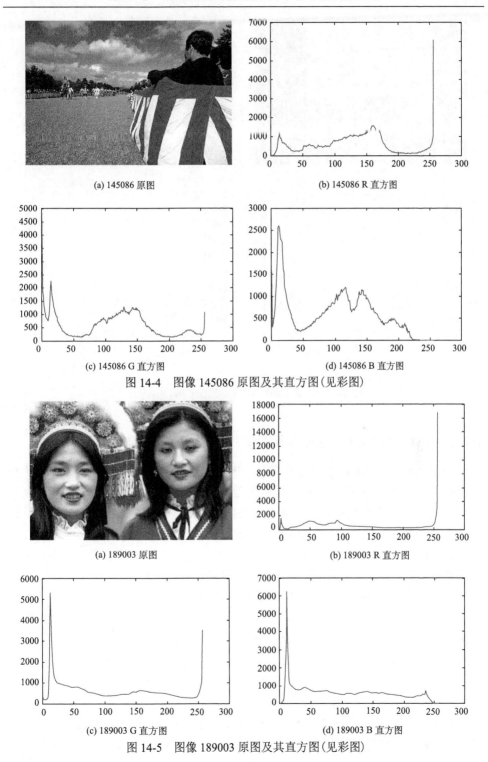

(a) 145086 原图

(b) 145086 R 直方图

(c) 145086 G 直方图

(d) 145086 B 直方图

图 14-4　图像 145086 原图及其直方图（见彩图）

(a) 189003 原图

(b) 189003 R 直方图

(c) 189003 G 直方图

(d) 189003 B 直方图

图 14-5　图像 189003 原图及其直方图（见彩图）

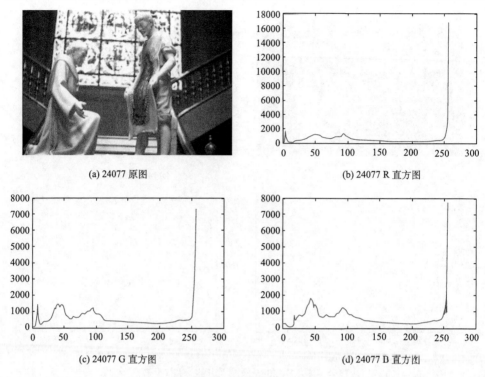

(a) 24077 原图　　　　　　　　　　(b) 24077 R 直方图

(c) 24077 G 直方图　　　　　　　　　(d) 24077 D 直方图

图 14-6　　图像 24077 原图及其直方图（见彩图）

14.3.2　HBBOB 算法的多阈值图像分割对比

　　HBBOB 算法的流程中包含两个主要参数，分别是最大趋化步数 Nc 和最大游动步数 Ns，这两个参数的不同取值组合会对"1 步长"趋化算子造成影响，从而影响 HBBOB 算法的搜索效率。为了最大化算法的搜索效率，第一组实验对这两个主要参数的取值组合进行讨论，以寻求最合适的取值组合。

　　将 HBBOB 算法应用于四幅彩色图像的 8 阈值向量和 9 阈值向量搜索，测试主要参数 Nc 和 Ns 的不同取值组合对算法搜索效率的影响。其他参数方面，设置最大迁入率 $I=1$，最大迁出率 $E=1$，种群数量 $N=30$，为了满足不同阈值数的搜索需求，设置最大迭代次数 MaxDT 随着阈值数 d 的增加而动态改变，即 $MaxDT=2d^2+20(d-1)+12$，以达到自适应调整 MaxDT 的目的。Nc 和 Ns 的每种取值组合在每幅彩色图像的阈值搜索实验中独立运行 50 次，获得 Kapur 熵的平均值和标准差值。由于结果数据较多，故只随机选取部分结果进行对比，如表 14-1 所示，其中，加粗的为最优结果。

　　表 14-1 是随机选取的图 1157055 的 B 颜色分量上的 9 阈值向量搜索结果及图 24077 的 R 颜色分量上的 8 阈值向量搜索结果。从中可以看出，当两个主要参数

的取值组合为 Nc = 2，Ns = 2 时，HBBOB 算法获得的结果是最优的。

表 14-1　Nc 和 Ns 不同取值组合的结果对比

图像	颜色	d	参数组合	标准差值	平均值	参数组合	标准差值	平均值
			Nc = 2, Ns = 1	1.04620×10^{-2}	3.15841×10^{1}	Nc = 3, Ns = 3	8.55850×10^{-3}	3.15855×10^{1}
			Nc = 2, Ns = 2	**7.85280×10^{-4}**	**3.15885×10^{1}**	Nc = 4, Ns = 2	6.78080×10^{-3}	3.15867×10^{1}
157055	B	9	Nc = 2, Ns = 3	1.14340×10^{-2}	3.15830×10^{1}	Nc = 4, Ns = 3	5.62110×10^{-3}	3.15871×10^{1}
			Nc = 2, Ns = 4	1.09830×10^{-2}	3.15836×10^{1}	Nc = 5, Ns = 2	4.26640×10^{-3}	3.15869×10^{1}
			Nc = 2, Ns = 5	1.04800×10^{-2}	3.15842×10^{1}	Nc = 5, Ns = 3	5.75270×10^{-3}	3.15863×10^{1}
			Nc = 3, Ns = 2	4.08940×10^{-3}	3.15878×10^{1}			
			Nc = 2, Ns = 1	6.53690×10^{-4}	2.86885×10^{1}	Nc = 3, Ns = 2	1.57330×10^{-4}	2.86886×10^{1}
24077	R	8	**Nc = 2, Ns = 2**	**4.72370×10^{-5}**	**2.86887×10^{1}**	Nc = 4, Ns = 2	1.11780×10^{-4}	2.86886×10^{1}
			Nc = 2, Ns = 3	6.84760×10^{-4}	2.86886×10^{1}	Nc = 5, Ns = 2	1.81710×10^{-4}	2.86886×10^{1}
			Nc = 2, Ns = 4	8.19250×10^{-4}	2.86885×10^{1}			

第二组实验将 HBBOB 算法用于处理多阈值彩色图像分割的阈值向量搜索，选取用于对比算法包括 BBO-M 算法[5]、IDPSO 算法[6]、MABC 算法[7]和 MBFO 算法[8]。BBO-M 算法是 BBO 算法的改进算法，MBFO 算法是 BFO 算法的改进算法，这两个算法均属于 HBBOB 算法的同类改进算法，具有很强的可比性，IDPSO 算法是粒子群优化算法的改进算法，MABC 算法是人工蜂群算法的改进算法，这两个算法均属于 HBBOB 算法的其他类改进算法，具有一定代表性，且这些算法都是近几年提出的，故具有很强竞争性。

参数方面，对于四种对比算法，设置它们的种群数量与 HBBOB 算法相同，即 $N = 30$，它们的最大迭代次数 MaxDT 的设置随阈值数 d 的增加而动态改变，即 $\text{MaxDT} = 2d^2 + 20(d-1) + 12$，从而达到自适应调整 MaxDT 的目的，它们的其他参数设置分别同其相应的参考文献。四种对比算法的最大函数评价次数 MNFE = $N\times\text{MaxDT} + N$，对于 HBBOB 算法，其流程中包含趋化算子，由算法 14-2 可以看出，当细菌进行趋化时，每移动到一个新的位置，就要对该位置的营养分布值(适应度值)评价一次，由于细菌的游动步数受到游动后位置的营养分布值(适应度值)影响，故该游动步数是无法确定的，从而使得趋化算子中的函数评价次数是可变的。为了公平起见，将 HBBOB 算法的最大迭代次数和种群数量分别设置为 MaxDT/Nc 和 $N/2$，从而使其最大函数评价次数 MNFE 小于或者近似等于对比算法，HBBOB 算法的最大趋化步数和最大游动步数设置取上组实验获得的最优结果，即 Nc = 2，Ns = 2，HBBOB 算法的其他参数设置同上一组实验。

实验首先测试了五种算法在低维多阈值彩色图像分割时的阈值搜索效率，再测试它们在高维多阈值彩色图像分割时的阈值搜索效率。低维多实验分别在图

157055 的 R 颜色分量和图 189003 的 B 颜色分量上测试了 3 阈值向量搜索。高维实验则对四幅彩色图像的三种颜色分量的 8 阈值和 9 阈值向量搜索都进行了测试。目前，图像分割实验尚没有一个统一的阈值向量评价标准。为使对比可靠，五种算法在所有阈值向量搜索实验中均独立运行 50 次，将获得的结果中最优的 Kapur 熵及其对应的阈值向量作为标准，如表 14-2 所示，其中，d 为阈值数。

表 14-2　最优 Kapur 熵及对应的阈值向量

图像	颜色	d	最优阈值向量	熵
157055	R	3	87,141,191	1.56776×10^1
		8	61,82,103,124,145,171,196,221	2.81253×10^1
		9	59,79,100,121,142,162,182,203,224	3.02230×10^1
	G	8	64,90,115,137,159,182,204,226	2.82720×10^1
		9	60,79,99,119,139,159,182,204,226	3.03784×10^1
	B	8	23,56,87,114,141,166,193,220	2.93497×10^1
		9	23,50,72,94,117,141,166,193,220	3.15887×10^1
145086	R	8	29,58,90,119,148,178,204,231	2.88829×10^1
		9	27,49,73,97,123,150,178,204,231	3.12035×10^1
	G	8	28,52,77,105,133,161,188,219	2.96585×10^1
		9	28,52,76,102,127,153,177,202,226	3.19564×10^1
	B	8	30,54,77,100,123,147,170,195	2.84502×10^1
		9	21,39,61,83,106,130,153,175,198	3.05682×10^1
189003	R	8	35,61,87,114,140,167,194,221	2.90246×10^1
		9	33,57,81,105,129,153,177,201,225	3.12489×10^1
	G	8	33,61,88,115,142,169,197,224	2.93172×10^1
		9	29,53,78,102,127,152,177,202,227	3.15694×10^1
	B	3	68,127,185	1.61901×10^1
		8	32,58,84,111,138,165,191,218	2.93044×10^1
		9	30,56,82,108,134,161,187,213,239	3.15498×10^1
24077	R	8	33,60,86,114,144,173,202,231	2.86887×10^1
		9	32,57,81,105,130,155,181,207,233	3.10020×10^1
	G	8	29,53,80,108,137,166,195,225	2.93153×10^1
		9	29,53,79,106,130,154,179,204,228	3.15948×10^1
	B	8	31,55,82,109,138,167,196,225	2.91602×10^1
		9	31,54,80,105,129,153,177,202,227	3.14421×10^1

　　五种算法获得 Kapur 熵的平均值、标准差值、最大值、最小值和成功次数(在算法的 50 次独立运行中，用每次获得的结果与表 14-2 的标准进行对比，若相同，则成功次数加 1)的对比如表 14-3～表 14-7 所示，其中，加粗的为最优者。

表 14-3　五种算法用于 3 阈值图像分割的结果对比

图像	颜色	算法	标准差值	平均值	最大值	最小值	成功次数
		BBO-M	5.66180×10^{-5}	1.56776×10^{1}	1.56776×10^{1}	1.56773×10^{1}	48
		IDPSO	7.17760×10^{-15}	1.56776×10^{1}	1.56776×10^{1}	1.56776×10^{1}	50
157055	R	MABC	4.04500×10^{-5}	1.56776×10^{1}	1.56776×10^{1}	1.56773×10^{1}	49
		MBFO	7.17760×10^{-15}	1.56776×10^{1}	1.56776×10^{1}	1.56776×10^{1}	50
		HBBOB	7.17760×10^{-15}	1.56776×10^{1}	1.56776×10^{1}	1.56776×10^{1}	50
		BBO-M	7.17760×10^{-15}	1.61901×10^{1}	1.61901×10^{1}	1.61901×10^{1}	50
		IDPSO	7.17760×10^{-15}	1.61901×10^{1}	1.61901×10^{1}	1.61901×10^{1}	50
189003	B	MABC	7.17760×10^{-15}	1.61901×10^{1}	1.61901×10^{1}	1.61901×10^{1}	50
		MBFO	4.08100×10^{-6}	1.61901×10^{1}	1.61901×10^{1}	1.61900×10^{1}	49
		HBBOB	7.17760×10^{-15}	1.61901×10^{1}	1.61901×10^{1}	1.61901×10^{1}	50

　　表 14-3 是五种算法的低维 3 阈值向量搜索结果对比，从中可以看出，五种算法获得的结果差距并不明显，都能以很高的成功率搜索到最优的阈值向量，也就是说在处理低维多阈值彩色图像分割的阈值搜索问题时，五种算法都是有效的。

　　表 14-4 是五种算法对图 157055 的高维 8 阈值向量和 9 阈值向量搜索结果对比。从最大值的对比中可以看出，不论是 8 阈值向量还是 9 阈值向量搜索，BBO-M 算法、MABC 算法和 HBBOB 算法都搜索到最优的阈值向量并获得最优的 Kapur 熵，IDPSO 算法在 R 颜色分量的 8 阈值向量和 9 阈值向量及 G 颜色分量的 8 阈值向量搜索中没有搜索到最优结果，MBFO 算法在 R 颜色分量的 9 阈值向量及 B 颜色分量的 8 阈值向量和 9 阈值向量搜索中没有搜索到最优结果，表明 HBBOB 算法具有处理高维多阈值彩色图像分割的能力。从最小值的对比中可以看出，所有情况下，HBBOB 算法获得的最小值都不次于其他算法，在 G 颜色分量的 9 阈值向量和 B 颜色分量的 8 阈值向量搜索中，HBBOB 算法的最小值依然搜索到了最优的阈值向量并得到最优的 Kapur 熵，对于其他算法，只有 MEABC 算法在 B 颜色分量的 8 阈值向量搜索中做到了这点，表明相较于其他四种算法，HBBOB 算法处理高维多阈值彩色图像分割的能力更可靠。从平均值的对比中可以看出，不论是 8 阈值向量还是 9 阈值向量搜索，HBBOB 算法的值总是最优或与其他算法并列最优的，表明 HBBOB 算法的优化效率更高。从标准差值的对比中可以看出，HBBOB 算法获得的值在几乎所有情况下都是单独最优的，只有在 B 颜色向量的 8 阈值向量搜索中与 MABC 算法的值相同，表明 HBBOB 算法的稳定性更强。从成功次数的对比中可以看出，HBBOB 算法的成功次数远胜过其他四种算法，特别的，在 G 颜色分量的 9 阈值向量和 B 颜色分量的 8 阈值向量搜索中，HBBOB 算法获得了 50 次成功，成功率达到 100%，在 R 颜色分量的 8 阈值向量和 9 阈值

向量搜索及 G 颜色分量的 8 阈值向量搜索中,HBBOB 算法的成功率也达到了 90%
及以上,即使在 B 颜色分量的 9 阈值向量搜索中,HBBOB 算法的成功率只有 68%,
但也远高于其他四种算法,整体上 MABC 算法的成功率是次优的,其次是 BBO-M
算法,IDPSO 算法和 MBFO 算法的成功率无法令人满意。

表 14-4　五种算法用于图像 157055 的 8 阈值和 9 阈值分割的结果对比

颜色	d	算法	标准差值	平均值	最大值	最小值	成功次数
R	8	BBO-M	1.09260×10^{-2}	2.81145×10^{1}	$\mathbf{2.81253\times10^{1}}$	2.81015×10^{1}	23
		IDPSO	1.06550×10^{-2}	2.81117×10^{1}	2.81251×10^{1}	2.81015×10^{1}	0
		MABC	2.57390×10^{-3}	2.81235×10^{1}	$\mathbf{2.81253\times10^{1}}$	2.81095×10^{1}	15
		MBFO	1.03980×10^{-2}	2.81157×10^{1}	$\mathbf{2.81253\times10^{1}}$	2.80954×10^{1}	1
		HBBOB	$\mathbf{2.33610\times10^{-4}}$	$\mathbf{2.81253\times10^{1}}$	$\mathbf{2.81253\times10^{1}}$	2.81237×10^{1}	49
	9	BBO-M	4.20980×10^{-2}	3.02054×10^{1}	$\mathbf{3.02230\times10^{1}}$	3.00515×10^{1}	9
		IDPSO	2.91280×10^{-2}	3.02125×10^{1}	3.02224×10^{1}	3.01139×10^{1}	0
		MABC	1.22470×10^{-3}	3.02213×10^{1}	$\mathbf{3.02230\times10^{1}}$	3.02183×10^{1}	4
		MBFO	3.33240×10^{-3}	3.02193×10^{1}	3.02221×10^{1}	3.02023×10^{1}	0
		HBBOB	$\mathbf{1.09740\times10^{-4}}$	$\mathbf{3.02230\times10^{1}}$	$\mathbf{3.02230\times10^{1}}$	3.02225×10^{1}	45
G	8	BBO-M	2.42670×10^{-1}	2.82712×10^{1}	$\mathbf{2.82720\times10^{1}}$	2.82552×10^{1}	18
		IDPSO	6.90160×10^{-4}	2.82707×10^{1}	2.82716×10^{1}	2.82689×10^{1}	0
		MABC	9.72300×10^{-4}	2.82716×10^{1}	$\mathbf{2.82720\times10^{1}}$	2.82667×10^{1}	30
		MBFO	4.86820×10^{-3}	2.82685×10^{1}	$\mathbf{2.82720\times10^{1}}$	2.82466×10^{1}	1
		HBBOB	$\mathbf{8.81930\times10^{-5}}$	$\mathbf{2.82720\times10^{1}}$	$\mathbf{2.82720\times10^{1}}$	2.82715×10^{1}	47
	9	BBO-M	2.38650×10^{-2}	3.03674×10^{1}	$\mathbf{3.03784\times10^{1}}$	3.03009×10^{1}	16
		IDPSO	1.02720×10^{-3}	3.03766×10^{1}	$\mathbf{3.03784\times10^{1}}$	3.03745×10^{1}	1
		MABC	1.39990×10^{-3}	3.03777×10^{1}	$\mathbf{3.03784\times10^{1}}$	3.03711×10^{1}	20
		MBFO	2.01430×10^{-2}	3.03674×10^{1}	3.03782×10^{1}	3.02867×10^{1}	0
		HBBOB	$\mathbf{2.87100\times10^{-14}}$	$\mathbf{3.03784\times10^{1}}$	$\mathbf{3.03784\times10^{1}}$	3.03784×10^{1}	50
B	8	BBO-M	6.62710×10^{-2}	2.93402×10^{1}	$\mathbf{2.93497\times10^{1}}$	2.88809×10^{1}	34
		IDPSO	6.39700×10^{-4}	2.93488×10^{1}	$\mathbf{2.93497\times10^{1}}$	2.93472×10^{1}	3
		MABC	$\mathbf{3.58880\times10^{-15}}$	2.93497×10^{1}	$\mathbf{2.93497\times10^{1}}$	2.93497×10^{1}	50
		MBFO	7.77740×10^{-3}	2.93460×10^{1}	2.93496×10^{1}	2.93014×10^{1}	0
		HBBOB	$\mathbf{3.58880\times10^{-15}}$	$\mathbf{2.93497\times10^{1}}$	$\mathbf{2.93497\times10^{1}}$	2.93497×10^{1}	50
	9	BBO-M	2.25610×10^{-2}	3.15727×10^{1}	$\mathbf{3.15887\times10^{1}}$	3.15112×10^{1}	25
		IDPSO	3.99690×10^{-2}	3.15656×10^{1}	$\mathbf{3.15887\times10^{1}}$	3.13139×10^{1}	1
		MABC	6.73000×10^{-3}	3.15856×10^{1}	$\mathbf{3.15887\times10^{1}}$	3.15604×10^{1}	29
		MBFO	1.98820×10^{-2}	3.15663×10^{1}	3.15886×10^{1}	3.15086×10^{1}	0
		HBBOB	$\mathbf{7.85280\times10^{-4}}$	$\mathbf{3.15885\times10^{1}}$	$\mathbf{3.15887\times10^{1}}$	3.15855×10^{1}	34

　　表 14-5～表 14-7 分别是五种算法对图 145086、图 189003 和图 24077 的 8 阈值向量和 9 阈值向量搜索结果对比，不论从最大值、最小值、平均值和标准差值的对比，都可以得到与表 14-4 相似的结论。

表 14-5　五种算法用于图像 145086 的 8 阈值和 9 阈值分割的结果对比

颜色	d	算法	标准差值	平均值	最大值	最小值	成功次数
R	8	BBO-M	$2.85170×10^{-2}$	$2.88766×10^1$	$\mathbf{2.88829×10^1}$	$2.87383×10^1$	12
		IDPSO	$3.95040×10^{-2}$	$2.88701×10^1$	$\mathbf{2.88829×10^1}$	$2.87372×10^1$	4
		MABC	$5.36320×10^{-4}$	$2.88824×10^1$	$\mathbf{2.88829×10^1}$	$2.88805×10^1$	19
		MBFO	$8.60860×10^{-3}$	$2.88784×10^1$	$\mathbf{2.88829×10^1}$	$2.88297×10^1$	1
		HBBOB	$\mathbf{7.17760×10^{-15}}$	$\mathbf{2.88829×10^1}$	$\mathbf{2.88829×10^1}$	$\mathbf{2.88829×10^1}$	50
	9	BBO-M	$4.81160×10^{-2}$	$3.11819×10^1$	$\mathbf{3.12035×10^1}$	$3.10634×10^1$	6
		IDPSO	$2.72070×10^{-2}$	$3.11950×10^1$	$3.12027×10^1$	$3.10619×10^1$	0
		MABC	$5.18700×10^{-4}$	$3.12029×10^1$	$\mathbf{3.12035×10^1}$	$3.12016×10^1$	22
		MBFO	$9.98370×10^{-3}$	$3.11971×10^1$	$3.12023×10^1$	$3.11396×10^1$	0
		HBBOB	$\mathbf{1.43550×10^{-14}}$	$\mathbf{3.12035×10^1}$	$\mathbf{3.12035×10^1}$	$\mathbf{3.12035×10^1}$	50
G	8	BBO-M	$4.25120×10^{-2}$	$2.96346×10^1$	$\mathbf{2.96585×10^1}$	$2.95586×10^1$	27
		IDPSO	$3.21720×10^{-2}$	$2.96460×10^1$	$\mathbf{2.96585×10^1}$	$2.95572×10^1$	2
		MABC	$2.59310×10^{-3}$	$2.96578×10^1$	$\mathbf{2.96585×10^1}$	$2.96406×10^1$	30
		MBFO	$2.78440×10^{-2}$	$2.96472×10^1$	$\mathbf{2.96585×10^1}$	$2.95537×10^1$	1
		HBBOB	$\mathbf{1.43550×10^{-14}}$	$\mathbf{2.96585×10^1}$	$\mathbf{2.96585×10^1}$	$\mathbf{2.96585×10^1}$	50
	9	BBO-M	$1.75620×10^{-2}$	$3.19463×10^1$	$\mathbf{3.19564×10^1}$	$3.18798×10^1$	20
		IDPSO	$1.59170×10^{-3}$	$3.19532×10^1$	$\mathbf{3.19564×10^1}$	$3.19499×10^1$	2
		MABC	$2.99650×10^{-3}$	$3.19552×10^1$	$\mathbf{3.19564×10^1}$	$3.19425×10^1$	37
		MBFO	$8.52250×10^{-3}$	$3.19476×10^1$	$\mathbf{3.19564×10^1}$	$3.19135×10^1$	1
		HBBOB	$\mathbf{1.07660×10^{-14}}$	$\mathbf{3.19564×10^1}$	$\mathbf{3.19564×10^1}$	$\mathbf{3.19564×10^1}$	50
B	8	BBO-M	$6.43470×10^{-3}$	$2.84462×10^1$	$\mathbf{2.84502×10^1}$	$2.84094×10^1$	16
		IDPSO	$3.98800×10^{-2}$	$2.84404×10^1$	$\mathbf{2.84502×10^1}$	$2.82463×10^1$	1
		MABC	$2.24000×10^{-3}$	$2.84484×10^1$	$\mathbf{2.84502×10^1}$	$2.84388×10^1$	8
		MBFO	$9.59810×10^{-3}$	$2.84447×10^1$	$2.84499×10^1$	$2.83922×10^1$	0
		HBBOB	$\mathbf{3.22990×10^{-14}}$	$\mathbf{2.84502×10^1}$	$\mathbf{2.84502×10^1}$	$\mathbf{2.84502×10^1}$	50
	9	BBO-M	$2.83430×10^{-2}$	$3.05519×10^1$	$\mathbf{3.05682×10^1}$	$3.04626×10^1$	2
		IDPSO	$3.63170×10^{-2}$	$3.05455×10^1$	$3.05681×10^1$	$3.04643×10^1$	0
		MABC	$2.65540×10^{-3}$	$3.05665×10^1$	$\mathbf{3.05682×10^1}$	$3.05551×10^1$	5
		MBFO	$1.85270×10^{-2}$	$3.05550×10^1$	$3.05663×10^1$	$3.04580×10^1$	0
		HBBOB	$\mathbf{1.68600×10^{-4}}$	$\mathbf{3.05681×10^1}$	$\mathbf{3.05682×10^1}$	$3.05675×10^1$	32

表 14-6　五种算法用于图像 189003 的 8 阈值和 9 阈值分割的结果对比

颜色	d	算法	标准差值	平均值	最大值	最小值	成功次数
R	8	BBO-M	1.96420×10^{-3}	2.90227×10^{1}	$\mathbf{2.90246\times10^{1}}$	2.90159×10^{1}	10
		IDPSO	7.43850×10^{-4}	2.90237×10^{1}	$\mathbf{2.90246\times10^{1}}$	2.90215×10^{1}	1
		MABC	1.00480×10^{-3}	2.90238×10^{1}	$\mathbf{2.90246\times10^{1}}$	2.90205×10^{1}	10
		MBFO	1.34650×10^{-3}	2.90233×10^{1}	$\mathbf{2.90246\times10^{1}}$	2.90190×10^{1}	5
		HBBOB	$\mathbf{1.43550\times10^{-14}}$	$\mathbf{2.90246\times10^{1}}$	$\mathbf{2.90246\times10^{1}}$	$\mathbf{2.90246\times10^{1}}$	$\mathbf{50}$
	9	BBO-M	5.13350×10^{-3}	3.12420×10^{1}	$\mathbf{3.12489\times10^{1}}$	3.12293×10^{1}	6
		IDPSO	1.17920×10^{-3}	3.12465×10^{1}	$\mathbf{3.12489\times10^{1}}$	3.12430×10^{1}	1
		MABC	2.98080×10^{-3}	3.12457×10^{1}	$\mathbf{3.12489\times10^{1}}$	3.12330×10^{1}	1
		MBFO	2.41600×10^{-3}	3.12468×10^{1}	$\mathbf{3.12489\times10^{1}}$	3.12387×10^{1}	5
		HBBOB	$\mathbf{3.22990\times10^{-14}}$	$\mathbf{3.12489\times10^{1}}$	$\mathbf{3.12489\times10^{1}}$	$\mathbf{3.12489\times10^{1}}$	$\mathbf{50}$
G	8	BBO-M	1.66370×10^{-3}	2.93155×10^{1}	$\mathbf{2.93172\times10^{1}}$	2.93101×10^{1}	10
		IDPSO	6.52870×10^{-4}	2.93161×10^{1}	$\mathbf{2.93172\times10^{1}}$	2.93147×10^{1}	3
		MABC	1.15810×10^{-3}	2.93160×10^{1}	$\mathbf{2.93172\times10^{1}}$	2.93109×10^{1}	10
		MBFO	7.80250×10^{-4}	2.93163×10^{1}	$\mathbf{2.93172\times10^{1}}$	2.93147×10^{1}	3
		HBBOB	$\mathbf{1.07660\times10^{-14}}$	$\mathbf{2.93172\times10^{1}}$	$\mathbf{2.93172\times10^{1}}$	$\mathbf{2.93172\times10^{1}}$	$\mathbf{50}$
	9	BBO-M	6.01960×10^{-3}	3.15632×10^{1}	$\mathbf{3.15694\times10^{1}}$	3.15463×10^{1}	7
		IDPSO	1.19110×10^{-3}	3.15668×10^{1}	3.15688×10^{1}	3.15634×10^{1}	0
		MABC	2.56560×10^{-3}	3.15665×10^{1}	$\mathbf{3.15694\times10^{1}}$	3.15560×10^{1}	2
		MBFO	3.35270×10^{-3}	3.15664×10^{1}	$\mathbf{3.15694\times10^{1}}$	3.15506×10^{1}	1
		HBBOB	$\mathbf{8.72610\times10^{-5}}$	$\mathbf{3.15694\times10^{1}}$	$\mathbf{3.15694\times10^{1}}$	$\mathbf{3.15688\times10^{1}}$	$\mathbf{49}$
B	8	BBO-M	2.77010×10^{-2}	2.92895×10^{1}	$\mathbf{2.93044\times10^{1}}$	2.92331×10^{1}	10
		IDPSO	2.27850×10^{-2}	2.92953×10^{1}	$\mathbf{2.93044\times10^{1}}$	2.92331×10^{1}	3
		MABC	2.26770×10^{-3}	2.93024×10^{1}	$\mathbf{2.93044\times10^{1}}$	2.92945×10^{1}	9
		MBFO	1.36660×10^{-2}	2.93005×10^{1}	$\mathbf{2.93044\times10^{1}}$	2.92348×10^{1}	5
		HBBOB	$\mathbf{1.43550\times10^{-14}}$	$\mathbf{2.93044\times10^{1}}$	$\mathbf{2.93044\times10^{1}}$	$\mathbf{2.93044\times10^{1}}$	$\mathbf{50}$
	9	BBO-M	6.08610×10^{-3}	3.15416×10^{1}	$\mathbf{3.15498\times10^{1}}$	3.15308×10^{1}	1
		IDPSO	5.97940×10^{-3}	3.15392×10^{1}	$\mathbf{3.15498\times10^{1}}$	3.15340×10^{1}	1
		MABC	$\mathbf{3.70280\times10^{-3}}$	$\mathbf{3.15463\times10^{1}}$	$\mathbf{3.15498\times10^{1}}$	3.15338×10^{1}	1
		MBFO	6.28070×10^{-3}	3.15408×10^{1}	3.15497×10^{1}	3.15302×10^{1}	0
		HBBOB	5.84670×10^{-3}	3.15439×10^{1}	$\mathbf{3.15498\times10^{1}}$	$\mathbf{3.15374\times10^{1}}$	$\mathbf{10}$

　　从上述对比中可以看出，相较于 BBO-M 算法、IDPSO 算法、MABC 算法和 MBFO 算法，整体上 HBBOB 算法的优化效率最高，稳定性最强，在处理高维多阈值彩色图像分割时有能力搜索到最优的阈值向量，具有较高的成功率。

表 14-7　五种算法用于图像 24077 的 8 阈值和 9 阈值分割的结果对比

颜色	d	算法	标准差值	平均值	最大值	最小值	成功次数
R	8	BBO-M	$2.75100×10^{-3}$	$2.86849×10^1$	$\mathbf{2.86887×10^1}$	$2.86803×10^1$	9
		IDPSO	$2.49460×10^{-3}$	$2.86861×10^1$	$\mathbf{2.86887×10^1}$	$2.86812×10^1$	4
		MABC	$1.27490×10^{-3}$	$2.86871×10^1$	$\mathbf{2.86887×10^1}$	$2.86849×10^1$	8
		MBFO	$2.37130×10^{-3}$	$2.86861×10^1$	$\mathbf{2.86887×10^1}$	$2.86812×10^1$	5
		HBBOB	$\mathbf{4.72370×10^{-5}}$	$\mathbf{2.86887×10^1}$	$\mathbf{2.86887×10^1}$	$2.86884×10^1$	46
	9	BBO-M	$6.55890×10^{-3}$	$3.09997×10^1$	$\mathbf{3.10020×10^1}$	$3.09685×10^1$	16
		IDPSO	$6.03130×10^{-4}$	$3.10006×10^1$	$\mathbf{3.10020×10^1}$	$3.09996×10^1$	1
		MABC	$1.58150×10^{-3}$	$3.10011×10^1$	$\mathbf{3.10020×10^1}$	$3.09949×10^1$	2
		MBFO	$9.87250×10^{-4}$	$3.10011×10^1$	$\mathbf{3.10020×10^1}$	$3.09968×10^1$	4
		HBBOB	$\mathbf{2.71320×10^{-5}}$	$\mathbf{3.10020×10^1}$	$\mathbf{3.10020×10^1}$	$3.10018×10^1$	49
G	8	BBO-M	$2.04140×10^{-2}$	$2.93102×10^1$	$\mathbf{2.93153×10^1}$	$2.92094×10^1$	28
		IDPSO	$7.63930×10^{-4}$	$2.93140×10^1$	$\mathbf{2.93153×10^1}$	$2.93125×10^1$	1
		MABC	$1.20060×10^{-3}$	$2.93143×10^1$	$\mathbf{2.93153×10^1}$	$2.93105×10^1$	15
		MBFO	$1.05950×10^{-3}$	$2.93144×10^1$	$\mathbf{2.93153×10^1}$	$2.93090×10^1$	7
		HBBOB	$\mathbf{1.79440×10^{-14}}$	$\mathbf{2.93153×10^1}$	$\mathbf{2.93153×10^1}$	$2.93153×10^1$	50
	9	BBO-M	$2.65390×10^{-3}$	$3.15923×10^1$	$\mathbf{3.15948×10^1}$	$3.15846×10^1$	5
		IDPSO	$8.66730×10^{-4}$	$3.15930×10^1$	$3.15944×10^1$	$3.15907×10^1$	0
		MABC	$9.99610×10^{-4}$	$3.15938×10^1$	$\mathbf{3.15948×10^1}$	$3.15902×10^1$	10
		MBFO	$2.03750×10^{-3}$	$3.15929×10^1$	$\mathbf{3.15948×10^1}$	$3.15828×10^1$	2
		HBBOB	$\mathbf{2.15330×10^{-14}}$	$\mathbf{3.15948×10^1}$	$\mathbf{3.15948×10^1}$	$3.15948×10^1$	50
B	8	BBO-M	$2.60960×10^{-3}$	$2.91580×10^1$	$\mathbf{2.91602×10^1}$	$2.91490×10^1$	16
		IDPSO	$8.55290×10^{-4}$	$2.91590×10^1$	$\mathbf{2.91602×10^1}$	$1.91564×10^1$	2
		MABC	$9.20390×10^{-4}$	$2.91598×10^1$	$\mathbf{2.91602×10^1}$	$2.91563×10^1$	37
		MBFO	$2.15800×10^{-2}$	$2.91559×10^1$	$\mathbf{2.91602×10^1}$	$2.90069×10^1$	9
		HBBOB	$\mathbf{2.87100×10^{-14}}$	$\mathbf{2.91602×10^1}$	$\mathbf{2.91602×10^1}$	$2.91602×10^1$	50
	9	BBO-M	$4.68100×10^{-2}$	$3.14211×10^1$	$\mathbf{3.14421×10^1}$	$3.12926×10^1$	22
		IDPSO	$5.09680×10^{-2}$	$3.14163×10^1$	$\mathbf{3.14421×10^1}$	$3.12924×10^1$	1
		MABC	$1.67250×10^{-3}$	$3.14412×10^1$	$\mathbf{3.14421×10^1}$	$3.14343×10^1$	31
		MBFO	$3.12500×10^{-2}$	$3.14324×10^1$	$\mathbf{3.14421×10^1}$	$3.13069×10^1$	3
		HBBOB	$\mathbf{3.94770×10^{-14}}$	$\mathbf{3.14421×10^1}$	$\mathbf{3.14421×10^1}$	$3.14421×10^1$	50

表 14-8 是五种算法在不同彩色图像的不同颜色分量上平均独立运行一次的时间对比(单位为"s"),从中可以看出,BBO-M 算法在所有情况下运行时间都是最短的,HBBOB 算法和 MABC 算法的运行时间在不同的阈值搜索实验中各有胜出但均差距不大,MBFO 算法和 IDPSO 算法之间运行时间差距不大,但相较于

其他三种算法明显较长。对比五种算法的平均运行时间，BBO-M 算法是最短的，HBBOB 算法仅次于 BBO-M 算法，然后是 MBFO 算法，其平均运行时间较 HBBOB 算法略长，接着是 MBFO 算法，其运行时间明显长于其他三种算法，运行时间最长的是 IDPSO 算法，其平均运行时间($4.3268×10^{-1}$s)是 HBBOB 算法($1.8094×10^{-1}$s)的 2.3 倍以上。算法的运行时间象征着其处理优化问题的运行速度，总的来说，HBBOB 算法的运行速度虽然不是最快的，但却是可接受的。

表 14-8　五种算法的运行时间对比

图像	颜色	d	BBO-M	IDPSO	MABC	MBFO	HBBOB
157055	R	8	$1.5942×10^{-1}$	$3.9453×10^{-1}$	$1.6252×10^{-1}$	$3.8754×10^{-1}$	$1.6245×10^{-1}$
		9	$1.9351×10^{-1}$	$4.7053×10^{-1}$	$1.9416×10^{-1}$	$4.5534×10^{-1}$	$2.0016×10^{-1}$
	G	8	$1.5814×10^{-1}$	$3.9325×10^{-1}$	$1.6093×10^{-1}$	$3.8708×10^{-1}$	$1.6070×10^{-1}$
		9	$1.9720×10^{-1}$	$4.7154×10^{-1}$	$2.1281×10^{-1}$	$4.5397×10^{-1}$	$2.0232×10^{-1}$
	B	8	$1.5991×10^{-1}$	$3.9712×10^{-1}$	$1.6119×10^{-1}$	$3.8826×10^{-1}$	$1.6323×10^{-1}$
		9	$1.9368×10^{-1}$	$4.7219×10^{-1}$	$2.1234×10^{-1}$	$4.5658×10^{-1}$	$2.0066×10^{-1}$
145086	R	8	$1.5741×10^{-1}$	$3.9192×10^{-1}$	$1.6118×10^{-1}$	$3.8686×10^{-1}$	$1.5946×10^{-1}$
		9	$1.9489×10^{-1}$	$4.7295×10^{-1}$	$2.1228×10^{-1}$	$4.5372×10^{-1}$	$2.0054×10^{-1}$
	G	8	$1.5760×10^{-1}$	$3.9416×10^{-1}$	$1.6094×10^{-1}$	$3.9073×10^{-1}$	$1.6022×10^{-1}$
		9	$1.9542×10^{-1}$	$4.7093×10^{-1}$	$2.1230×10^{-1}$	$4.5646×10^{-1}$	$1.9946×10^{-1}$
	B	8	$1.5805×10^{-1}$	$3.9240×10^{-1}$	$1.6115×10^{-1}$	$3.8687×10^{-1}$	$1.6160×10^{-1}$
		9	$1.9412×10^{-1}$	$4.7119×10^{-1}$	$1.9434×10^{-1}$	$4.5424×10^{-1}$	$2.0119×10^{-1}$
189003	R	8	$1.6048×10^{-1}$	$3.9384×10^{-1}$	$1.6230×10^{-1}$	$3.8954×10^{-1}$	$1.6089×10^{-1}$
		9	$1.9402×10^{-1}$	$4.7019×10^{-1}$	$1.9642×10^{-1}$	$4.5599×10^{-1}$	$1.9975×10^{-1}$
	G	8	$1.5708×10^{-1}$	$3.9179×10^{-1}$	$1.6329×10^{-1}$	$3.8829×10^{-1}$	$1.6259×10^{-1}$
		9	$1.9814×10^{-1}$	$4.7483×10^{-1}$	$1.9549×10^{-1}$	$4.5529×10^{-1}$	$2.0192×10^{-1}$
	B	8	$1.6144×10^{-1}$	$3.9352×10^{-1}$	$1.6179×10^{-1}$	$3.8854×10^{-1}$	$1.6163×10^{-1}$
		9	$1.9366×10^{-1}$	$4.7848×10^{-1}$	$1.9598×10^{-1}$	$4.6073×10^{-1}$	$2.0172×10^{-1}$
14077	R	8	$1.5886×10^{-1}$	$3.9131×10^{-1}$	$1.6116×10^{-1}$	$3.8705×10^{-1}$	$1.5976×10^{-1}$
		9	$1.9369×10^{-1}$	$4.6894×10^{-1}$	$1.9373×10^{-1}$	$4.5831×10^{-1}$	$2.0053×10^{-1}$
	G	8	$1.5848×10^{-1}$	$3.9097×10^{-1}$	$1.6027×10^{-1}$	$3.8693×10^{-1}$	$1.5898×10^{-1}$
		9	$1.9569×10^{-1}$	$4.7322×10^{-1}$	$2.1273×10^{-1}$	$4.5595×10^{-1}$	$1.9990×10^{-1}$
	B	8	$1.5907×10^{-1}$	$3.9319×10^{-1}$	$1.6056×10^{-1}$	$3.8771×10^{-1}$	$1.6134×10^{-1}$
		9	$1.9605×10^{-1}$	$4.7122×10^{-1}$	$2.1218×10^{-1}$	$4.5464×10^{-1}$	$2.0166×10^{-1}$
平均运行时间			$1.7692×10^{-1}$	$4.3268×10^{-1}$	$1.8259×10^{-1}$	$4.2194×10^{-1}$	$1.8094×10^{-1}$

取 HBBOB 算法对图 157055 的 8 阈值分割结果和图 145086 的 9 阈值分割结果作为示例，分别如图 14-7 (a)和图 14-7 (b)所示。

(a) 图像 157055 的 8 阈值分割结果　　　　　(b) 图像 145086 的 9 阈值分割结果

图 14-7　HBBOB 算法的多阈值分割结果

14.3.3　实验总结

通过将 HBBOB 算法在四幅彩色图像上进行基于 Kapur 熵的多阈值图像分割实验，对算法流程中包含两个主要参数的取值组合进行讨论，寻求到了最合适的取值组合，又对比了其他多个有竞争力的算法，对结果对比进行讨论，表明 HBBOB 算法应用于基于 Kapur 的多阈值彩色图像分割，寻找最优阈值向量的能力优于 BBO-M 算法、IDPSO 算法、MABC 算法和 MBFO 算法，其优化效率最高，稳定性最强，在处理高维多阈值彩色图像分割时有能力搜索到最优的阈值向量，具有较高的成功率，能够得到较好的分割效果。以上结果也说明了本章对 BBO 算法的改进是有效的。

14.4　本 章 小 结

本章提出了一种混合细菌觅食优化的 BBO 算法(HBBOB)，首先，对 BBO 算法和 BFO 算法分别进行改进，对于 BBO 算法，直接去掉了其变异算子，克服了原变异算子存在的可能破坏了优质的栖息地，造成种群退化的不足，大幅度降低了算法的计算复杂度，再对迁移算子进行改进，即在迁移算子中融入差分扰动操作，弥补了变异算子的缺失，增强了算法的全局搜索能力，又引入了直接扰动操作取代原迁移操作，克服原迁移算子存在的迁移方式简单、搜索方向单一、在解空间区域中可搜索到的位置有限的不足，增强了算法的局部搜索能力，从而得到扰动迁移算子，对于 BFO 算法，取出其趋化算子，将趋化步长固化为 1，克服了由于优化问题多样性而使趋化步长设置不方便的不足，也使得算法更符合图像阈值向量搜索的需求；其次，将"1 步长"趋化算子融入改进的 BBO 算法中，与扰动迁移算子混合，整体上平衡探索和开采，两者顺序执行相应的操作，共同更新种群；此外，还进行了其他方面的改进，降低了计算复杂度。最终得到具有优秀普适性的混合算法 HBBOB。最后将 HBBOB 算法应用到基于 Kapur 熵的高维多阈值彩色图像分割中。通过在四幅彩色图像上进行基于 Kapur 熵的多阈值图像分割实验，对算法流程中包含两个主要参数的取值组合进行讨论，寻求到了最合适的取值组合，又对比了其他多个有竞争力的算法，对结果对比进行讨论，表明 HBBOB 算法应用于基于 Kapur 的多阈值图像分割，具有较高的优化效率和稳定性，有能力搜索到最优的阈值向量，具有较高的成功率，能够得到较好的分割效果。以上结果也说明了本章对 BBO 算法的改进是有效的。

参 考 文 献

[1] Storn R, Price K. Differential evolution-a simple and efficient heuristic for global optimization over continuous spaces. Journal of Global Optimization, 1997, 114(4): 341-359.

[2] Passino K M. Biomimicry of bacterial foraging for distributed optimization and control. IEEE Control Systems, 2002, 22(3): 52-67.

[3] Zhang X M, Kang Q, Tu Q, et al. Efficient and merged biogeography-based optimization algorithm for global optimization problems. Soft Computing, 2019, 23(12): 4483-4502.

[4] Zhang X M, Kang Q, Cheng J, et al. A novel hybrid algorithm based on biogeography-based optimization and grey wolf optimizer. Applied Soft Computing, 2018, 67: 197-214.

[5] Niu Q, Zhang L, Li K. A biogeography-based optimization algorithm with mutation strategies for model parameter estimation of solar and fuel cells. Energy Conversion and Management, 2014, 86: 1173-1185.

[6] Cao H, Kwong S, Yang J J, et al. Particle swarm optimization based on intermediate disturbance strategy algorithm and its application in multi-threhsold image segmentation. Information Sciences, 2013, 250: 82-112.

[7] Bhandari A K, Kumar A, Singh G K. Modified artificial bee colony based computationally efficient multilevel thresholding for satellite image segmentation using Kapur's, Otsu and Tsallis functions. Expert Systems with Application, 2015, 42(3): 1573-1601.

[8] Sathya P D, Kayalvizhi R. Modified bacterial foraging algorithm based multilevel thresholding for image segmentation. Engineering Application of Artificial Intelligence, 2011, 24(4): 595-615.

第 15 章　总结与展望

优化指在面临选择性问题时，从众多候选方案中选择最佳的方案的过程。优化问题需要通过优化方法予以处理。优化方法主要可以分为确定性优化方法和随机性优化方法。确定性优化方法以传统优化方法为主，然而，现实中的优化问题往往伴随着不可导、条件约束、多样化等复杂的环境，很难通过传统优化方法进行处理，故学者们提出了随机性优化算法。元启发式算法是一类随机性优化算法，包括单点搜索和群体搜索，群智能优化算法是群体搜索的元启发式算法，它们主要通过仿生自然现象和动植物行为而产生，从 20 世纪 50 年代出现的模拟染色体基因交叉和变异的遗传算法开始，几十年来相继涌现出许多经典或者新颖的群智能优化算法，例如，模拟鸟群寻找食物的粒子群优化算法、模拟生物进化的差分进化算法、模拟狼群社会等级制度和狩猎行为的灰狼优化算法、模拟青蛙族群觅食的蛙跳算法、模拟细菌觅食行为的细菌觅食优化算法。BBO 算法是美国学者 Simon 于 2008 年提出的一种群智能优化算法，该算法一经提出，便得到了国内外学者的广泛关注。BBO 算法主要模拟了自然界物种受所在栖息地环境影响而在不同的栖息地之间迁移以及栖息地自身环境变异的过程。大量学者针对 BBO 算法的不足进行了分析，通过对算法的模型改进、算法的拓扑结构改进、算法的更新方法改进及算法的混合改进，一定程度上提高了 BBO 算法的优化效率及性能。目前关于 BBO 算法改进的研究有很多，但该算法依然没有达到性能和效率的最大化，在处理一些复杂优化问题时结果依然不理想。目前，BBO 算法仍具有研究潜力和应用价值，对于 BBO 算法的改进研究还有很长的路要走。

本书以优化问题开篇，逐渐引入群智能优化算法的概念，由群智能优化算法逐步引入 BBO 算法，对 BBO 算法的背景、原理、存在的不足及改进动机进行了详细介绍，对 BBO 算法目前国内外研究现状进行了综述，对 BBO 算法各步骤代表性改进研究进行了简述，又对图像分割进行了概述，描述了常见的图像分割方法，介绍了多种阈值分割准则，并描述了十项作者所在的课题组对 BBO 算法的创新性改进和应用研究，分别为"差分迁移和趋优变异的生物地理学优化算法（DGBBO）"、"差分变异和交叉迁移的生物地理学优化算法（DCBBO）"、"混合交叉的生物地理学优化算法（HCBBO）"、"高效融合的生物地理学优化算法（EMBBO）"、"混合灰狼优化的生物地理学优化算法（HBBOG）"、"混合蛙跳优化的生物地理学优化算法（HBBOS）"、"多源迁移和自适应变异的生物地理学优化算法（PSBBO）的多阈值图像分割"、"动态迁移和椒盐变异的生物地理学优化算法

(DSBBO)的多阈值图像分割"、"混合迁移的生物地理学优化算法(HMBBO)的多阈值图像分割"以及"混合细菌觅食优化的生物地理学优化算法(HBBOB)的多阈值图像分割"。在第4～9章及第11～14章的内容中解释了这些算法的原理,并通过大量实验对比了先进的算法,验证了对 BBO 算法的改进及图像分割效果。十项研究均作为 BBO 算法改进或改进及应用研究,在逻辑关系上是并列且相互独立的,但在创新思想上存在着一定联系。对于前六项研究,后者借鉴了前者的部分创新,并提出了新的创新。它们在结构上两两之间存在联系,DGBBO 算法和DCBBO 算法与 BBO 算法在结构上是相似的,它们的流程中都主要包含迁移算子和变异算子,HCBBO 算法和 EMBBO 算法具有相似的结构,它们的流程中只主要包含一个算子,即迁移算子,HBBOG 算法和 HBBOS 算法的结构相似,这两种算法均混合了其他算法结构,其实质是执行来自不同算法的结构和操作来实现搜索最优解的目的。六种新算法的提出目的有所不同。DGBBO 算法和 DCBBO算法的主要目的是增强优化性能;HCBBO 算法和 EMBBO 算法的主要目的是提升优化效率;HBBOG 算法和 HBBOS 算法的主要目的是增强普适性。对于后四项研究,是将两种基本改进 BBO 算法(PSBBO 算法和 DSBBO 算法)、一种高效改进 BBO 算法(HMBBO 算法)和一种混合改进 BBO 算法(HBBOB 算法)应用于多阈值图像分割,体现了不同 BBO 算法改进研究在实际工程中的应用。整体上,前六项研究和后四项研究分别遵循由算法的简单改进到复杂改进、单一改进到混合改进的关系,十项研究遵循由算法的改进研究到改进和应用混合研究的关系,这也对应了本书研究由浅入深的过程。

对于未来的 BBO 算法研究,建议从以下几个方面展开具体工作。

(1)算法理论知识的完善。BBO 算法及相关研究虽然取得了一定的成功,但大量研究都是基于经验主义,其仍然缺乏完善的理论知识。在未来对算法改进和应用的研究中,需要广大学者投入更多精力,对算法进行理论分析,构建完善的理论知识体系。

(2)算法的进一步改进研究。目前国内外对 BBO 算法的改进研究并不能很好地处理一些复杂优化问题,其依然有着巨大的改进空间。在改进方法上,除了目前已有的参数和模型的改进、拓扑结构的改进、更新方式的改进及混合改进外,有机会发现更多新颖且有趣的改进策略。

(3)大力挖掘算法在工程领域中的应用价值。在当今的工程领域,优化问题无处不在,对优化算法的需求依然很高。大力挖掘 BBO 算法及其改进研究在工程领域中的应用价值,对推动优化领域研究的进一步发展有着重要意义。

相信不久的将来,会有更多的优秀研究成果奉献给广大读者。

附录　基准函数

函数名称	Sphere	Schwefel 2.22
函数表达式	$f(x) = \sum_{i=1}^{D} x_i^2$	$f(x) = \sum_{i=1}^{D} |x_i| + \prod_{i=1}^{D} |x_i|$
搜索范围	$[-100, 100]^D$	$[-10, 10]^D$
全局最优值	$\min(f) = f(0,\cdots,0) = 0$	$\min(f) = f(0,\cdots,0) = 0$
函数名称	Schwefel 1.2	Schwefel 2.21
函数表达式	$f(x) = \sum_{i=1}^{D} \left(\sum_{j=1}^{i} x_j \right)^2$	$f(x) = \max_i \{|x_i|, 1 \leqslant i \leqslant D\}$
搜索范围	$[-100, 100]^D$	$[-100, 100]^D$
全局最优值	$\min(f) = f(0,\cdots,0) = 0$	$\min(f) = f(0,\cdots,0) = 0$
函数名称	Rosenbrock	Step
函数表达式	$f(x) = \sum_{i=1}^{D-1} \left[100\left(x_i^2 - x_{i+1}\right)^2 + \left(x_i - 1\right)^2 \right]$	$f(x) = \sum_{i=1}^{D} \left(\lfloor x_i + 0.5 \rfloor \right)^2$
搜索范围	$[-30, 30]^D$	$[-100, 100]^D$
全局最优值	$\min(f) = f(1,\cdots,1) = 0$	$\min(f) = f(0,\cdots,0) = 0$
函数名称	Quartic	Rastrigin
函数表达式	$f(x) = \sum_{i=1}^{D} i x_i^4 + \mathrm{random}[0,1)$	$f(x) = \sum_{i=1}^{D} \left[x_i^2 - 10\cos(2\pi x_i) + 10 \right]$
搜索范围	$[-1.28, 1.28]^D$	$[-5.12, 5.12]^D$
全局最优值	$\min(f) = f(0,\cdots,0) = 0$	$\min(f) = f(0,\cdots,0) = 0$
函数名称	Elliptic	SumSquare
函数表达式	$f(x) = \sum_{i=1}^{D} \left(10^6\right)^{\frac{i-1}{D-1}} x_i^2$	$f(x) = \sum_{i=1}^{D} i x_i^2$
搜索范围	$[-100, 100]^D$	$[-10, 10]^D$
全局最优值	$\min(f) = 0$	$\min(f) = 0$
函数名称	Tablet	SumPower
函数表达式	$f(x) = 10^6 x_1^2 + \sum_{i=2}^{D} x_i^2$	$f(x) = \sum_{i=1}^{D} i x_i^2$
搜索范围	$[-100, 100]^D$	$[-10, 10]^D$
全局最优值	$\min(f) = 0$	$\min(f) = 0$
函数名称	Alpine	Himmeblau
函数表达式	$f(x) = \sum_{i=1}^{D} |x_i \sin(x_i + 0.1x_i)|$	$f(x) = \frac{1}{D} \sum_{i=1}^{D} \left(x_i^4 - 16x_i^2 + 5x_i \right)$
搜索范围	$[-10, 10]^D$	$[-5, 5]^D$
全局最优值	$\min(f) = 0$	$\min(f) = -78.3323$

函数名称	Ackley
函数表达式	$f(x) = -20\exp\left(-0.2\sqrt{\dfrac{1}{D}\sum_{i=1}^{D} x_i^2}\right) - \exp\left(\dfrac{1}{D}\sum_{i=1}^{D}\cos 2\pi x_i\right) + 20 + e$
搜索范围	$[-32, 32]^D$
全局最优值	$\min(f) = f(0,\cdots,0) = 0$

函数名称	Griewank
函数表达式	$f(x) = \dfrac{1}{4000}\sum_{i=1}^{D} x_i^2 - \prod_{i=1}^{D}\cos\left(\dfrac{x_i}{\sqrt{i}}\right) + 1$
搜索范围	$[-600, 600]^D$
全局最优值	$\min(f) = f(0,\cdots,0) = 0$

函数名称	NCRastrigin
函数表达式	$f(x) = \sum_{i=1}^{D}\left[y_i^2 - 10\cos(2\pi y_i) + 10 \right]$
搜索范围	$[-5.12, 5.12]^D$
全局最优值	$\min(f) = 0$

函数名称	Schwefel 2.26
函数表达式	$f(x) = 418.98288727243369 \times D - \sum_{i=1}^{D} x_i \sin\left(\sqrt{\lvert x_i \rvert}\right)$
搜索范围	$[-500, 500]^D$
全局最优值	$\min(f) = 0$

函数名称	Penalized 1
函数表达式	$f(x) = \dfrac{\pi}{D}\Big\{ 10\sin^2(\pi y_i) + \sum_{i=1}^{D-1}(y_i-1)^2\left[1 + 10\sin^2(\pi y_{i+1})\right]$ $\quad + (y_D-1)^2 \Big\} + \sum_{i=1}^{D} u(x_i,10,100,4)$ $y_i = 1 + \dfrac{1}{4}(x_i+1), \quad u(x_i,a,k,m) = \begin{cases} k(x_i-a)^m, & x_i > a \\ 0, & -a \leqslant x_i \leqslant a \\ k(-x_i-a)^m, & x_i < -a \end{cases}$
搜索范围	$[-50, 50]^D$
全局最优值	$\min(f) = 0$

函数名称	Penalized 2
函数表达式	$f(x) = 0.1\Big\{\sin^2(\pi x_1) + \sum_{i=1}^{D-1}(x_i-1)^2\left[1+\sin^2(3\pi x_{i+1})\right]$ $\quad + (x_D-1)\left[1+\sin^2(2\pi x_D)\right]\Big\} + \sum_{i=1}^{D} u(x_i,5,100,4)$
搜索范围	$[-50, 50]^D$
全局最优值	$\min(f) = 0$

函数名称	Levy
函数表达式	$f(x) = \sum_{i=1}^{D-1}(x_i-1)^2\left[1+\sin^2(3\pi x_{i+1})\right]$ $\quad + \sin^2(3\pi x_1) + \lvert x_D-1 \rvert\left[1+\sin^2(3\pi x_D)\right]$
搜索范围	$[-10, 10]^D$
全局最优值	$\min(f) = 0$

函数名称	Zakharow
函数表达式	$f(x) = \sum_{i=1}^{D} x_i^2 + \left(\sum_{i=1}^{D} 0.5ix_i\right)^2 + \left(\sum_{i=1}^{D} 0.5ix_i\right)^4$
搜索范围	$[-5, 10]^D$
全局最优值	$\min(f) = 0$

函数名称	Michalewics
函数表达式	$f(x) = -\sum_{i=1}^{D} \sin(x_i) \sin^{20}\left(\dfrac{ix_i^2}{\pi}\right)$
搜索范围	$[0, \pi]^D$
全局最优值	$\min(f) = -99 \ (D = 100), \ -198 \ (D = 200)$

函数名称	Shifted Sphere
函数表达式	$f(x) = \sum_{i=1}^{D} z_i^2 - 450, z = x - o$
搜索范围	$[-100, 100]^D$
全局最优值	$\min(f) = -450$

函数名称	Shifted Rosenbrock
函数表达式	$f(x) = \sum_{i=1}^{D-1}\left[100\left(z_i^2 - z_{i+1}\right)^2 + (z_i - 1)^2\right] + 390, z = x - o + 1$
搜索范围	$[-100, 100]^D$
全局最优值	$\min(f) = 390$

函数名称	Shifted Rastrigin
函数表达式	$f(x) = \sum_{i=1}^{D}\left[z_i^2 - 10\cos(2\pi z_i) + 10\right] - 330, z = x - o$
搜索范围	$[-5.12, 5.12]^D$
全局最优值	$\min(f) = -330$

函数名称	Shifted Schwefel 2.21
函数表达式	$f(x) = \max_i\{|z_i|, 1 \leqslant i \leqslant D\} - 450, z = x - o$
搜索范围	$[-100, 100]^D$
全局最优值	$\min(f) = -450$

函数名称	Shifted Griewank
函数表达式	$f(x) = 1 + \sum_{i=1}^{D} \dfrac{z_i^2}{4000} - \prod_{i=1}^{D} \cos(\dfrac{z_i}{\sqrt{i}}) - 180, z = x - o$
搜索范围	$[-600, 600]^D$
全局最优值	$\min(f) = -180$

函数名称	Shifted Ackley
函数表达式	$f(x) = -20\exp\left[-\dfrac{1}{5}\sqrt{\dfrac{1}{D}\sum_{i=1}^{D} z_i^2}\right] - \exp\left[\dfrac{1}{D}\sum_{i=1}^{D}\cos(2\pi z_i)\right]$ $+ 20 + e - 140, z = x - o$
搜索范围	$[-32, 32]^D$
全局最优值	$\min(f) = -140$

函数名称	Rotated Sphere
函数表达式	$f(x) = \sum_{i=1}^{D} z_i^2, z = x \times M$
搜索范围	$[-100, 100]^D$
全局最优值	$\min(f) = 0$

函数名称	Rotated Elliptic
函数表达式	$f(x) = \sum_{i=1}^{D} \left(10^6\right)^{\frac{i-1}{D-1}} z_i^2, z = x \times M$
搜索范围	$[-100, 100]^D$
全局最优值	$\min(f) = 0$

函数名称	Rotated Rastrigin
函数表达式	$f(x) = \sum_{i=1}^{D} \left[z_i^2 - 10\cos(2\pi z_i) + 10 \right], z = x \times M$
搜索范围	$[-5.12, 5.12]^D$
全局最优值	$\min(f) = 0$

函数名称	Rotated Ackley
函数表达式	$f(x) = -20\exp\left(-0.2\sqrt{\frac{1}{D}\sum_{i=1}^{D} x_i^2}\right) - \exp\left(\frac{1}{D}\sum_{i=1}^{D}\cos 2\pi x_i\right) + 20 + e, z = x \times M$
搜索范围	$[-32, 32]^D$
全局最优值	$\min(f) = 0$

函数名称	Rotated Griewank
函数表达式	$f(x) = \frac{1}{4000}\sum_{i=1}^{D} z_i^2 - \prod_{i=1}^{D}\cos\left(\frac{z_i}{\sqrt{i}}\right) + 1, z = x \times M$
搜索范围	$[-600, 600]^D$
全局最优值	$\min(f) = 0$

彩　　图

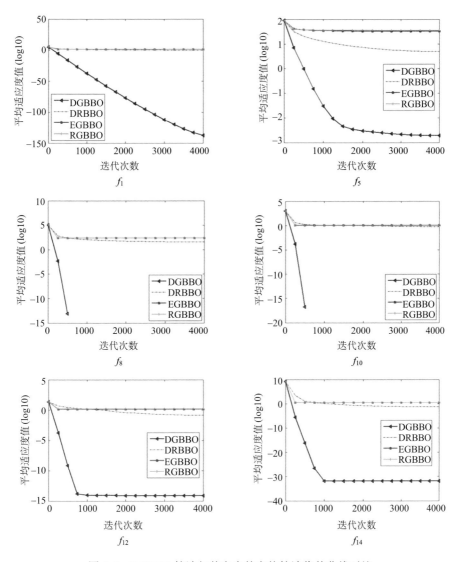

图 4-5　DGBBO 算法与其自身的变体算法收敛曲线对比

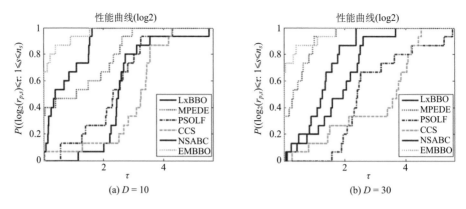

图 7-7　六种算法在维度 $D=10$ 和维度 $D=30$ 的函数上的性能曲线

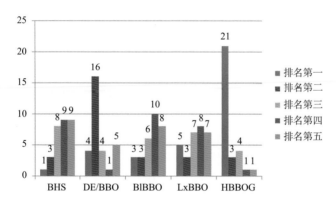

图 8-2　五种算法在 CEC2014 测试集的维度 $D=10$ 的函数上的排名统计

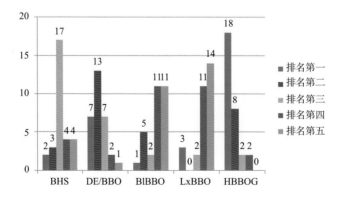

图 8-3　五种算法在 CEC2014 测试集的维度 $D=30$ 的函数上的排名统计

| (a) House原图 | (b) 6阈值结果 | (c) 7阈值结果 | (d) 8阈值结果 | (e) 9阈值结果 |

图 12-1　House 图像及其多阈值分割结果

 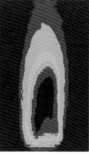 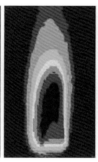 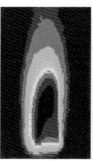 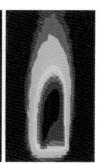

| (a) Flame原图 | (b) 6阈值结果 | (c) 7阈值结果 | (d) 8阈值结果 | (e) 9阈值结果 |

图 12-2　Flame 图像及其多阈值分割结果

(a) 2阈值分割结果　　　　　　　　　　　　　　(b) 9阈值分割结果

图 13-3　Cameraman 图像的多阈值分割结果

(a) 6阈值分割结果　　　　　　　　　　　(b) 9阈值分割结果

图 13-4　Lena 图像的多阈值分割结果

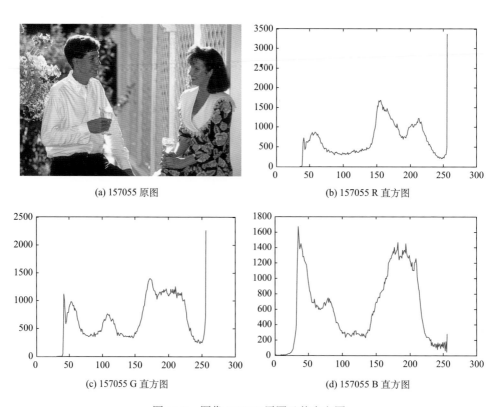

(a) 157055 原图　　　　　　　　　　　(b) 157055 R 直方图

(c) 157055 G 直方图　　　　　　　　　(d) 157055 B 直方图

图 14-3　图像 157055 原图及其直方图

(a) 145086 原图

(b) 145086 R 直方图

(c) 145086 G 直方图

(d) 145086 B 直方图

图 14-4　图像 145086 原图及其直方图

(a) 189003 原图

(b) 189003 R 直方图

(c) 189003 G 直方图

(d) 189003 B 直方图

图 14-5　图像 189003 原图及其直方图

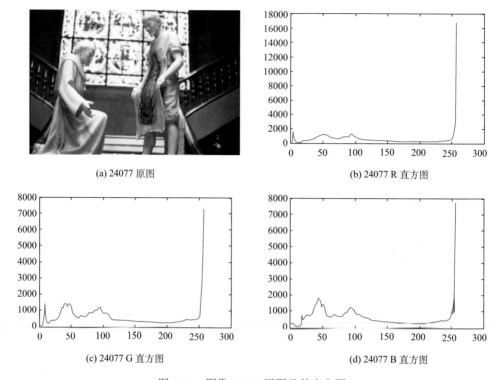

(a) 24077 原图

(b) 24077 R 直方图

(c) 24077 G 直方图

(d) 24077 B 直方图

图 14-6　图像 24077 原图及其直方图